“十二五”国家级民族药学实验教学示范中心系列教材

药用植物学野外实习指导

林亲雄　刘新桥　主编

化学工业出版社

·北京·

《药用植物学野外实习指导》全书共分三个部分。第一部分主要概述湖北省地理环境与药用植物资源，以及对药用植物学野外实习点的简介。第二部分阐述药用植物学野外实习的主要环节和方法，包括野外实习的组织与要求、实习用具的准备、药用植物标本的采集与制作及药用植物资源调查方法。第三部分为野外实习点主要药用植物的彩色图谱，共收集107科、384种药用植物，每种药用植物均列有野外状态下的全株、部分或局部的清晰照片，以及形态特征描述、生境与分布、主要功效等信息。

《药用植物学野外实习指导》可为高等院校医药类、生物资源类相关专业的本科生植物学、药用植物学野外实习提供参考，同时也可供对中草药感兴趣的专业与非专业人士查阅。书后附有药用植物网络电子资源网址，可方便学生与读者进行药用植物相关资料的查阅与收集。

图书在版编目（CIP）数据

药用植物学野外实习指导/林亲雄，刘新桥主编. —北京：化学工业出版社，2017.8

ISBN 978-7-122-30158-1

Ⅰ.①药… Ⅱ.①林… ②刘… Ⅲ.①药用植物学-教育实习 Ⅳ.①Q949-45

中国版本图书馆CIP数据核字（2017）第164159号

责任编辑：褚红喜　宋林青　　　　装帧设计：关　飞

责任校对：王　静

出版发行：化学工业出版社（北京市东城区青年湖南街13号　邮政编码100011）

印　　装：北京东方宝隆印刷有限公司

710mm×1000mm　1/16　印张26½　字数531千字　2018年1月北京第1版第1次印刷

购书咨询：010-64518888（传真：010-64519686）　售后服务：010-64518899

网　　址：http://www.cip.com.cn

凡购买本书，如有缺损质量问题，本社销售中心负责调换。

定　　价：**88.00**元

前言

目前国内已出版许多高质量的药用植物图鉴类书籍，如《当代药用植物典》(赵中振、肖培根主编)、《中草药彩色图谱》(第四版)(徐国钧、王强主编)、《中国药用植物》(叶华谷等主编)、《药用植物识别图鉴》(曾庆钱、蔡岳文主编)、《南方药用植物》(王玉生、蔡岳文主编)、《北方药用植物》(丁学欣编著)、《观赏药用植物图鉴》(孙宝启、曹广才、丁自勉主编)等，这些书籍均图文并茂，各有特色，可为药用植物资源的调研、研究开发、生产应用等提供理论与技术支持，发挥着重要的作用。而面向药学、中药学、环境与资源等相关专业学生的药用植物野外实习教学，编写内容与体系适合野外实习教学需要的教材性指导书籍并不多见。药用植物学野外实习是药用植物学课程教学项目中十分重要的内容，是实现理论与实践相结合的重要途径，也是全面提高药学类专业学生知识与技能的重要训练环节。但如何有效开展药用植物学野外实习，提高实习教学的效果是一项值得探讨与研究的教学课题。

基于上述思路与考虑，根据药学类相关专业的教学大纲与人才培养目标，编者在积累多年药用植物学野外实习经验与素材的基础上编写本指导教材，旨在完善药用植物学野外实习的教学内容与方法，提高学生药用植物学的学习兴趣与效果，为国内兄弟院校药用植物学野外实习教学提供一定的参考，起到抛砖引玉的作用。本指导教材特点鲜明：作为药用植物野外实习的学生用书，在介绍实习点相关概况、药用植物野外采集、标本鉴定与制作的专业知识基础上，配套实习点主要药用植物较清晰的野外彩色照片(植株的整体、局部或特征性部位)，力图显示或突出种的形态特征，有助于学生在实习过程中了解与鉴别不同科、属的药用植物；同时，对每一种药用植物的形态特征描述依据《中国植物志》进行精简，对部分相似种进行了简要的区分性说明，有助于学生在野外实习时进行药用植物的快速鉴别；此外，还介绍了各种植物的生长环境、国内分布及其主要功效，强调《中华人民共和国药典》(以下简称《中国药典》)(2015 年版)收载药材的基源植物，旨在使学生了解其药用价值与资源利用潜力。

依托湖北省丰富的药用植物资源，中南民族大学药用植物学野外实习点采集的药用植物主要以草本植物为主，少数为灌木、乔木，分裸子植物、被子植物(单子叶植物、双子叶植物)、蕨类植物三大类编写。裸子植物以郑万钧系统，被子植物以恩格勒系统为分类标准。种的中文名、拉丁学名、形态特征、生长环境、分布均采用《中国植物志》中的描述，所有种的学名以《中国植物志》为准，其中对形态特征部分的描述进行了部分简化。《中国药典》(2015年版)收载药材基源植物的中文名、拉丁学名与《中国植物志》不一致的以《中国植物志》为准，药用植物的药用部位、主要功效主要采用《中国药典》(2015版)、《全国中草药汇编》《中华本草》中的相关文献资料。

本书在编写过程中，得到了中南民族大学药学院杨光忠教授、万定荣教授，武汉大学生命科学学院杜威博士，武汉植物园张炳坤研究员、徐文斌助理研究员等多位专家的指导与帮助，才能使本书得以顺利完成出版。

同时，本书的出版得到了中南民族大学“十二五国家级民族药学实验教学示范中心”建设项目的资助与支持。

在此，对各位领导与专家表示衷心的感谢！

由于编者的业务能力与时间精力所限，书中尚有许多需要进一步完善的地方，以期在今后的再版工作中完善，此外，疏漏与不妥之处在所难免，敬请各位读者谅解与批评指正。

编 者

2017.4

目录

第一部分　湖北省药用植物资源简介 / 1

第二部分　药用植物学野外实习概要 / 7

第三部分　药用植物彩色图谱 / 17

双子叶植物

蕨类植物

第一部分

湖北省药用植物资源简介

第一节　湖北省地理环境概况

湖北省地处我国第二阶梯的东部边缘，总面积为18.59万平方公里，境内地势复杂，高低悬殊，大致为东、西、北三面环山，中间低平，略呈向南敞开的不完整盆地。西部有武陵山、巫山、荆山及大巴山等山脉蜿蜒绵亘，地势高耸，万山重叠，绝大部分属于1000m以上的高山，总称鄂西山地。其中，大巴山主峰神农顶为最高峰，海拔3105m，素有“华中第一峰”之称。东部有桐柏山、大别山、九宫山、幕阜山等山脉构成环抱江汉平原波状起伏的鄂东北、鄂东及鄂东南丘陵低山地带，绝大部分海拔在500m以下，总称鄂东低山丘陵地区。其中大别山和幕阜山两个山系之间形成的孔道，是我省通向长江下游的门户；北部的襄阳、枣阳、老河口三县市，地处河南省南阳盆地的南线，在滚水以北、汉水以东的广大地区，多属丘岗和平岗，海拔在100m以下，称为“三北岗地”或鄂北岗地；中南部则是辽阔坦荡的江汉平原，平均海拔低于50m，平原内河流交织，湖泊密布，堤垸纵横，阡陌相连，素有“水乡泽国”之称，为全国著名的鱼米之乡。

湖北省地处中纬度地带，属亚热带季风气候；春季天气复杂多变，阴晴不定，夏季湿热，秋高气爽，冬季干燥寒冷，四季分明。多年平均实际日照时数为1100～2150h，热量丰富，年平均气温在15～17℃之间，1月平均气温为1～5℃，7月平均气温为27～30℃，极端低温为-20℃以下，极端高温可达40℃以上，无霜期长达230～290天；雨量充沛，年平均降雨量在800～2000mm之间，但降水地域分布呈由南向北递减趋势。但因受地形和海拔高度的影响，在山地的少雨地区可出现多雨片，多雨区又可出现少雨片或特多雨片的现象。

湖北省土壤可分为两个地带，即红黄壤地带和黄棕壤地带。每个地带内均具有一定的水平分布和垂直分布规律。如在红壤、黄壤地带中，分布有红壤、棕红壤、黄壤、山地黄壤、山地棕黄壤等；在黄棕壤地带中分布有黄棕壤、黄褐色土、山地黄棕壤及少量棕壤等；除了这两个地带性土壤外，还分布有大片非地带性土壤，如潮土、石灰土、水稻土及少数紫色土等。黄棕壤分布区域比较广泛，包括鄂东北、鄂西北、鄂北岗地及鄂东丘陵地区。此外，由第四纪沉积物所组成的辽阔坦荡的江汉平原，还分布有大面积非地带性土壤——潮土，其亚类可分为灰湖潮土和灰河土。

湖北省处于暖温带和亚热带的过渡地带，全省植被可分为中亚热带常绿阔叶林地带和北亚热带落叶阔叶林-常绿阔叶林混交地带等两个植被地带。两带之间的分界线，大体上是东起大别山麓、荆山南麓到神农架南坡，此线以南为中亚热带，以北为亚热带。在植被带内，由于所处地理位置、气候条件和土壤性质的不同，以及在地貌上的差异，因而在群系组之间的外貌和结构上也有所不同。据此，全省植被划为6个植被区，其中属于北亚热带落叶阔叶林-常绿阔叶林混交地带的有：①鄂东北低山丘陵青冈栎、落叶栎类、马尾松林区；②鄂北岗地青冈栎、落叶栎类、马尾松、圆柏林、栽培植被区；③鄂西北山地丘陵青冈栎、落叶栎类、华山松、巴山冷杉林区。属于中亚热带常绿阔叶林地带的有：①鄂东南低山丘陵青冈栎、栲、槠、楠、毛竹、松、杉林区；②江汉平原栽培植被、水生植被区；③鄂西南山地栲、楠、松、柏林区。

第二节　湖北省药用植物资源概况

经普查及有关部门药源调查资料统计，湖北有药用植物251科，1158属，3354种。其中，藻类有6科，7属，12种；菌类有23科，47属，68种；地衣类有5科，6属，12种；苔藓类有13科，14属，16种；蕨类有34科，69属，211种；裸子植物有8科，16属，23种；双子叶植物有137科，810属，2560种；单子叶植物有25科，189属，452种。根据湖北省不同的地理环境、气候特点，以及不同的植物区系、植被类型和植物组成成分情况，全省可划分为6个药用植物资源地理生态区。

1.鄂东北低山丘陵区

本区位于湖北的东北部，其范围包括：麻城、红安、大悟、广水、安陆、宜城、京山、钟祥等县、市；英山、罗田、黄陂、孝感、云梦的大部分地区；黄冈、新洲、应城、天门、荆门、当阳的北部；以及南漳、远安县的东部地区。

本区地带性植被为常绿、落叶阔叶混交林，在大别山、桐柏山、大洪山海拔700m以下的垅岗、河谷或低山丘陵地区为常绿、落叶阔叶混交林；在海拔700～1700m的区域为落叶阔叶栎类林。本垂直带药用植物广布，其种类主要有：杜仲、黄皮树、厚朴、罗田玉兰、山楂、金樱子、美丽胡枝子、华东木兰、细梗胡枝子、大血藤、马兜铃、天南星、苍耳、栝楼、白英、野菊花、何首乌、夏枯草、玉竹、黄精、百合、乌头、柴胡、牛蒡、败酱草等。

2.鄂北岗地区

本区包括随州、枣阳、襄阳、老河口等县、市的大部分地区，其东部和南部与鄂东北低山丘陵植被区交界，西部与鄂西北山地植被区分届，北部则与河南省南阳盆地相邻。

本区地势较为平坦，是我省历代重要农业区之一，药用植物种类较少，森林植被大部分集中于桐柏山南坡和大洪山北坡一带。该区药用植物主要有杜仲、川桂、女贞、麦冬、白芷、半夏、桔梗、杠柳、枫香、苦楝、香椿、酸枣、太子参、远志、酸模、轮叶沙参、线叶旋覆花、白鲜、盐肤木、野山楂、祁州漏芦等。

3. 鄂西北地区

本区包括保康、房县、竹山、竹溪、郧县、郧西、丹江口、十堰、神农架林区，以及南漳西部，兴山、宜昌北部，远安西北部等地区。

本区南部地形高低悬殊，气候复杂多样，药用植物种类丰富，主要有：银杏、杜仲、黄柏、厚朴、三尖杉、川桂、亮叶腊梅、香椿、红茴香、黄连、茯苓、大血藤、兴山五味子、重齿毛当归、猕猴桃、南方山荷叶、绞股蓝、当归、党参等。

4. 鄂东南低山丘陵区

本区包括通山、通城、崇阳、阳新、浠水、蕲春、黄梅、武穴等县市和咸宁、大冶等县市的北部以及英山、罗田的南部等地区。

本区植物的类型较多，以壳斗科、樟科、冬青科、金缕梅科、榆科等南方树种以及竹亚科、亚热带松、柏类植物为特征组成常绿阔叶林、常绿落叶阔叶混交林、亚热带竹林和针叶林等植被类型。药用植物主要有山胡椒、川桂、女贞、苦楝、红茴香、杜仲、凹叶厚朴、厚朴、乌药、雷公藤、艾、玉竹、七叶一枝花、黄精、明党、条叶龙胆、金果榄、委陵菜、阔叶十大功劳、大血藤、马尾松、石蟾蜍、贯叶连翘、紫花合掌消、蝙蝠葛、光叶菝葜、蒲圻贝母、天门冬等。

5. 江汉平原区

本区位于湖北省的中南部，地跨长江中游南北，其范围包括武昌、鄂州、汉阳、汉川、嘉鱼、洪湖、仙桃、监利、公安、石首、潜江、枝江等县、市以及黄冈、新洲、黄陂、孝感、应城、天门、荆门、当阳等县、市的南部，松滋东部，咸宁、蒲圻、大冶等县、市的北部地区。

本区地势平坦，河湖众多，主要药用植物有：女贞、枸骨、枫香、苦楝、柿树、过路黄、白头翁、虎杖、益母草、马鞭草、玉竹、细梗胡枝子、车前、桑、金樱子、白茅、茵陈、石韦、菟丝子、枸杞、天南星、灯心草、水烛香蒲、莲、泽泻等。

6. 鄂西南山地区

本区包括恩施、宜恩、咸丰、鹤峰、来凤、利川、建始、巴东、五峰、长阳、秭归、枝城等县、市，及宜昌、兴山南部、松滋西部、远安西南部等地区。

本区山貌地形多种多样，气候温暖湿润，故植被极为复杂，常见的药用植物主要有：银杏、厚朴、杜仲、枫香、棕榈、川桂、枇杷、红茴香、旱莲木、天师栗、川楝、武当玉兰、猕猴桃、吴茱萸、山莓、三尖杉、粗榧、合欢、黄柏、华中五味子、花木通、朱砂莲、川鄂金丝桃、冷水七、四川虎刺、湖北旋覆花、重楼、大戟、栀子、乌药、狗脊蕨、金线吊乌龟、细辛、红四块瓦、天麻、延龄草、南方山荷叶等。

该区有较多种类的珍稀民族地区药材，如神农四宝“头顶一颗珠、江边一碗水、文王一支笔、七叶一枝花”，在国内拥有较高的知名度。

第三节　药用植物学野外实习点简介

目前，我校药用植物学野外实习点主要有湖北省英山县吴家山林场、湖北省太子山林场管理局，在实习点开展了近十年的药用植物学野外实习，这不仅为培养学生的专业技能提供了宝贵的实习场地，更为开展药用植物学教学研究积累了丰富的素材与实践教学经验。

1. 湖北省英山县吴家山林场

吴家山林场位于湖北省英山县境内，位于该县北部，临近石头咀镇。林场成立于1961年12月1日，林场面积15002平方米。该林场西面的大别山主峰天堂寨，是千里大别山的主峰之一。1996年被林业部批准为吴家山国家森林公园，被国土资源部批准为大别山国家地质公园，属国家4A级风景区，占地面积30平方公里，是一个集林业、旅游、科研于一体的风景区。

吴家山林场位于大别山主峰西南的鄂皖交界处，地处鄂、豫、皖三省交界的大别山主峰风景区腹地，境内崇山峻岭，绵延起伏，险峡幽深，生长环境复杂多样，在海洋1700m以下才能见到溜灰岩，在这儿有其踪迹，被誉为地质奇观。吴家山属于北亚热带与暖湿交汇的典型地带，拥有大面积原始次生林，森林覆盖率为95%，自然生态系统保存相当完整，成为华中、华北、华东三大植物区系交汇中心，是不可多得的古老珍稀动植物种群的天然避难所和衍生地。吴家山山峰奇秀、植被蓊郁，品种繁多，现有1600多种植物，有200多种国家保护植物，其中树木有红枫、香樟、刺沙、水杉、松柏、泡桐、木子、油桐、枣树、银杏、槐树、栗树、榛子树、石榴、柿子、罗汉松、杜仲、金钱松、水松、珙桐、马尾松、核桃树、皂荚树等；野生中药材资源丰富，有桔梗、苍术、杜仲、厚朴、黄精、百合、卷丹、麦冬、薄荷、夏枯草、益母草、巴豆、紫苏、大戟、灯心草、葛根、决明等众多《中国药典》收录中药材的基源植物。此外，吴家山有动物200余种，其中国家保护动物有金钱豹、香樟、小灵猫、长尾雉、娃娃鱼等18种。大别山是全国七大生物基因库之一，而吴家山被誉为“植物的王国、动物的乐园、杜鹃花的世界、娃娃鱼的故乡”。

2. 湖北省太子山林场管理局

湖北省太子山林场管理局系湖北省林业厅管理的事业单位，位于湖北省京山县境内。京山县隶属于湖北省荆门市，素有“鄂中绿宝石”之称，地处湖北省中部，大洪山南麓，江汉平原北端，东临安陆市、应城市，西接钟祥市，南连天门市、沙洋县，北倚随州市。京山因县城东有京源山而得名，在新石器时代诞生了“屈家岭文化”，西汉末年爆发了“绿林赤眉起义”，境内有以鸳鸯溪、绿林寨、美人谷、王莽洞等为代表的自然景点。

湖北省太子山林场管理局与京山县雁门口镇、钱场镇、荆门市屈家岭管理区、天门市大观桥水库接壤。下设石龙、王岭、雁门口、仙女四个林场，总面积 11 万多亩。东经 112°48′45″ ～ 113°03′45″，北纬 30°48′30″ ～ 31°02′30″，北倚大洪山，南接江汉平原，位于两者的交接地带。地势由北东向南西逐渐降低，山脉呈北西 - 南东走向，溪沟由北东向南西流动。地貌分为低山、低山丘陵、丘陵、岗地和溪谷 5 种类型。境内最高点在仙女林场凤凰川的卷顶山，海拔 467.4m，最低点在林科所河滩地，海拔 40.3m。土壤分为黄棕壤、山地黄棕壤、黄褐色土、黄褐色石灰土，其中黄棕壤面积最大。该区域属亚热带季风湿润性气候区，夏秋多雨，冬春干旱。年平均气温 16.4℃，1 月为最冷月，平均气温为 2.6 ～ 3℃，极端最低温度为 –19.6℃；7 月为最热月，平均气温为 28.8℃，极端最高温度为 39.2℃。初霜期 11 月中旬，终霜期 3 月中旬，无霜期 240 天。年平均降雨量 1094.6mm。雨热基本同季。

当地的气候土壤条件适应多种植物生长，植被具有南北过渡特色，植物资源较丰富，有茂密的天然次生林，分布着地球上只能在此成片生长的省级保护植物对节白蜡在内的常绿或落叶针叶、阔叶、地下植被等 138 科、204 属近 400 种植物，既有秃杉、鹅掌楸、杜仲、厚朴、楠木、刺楸等国家级保护植物，还有第三纪残留的植物银杏、水杉等，国外引种的火炬松、湿地松、池杉、墨羽杉生长良好，近万亩绿化苗木基地种植乔木、灌木、花卉等苗木品种 100 多个。林下繁衍着兽类、鸟类、禽类、鱼类、昆虫达 200 多种，并有白鹭等国家、省级保护动物十多种，呈现出“百兽林中栖、万鸟树上飞”的和谐生态景观。

第二部分

药用植物学野外实习概要

第一节　野外实习的组织与要求

药用植物学野外实习是药学类本科生重要的学习内容和基本环节，具有独特的形式、内容和效果。需要学生到野外观察、识别药用植物，增加对各种药用植物形态特征的感性认识，掌握植物的分类方法。同时还要在教师的指导下，自主发现问题，解决问题，以期培养学生科学研究的观念和能力。因此，药用植物学野外实习牵涉面很广，需要与相关实习地点联系，也需要学校相关部门、教师、辅助人员的协作，以及实习学生的积极参与，任务重而工作复杂，必须在实习前做好细致的组织工作，并对学生严格要求，才能保证野外实习工作顺利进行，达到教学目的。

要成立由带习老师和学生干部组成的实习领导小组，负责全队的安排，组织实习与生活。根据实习师资配备情况，实习队可分成若干小组，每小组由一位老师带教，另外，辅导员配合业务教师随时处理学生各方面的问题。

实习前要做好思想动员工作，应讲清实习的目的和要求，强调实习纪律和安全注意事项，说明实习期间的作息及考勤制度；特别要进行实习安全方面的教育，给学生介绍一些安全自救方面的小常识；对实习点的情况和过去的野外实习情况进行介绍，让学生对实习点有大致的了解，激发学生实习的意愿与兴趣。

对于实习日程的安排，事先要有计划，到实习基地后，根据新出现的情况，再做适当的调整和补充。除了根据实习内容安排外，还要考虑到晴天、雨天的因素，甚至白天晚上也要周密安排，统筹策划。一般讲，上午安排野外活动，下午安排在室内查植物检索表、整理标本等活动。

实习过程中对学生要严格要求。实行半军事化的组织和管理，学生要服从实习老师安排，不得擅自行动，外出要向负责老师请假；同学之间要团结合作，相互帮助；要爱护环境和动植物，只采集必要的植物标本；实习期间尽量不干扰当地人民的经济和生活，与周围群众搞好关系。学生应该细心观察，认真记录，掌握重点科的鉴别特征，能够识别 150 ～ 300 种植物，训练各项技能，写好实习报告，按时高质量地完成实习任务。

第二节　野外实习用品的准备

一、采集工具

小镐锄：用以挖掘植物的地下部分。

枝剪：用于采集不同高度的树木枝条。

采集箱：用于装放新鲜的草本、果实及种子等。

植物标本采集记录表：用以记载植物各部分的应记事项，将这种记录表多页定在一起而成野外标本记录册。

标本号牌：用于挂在每个标本上，写采集者姓名、采集编号、采集地、采集时间等。

野外记录本：专供野外采集时作原始记录。

纸袋：用于保存标本脱落下来的花、果、叶及采集种子、花粉等。

照相机：用于拍摄标本、林相特点等。

标本夹：是压制标本的主要用具。

吸水纸：用于将植物标本平展于纸上，吸取标本的水分。

此外，在采集前还应准备卫星定位仪、放大镜、镊子、解剖针、台纸、裁纸刀、木刻刀、胶水、消毒用品、药品及上山用的服装和背包等。

二、参考书

《中国高等植物图鉴》《湖北植物志》（1~4 册）、《药用植物学》以及实习基地一带的地方植物志和药用植物志等。

第三节　药用植物标本的采集与制作

一、标本采集

药用植物学的野外实习，主要内容之一是学习植物标本的采集和制作。因为标本是辨认植物种类的第一手材料，是永久性的植物档案和进行科学研究的重要依据，是研究药用植物的重要环节。要采集有代表性的植物标本，从而更好地辨认、鉴定物种，因此，标本采集应注意以下几点。

（1）标本的完整性

被子植物大多是根据花、果、叶和种子的构造以及地下茎或根的形态来鉴别。因此采集标本如缺少某一器官，在鉴定时就会遇到困难，甚至无法鉴定，所以我们必须采集尽可能完整的标本。一般要求带有繁殖器官和地下部分（根茎等）；雌雄异株植物，雌株与雄株均采；先花后叶的种类，应先后采花枝、带叶的枝条；寄生植物，则与寄主同采；叶形不同植物，要把不同的叶形采全；植物特殊部分，如植物上有棘刺、卷须、珠芽等，应注意采集齐全；此外，若需采集种子或幼苗标本，应与成年带花、果标本一起采全。

（2）标本的代表性

采集标本时，既要注意个体变异（生长环境等原因引起），又不要采极端个体（如最大、最小的植株）；多年生草本应注意生长年限；大羽状复叶植物因叶太大，没办法全采，可选取有代表性部分，但至少要保留顶端，同时，可以记录或拍摄照片补充。

（3）标本的份数

同种植物（在同一处采集）的同号标本可采 2 ～ 3 份；研究种群 / 居群内形态变异的标本应采多份；菌类植物生长的季节性很强，需要在不同的季节多次采集，不同年份重复采集，才能获得一个地区的比较完全的标本。

二、编号与记录

植物标本采集后，在标本不易脱落的部位挂上植物采集号牌，植物采集号牌标签填好采集者、采集号、采集地点及日期。每个采集者、队或组的采集号应按顺序连贯编号，不可重复，空号，也不要因时间、地点的改变而另起编号。同时同地采集的同种植物编为同一采集号；同种植物在不同地点、不同时间采集，要另编采集号。若不能确定是同种，应分开编号并予以注明。雌雄异株的植物，应分别编号，并应注明两者的关系。采集种子时，必须同时采集腊叶标本两份，以备鉴定之用，种子内亦应有与标本同号的号牌。

每一种植物标本除了要有一个采集号外，还要有一页采集记录。采集记录上的采集号要与号牌上的采集号一致。另外，还要记载采集地点、日期；生长环境；花、果颜色香味；各部分有没有乳汁、色浆汁；叶的正反两面的颜色，有没有白粉、光泽；较大植株的体高；木本应明确是乔木、灌木或木质藤本；草本记清直立、斜升、平卧或藤本等。药用植物标本采集，还应该仔细调查并记录当地土名和用途。

三、腊叶标本的压制与保存

（1）修剪与整形

野外采得的标本，应进行清理，清洗、擦除标本上的污泥，使植物体保持自然状态；标本应略小于台纸；较大者可折成“V”“N”“W”字形；枝叶太密可适当剪除，但须留下枝条、叶柄基部（以利于鉴定）；大型的肉质果、肉质根、鳞茎等器官可切开后再压制（切时以不失原来形态为准）或另行烘干，晒干，但须注意将有关特征另行补充记录；对少数多浆肥厚、不易干燥且有继续生长可能的植物，在压制前可先用开水或 8% 甲醛将植物体杀死。

（2）压制和干燥

压制和干燥是制作腊叶标本的关键环节，采回的标本应当天进行压制和干燥。

将修剪好的标本置于底层铺好 4 ～ 5 张吸水纸的标本夹上，上面再铺吸水纸若干张，如此间隔放置标本和吸水纸，放完标本后在上面多铺几张吸水纸，合上标本夹板，用绳捆紧置于干燥通风处即可。

压制时要注意以下几点。

① 将标本置于吸水纸上时，要使花、叶平展，美观易压，特别注意叶片不要皱折，不能多数叶片重叠，标本要展示正面和反面，但以正面叶片为主，反面叶片要少，其他部位也尽量要有几个不同的观察面；

② 在压制过程中散落的花、果、叶用纸袋装起，并注明该标本的采集号，与标本放在一起。

标本整理好后，每日均换干燥吸水纸最少一次，并随时加以整理，如发现标本重叠或折叠时，要用镊子细心地整形整理，使标本保存原有的自然状况；更换下来的吸水纸放在太阳下晒干或烘箱中烘干；柔软、纤薄的标本换吸水纸时易于褶皱和损坏，需要特别小心，可先用干纸覆盖在标本上，然后连标本下的湿纸一起翻转，再轻轻地掀去湿纸，这样可使其完全平展而不易损坏。

经过几天换压大多数标本已干燥，没有干的标本继续换纸压干。

（3）消毒

标本压干后，一般要进行消毒。因为植物上常有虫或虫卵，如不消毒，标本往往被蛀虫蛀蚀破坏。常用的消毒方法有升汞浸涂法和低温消毒法。

① 升汞浸涂法

用 95% 乙醇配制 0.5% 乙醇升汞消毒溶液。搪瓷盘中倒入消毒液，将压干的标本放入消毒液中浸泡约 5min，然后用竹夹夹起，放在干燥的吸水纸上，干燥。升汞为专人保管的剧毒药品，使用时须加小心，在消毒操作过程中应戴口罩，结束后及时洗手，以免中毒。

② 低温消毒法

将压干的标本捆成一叠一叠，放到低温冰柜（–30 ～ –18℃）中，冰冻 72h，即可起到杀菌消毒作用。这种方法灭菌效果好无污染。

（4）上台纸

标本消毒后，选择完整、美观的标本上台纸。上台纸的方法是：将标本放在台纸适当的位置上，突出该植物的特征，并使植物与台纸的位置相适应、美观、整洁。通常标本直放或斜放，注意要把左上角和右下角位置留出来以便粘贴标签。将叶反面及同侧茎枝上涂胶水，粘贴于台纸上。胶水干后，用针线将标本缝牢在台纸上。

装订时标本上脱落的任何部分，如花、果、叶等，必须及时收集，装入袋中，附贴于原标本台纸上的适当地方，并在袋上写上采集者、采集号。

（5）鉴定

标本上台纸后，就要进行科、属、种的鉴定，主要依据标本的特征及采集记录，再查阅植物检索表，核实植物志等分类学专著以及植物图谱进行鉴定。完成鉴定后，填好鉴定标签粘于台纸右下角，同时重抄一份该种采集记录贴在台纸左上角。

（6）保存

植物腊叶标本是收集植物和保存植物的好方法。通常将已干燥、压平、装订在台纸上并附有采集记录、鉴定标签的腊叶标本，按分类系统顺序储存在标本室的标本柜内。

第四节　药用植物资源调查方法

一、调查前的准备工作

根据调查目的和任务，制定调查工作计划。其内容通常有目的、任务、调查的主要内容、调查方法、日程安排、总结、成果处理等。

详尽搜集和查阅调查地区的有关资料，如地区性的植物调查报告、地方植物志、地区的自然地理、气象、土壤、农业、林业、交通等情况；有关该地区的地图资料（植被图、地形图、行政图）；有关该地区资源植物收购部门的历史资料，如历年收购的品种、数量、分布、产地。召集当地有关部门和熟悉当地植物资源的人员组织座谈会，他们对当地植物资源的种类、分布、产地、购销应用等了解深入，所提供的信息极为实用。需要注意的是，不能只用当地目前收购种类的数目来代表该地区植物的种类，必须有一些还没有被当地发掘利用的植物资源。此外，还可以从该地区的气候、土壤、海拔等自然条件及邻近地区的自然条件、植被状况、植物种类等来推测要调查地区的植物资源概况。

对上述资料进行整理后，确定调查地点和路线，根据气候条件、交通、植物的花果期、资源利用部分的采集季节等因素，确定调查的先后顺序，注意点、面结合，并拟定工作日程表。

二、植物资源野外调查工作

植物资源野外调查的基本方法包括线路调查、样地调查等。

1. 线路调查

按事先拟定的调查路线和预定的日程调查采集，观察植物群落，生态环境。

（1）标本采集

参见第二部分第三节。

（2）实验样品采集

药用植物的药效成分多种多样，并存在于植物的各部分中。样品采集后，迅速阴干，放入纸袋中保存；若有毒，应做特殊包装和注明不要随意放置；供室内测定的样品，应不少于 1000 ～ 2000g。

（3）观察植被和群落

植物群落就是在一定地段上由一定植物种类共同生活在一起，表现出一定的层片和外貌，各种植物间、植物与环境之间彼此影响、相互作用的植物集合体。某一地区所覆盖的各种植物群落的总和，就是该地区的植被，如峨眉山植被、九顶山植被等。植物群落以群落中的优势种类命名，若群落中有成层现象，就取各层的优势种命名，同层中种名与种名之间以“+”连接，异层间以“–”连接，如落叶松 – 兴安杜鹃 – 草类植物群落。麻栎 + 鹅耳枥 – 荆条 – 糖芥群落。

在植物群落的观察中，还要注意植物的多度（或密度）、盖度（郁闭度）、频度。

① 多度

多度（或密度）是指群落中某种植物的个体数目。确定多度的方法有两种：一是记名计数法；二是目测估计法。记名计数法是直接统计出样地各种植物的个体数目，其计算公式如下：

$$\text{某种植物的多度}=\frac{\text{样地面积内该种植物的个体数目}}{\text{样地中全部物种的个体数目}}\times 100\%$$

本法多在研究具有高大乔木的群落或对群落进行详细研究时采用。

而目测估计法比较粗略，但迅速，仍可用。常用相对概念表示：非常多（背景化 +++++）、多（随处可见 ++++）、中等（经常可见 +++）、少（少见 ++）、很少（偶见 +）。

② 盖度

盖度是指植物（灌木或草木）覆盖地面的程度，又分为投影盖度和基部盖度。投影盖度是指某种植物的枝叶在一定面积的土地上投影覆盖土地的面积，广义的盖度就是指投影盖度。基部盖度是指某种植物的基部在一定面积的土地上所占有的面积。投影盖度和基部盖度都以植物覆盖的百分数表示，如某种植物投影面积（或基部占有面积）占样地的 30%，则其投影盖度（或基部盖度）为 30%。郁闭度是指乔木郁闭天空的程度，如样地内树冠盖度为 50%，则郁闭度为 0.5。

③ 频度

频度是指药用植物在群落中分布的均匀度或某种植物在群落中出现的样方百分

率。统计方法是，在该种植物群落的不同地点，设若干样地，然后以统计出的该植物出现的样地数除以设置样地的总数，所得之商换算成百分率，即：

$$频度=\frac{某种植物出现的样地数}{全部样地数}\times 100\%$$

2. 样地调查

（1）样地设置与调查

在调查区内，选择不同的植物群落设置样地，在样地的一定距离设置样方：草木为1～$4m^2$，灌木为10～$40m^2$，大灌木和乔木为$100m^2$。样方调查常用的方法有两种：一是记名样方，用记名计数法（样株法）计算产量；二是面积样方，用投影盖度法计算产量。

① 记名样方的调查和记名计数法计算产量

本法是统计样方内其该种资源植物的株数后，用记名计数法计算产量。记名计数法适用于木本单株生长的灌木、大而稀疏生长的草本。选择样方中具有代表性的植株称出湿重，乘以株数，就得到样方中的总湿重；对各种资源植物，测出样品湿重后，干燥，得出其干重，就可得出湿重与干重的比率，可以帮助粗算出单位面积上资源的蕴藏量。

② 面积样方的调查和投影盖度计算产量

面积样方是统计样方内某种植物占有整个样方面积的百分数，用投影盖度法调查产量时使用。投影盖度法适用于在群落中占优势的灌木或草本，它们成丛生长，难以分出单株个体。计算公式为：

$$W=X'Y'$$

式中，W为样方上某种植物的平均蓄积量，g/m^2；X'为样方上某种植物的平均投影盖度，%；Y'为1%投影盖度上某种植物的平均质量，g。

无论采用哪种方法，都应当记录调查地点、日期、样方面积、样方号、植物存在的群落、生长环境、伴生植物。药材要挂上号牌，标明物候期和样方号。

（2）蕴藏量调查

植物蕴藏量对于开发利用和保护植物是很重要的数据指标。估计蕴藏量主要是调查重要的植物种类或供应紧缺种类和有可能造成资源枯竭的种类，其他种类则没有必要调查。蕴藏量的计算公式如下：

$$蕴藏量=单位面积产量\times 总面积$$

但是，至今尚无易行和精确的方法，一般采用估量法和实测法。

① 估量法

邀请当地有经验的收购员、农民座谈，参照历年收购资料及调查印象估算。此法可供参考，但不准确。

② 实测法

即在某地区，分别调查各群落的植物组成，设置一些样地，调查各个样地内药材产量，求出样地面积药材平均量，换算成每公顷单位面积产量，再根据植物资源分布图（植物图或林相图）（以 1∶5000 ～ 1∶100000 为适用）算出该植物群落所占有面积及蕴藏量。

三、植物资源调查总结

调查结束，要做工作总结，写调查报告。调查报告通常分为工作报告和技术报告。

1. 工作报告

工作报告的内容通常包括：①工作概况、组织机构及调查队伍情况、技术方案及经费执行情况；②工作中取得的成绩，存在的问题；③工作体会。

2. 技术报告

技术报告的内容主要包括以下几个方面。

（1）社会经济状况和自然环境条件

社会经济状况主要包括调查地区的人口，劳动力，人民生活水平，中药资源在社会发展中的地位，有关生产单位等。自然环境条件主要包括调查地区的地形地貌、气候、土壤、植被等。

（2）资源现状分析

资源现状主要包括野生植物资源种类、数量、储量、用途、地理分布规律、开发利用现状、保护管理现状、栽培植物种类的名称、数量及其生产的情况、植物资源的加工、储藏和保管情况。并附各种数据表格及分析结果。

（3）资源评价

对资源的现存质量进行评价，主要包括资源蕴藏量、经济效益及其开发利用情况等。另外，对于某些重要的新资源的研究情况也应予以介绍。并附各种数据表格及分析结果。

（4）资源开发与可持续利用

分析资源的开发利用情况及动态，预测资源的发展，提出合理开发和可持续利用资源的科学依据、方法、意见和建议。

第三部分

药用植物彩色图谱

银 杏

Ginkgo biloba Linnaeus

【形态】落叶乔木，高达40m。树皮灰褐色，深纵裂，一年生长枝淡褐色，两年生以上灰色，短枝黑灰色，冬芽卵圆形，钝尖。叶革质，扇形，聚生在短枝上或互生在长枝上，宽约5～9cm，有时中央浅裂或深裂，基部楔形，具二叉状叶脉；叶柄长1～9cm。种子椭圆形或倒卵形，长2.5～3.5cm，成熟时黄色或橙黄色，外被白粉，外种皮肉质，有臭味。花期3月下旬至4月中旬，种子9～10月成熟。

【分布】我国特产，生于海拔500～1000m且排水良好地带的天然林中，北自东北沈阳，南达广州，东起华东海拔40～1000m地带，西南至贵州、云南西部海拔2000m以下地带，均有栽培，或作园林树种。

【功效与主治】叶入药（药名“银杏叶”），活血化瘀，通络止痛，敛肺平喘，化浊降脂。用于瘀血阻络、胸痹心痛、中风偏瘫、肺虚咳喘、高脂血症。

银杏为《中国药典》收录中药银杏叶的基源。

菝　葜

Smilax china Linnaeus

【形态】 攀援灌木，茎长 1 ～ 3m，少数可达 5m，疏生刺。根状茎粗厚，坚硬，粗 2 ～ 3cm。叶薄革质或纸质，通常呈宽卵形或圆形，长 3 ～ 10cm，宽 1.5 ～ 6（10）cm；叶柄长 5 ～ 15mm，脱落点位于中部以上，约占全长 1/2 ～ 1/3，具狭鞘，几乎全部有卷须。伞形花序生于叶尚幼嫩的小枝上，具十几朵或更多的花，常呈球形；总花梗长 1 ～ 2cm；花序托稍膨大，近球形，较少稍延长，具小苞片；花绿黄色，外花被片长 3.5 ～ 4.5mm，宽 1.5 ～ 2mm，内花被片稍狭；雄花中花药比花丝稍宽，常弯曲；雌花与雄花大小相似，有 6 枚退化雄蕊。浆果直径 6 ～ 15mm，熟时红色，有粉霜。花期 2 ～ 5 月，果期 9 ～ 11 月。

【分布】 生于海拔 2000m 以下的林下、灌丛中、路旁、河谷或山坡上，分布于华东、中南、西南及台湾等地。

【功效与主治】 根茎入药（药名“菝葜”），利湿去浊、祛风除痹，解毒散瘀。用于小便淋浊、带下量多、风湿痹痛、疔疮痈肿。

菝葜为《中国药典》收录中药菝葜的基源。

百 合

Lilium brownii var. *viridulum* Baker

【形态】 多年生草本，高 70 ～ 150cm。鳞茎球形，直径 2 ～ 4.5cm；鳞片披针形，长 1.8 ～ 4cm，宽 0.8 ～ 1.4cm，无节，白色。茎高 0.7 ～ 2m，有的有紫色条纹。叶散生，通常自下向上渐小，披针形、窄披针形至条形，长 7 ～ 15cm，宽（0.6）1 ～ 2cm。花单生或几朵排成近伞形；花梗长 3 ～ 10cm，稍弯；花呈喇叭形，有香气，乳白色，长 13 ～ 18cm；外轮花被片宽 2 ～ 4.3cm，先端尖；内轮花被片宽 3.4 ～ 5cm，蜜腺两边具小乳头状突起；雄蕊向上弯，花丝长 10 ～ 13cm；花药长椭圆形，长 1.1 ～ 1.6cm；子房圆柱形，长 3.2 ～ 3.6cm，宽 4mm，花柱长 8.5 ～ 11cm，柱头 3 裂。蒴果呈矩圆形，长 4.5 ～ 6cm，宽约 3.5cm，有棱，具多数种子。花期 5 ～ 6 月，果期 9 ～ 10 月。

【分布】 生于海拔 900m 以下的山坡草丛、石缝中或村舍附近，也有栽培。分布于河北、山西、陕西、安徽、浙江、江西、河南、湖北、湖南等地。

【功效与主治】 肉质鳞叶入药（药名“百合”），养阴润肺，清心安神。用于阴虚燥咳、劳嗽咳血、虚烦惊悸、失眠多梦、精神恍惚。

百合与百合科植物卷丹 *Lilium lancifolium* Thunb.、细叶百合 *Lilium pumilum* DC. 同为《中国药典》收录中药百合的基源。

短柱肖菝葜

Heterosmilax yunnanensis Gagnep.

【形态】 援灌木，无毛；小枝有明显的棱。叶纸质或近革质，卵形、卵状心形或卵状披针形，长 6 ～ 16cm，宽 4.5 ～ 15cm，先端三角状短渐尖，基部心形或近圆形，主脉 5 ～ 7 条，在下面隆起，支脉网状，在两面明显；叶柄长 1.5 ～ 4cm，在 1/3 ～ 1/7 处有卷须和狭鞘。伞形花序具 20 ～ 60 朵花；总花梗长（0.5）1.5 ～ 2.5cm；花序托球形；花梗长 1.2 ～ 2.5cm；雄花：花被筒椭圆形，长 5 ～ 9mm，宽 3 ～ 4mm，顶端有 3 枚钝齿；雄蕊 8 ～ 10 枚，花丝长 3 ～ 5mm，长于花药，基部多少合生成一短的柱状体；花药卵形，长约 1.2mm；雌花：花被筒卵圆形，长 3 ～ 5mm，宽 3 ～ 3.5mm，顶端有 3 枚钝齿，约具 6 枚退化雄蕊；子房卵形。果实近球形，长 5 ～ 10mm，宽 6 ～ 8mm，紫色。花期 5 ～ 6 月，果期 9 ～ 11 月。

【分布】 生于山坡密林中、河沟边或路边；海拔 700 ～ 2400m。产于湖北、四川、贵州、云南、广西、广东。

【功效与主治】 根状茎入药，清热利湿，壮筋骨。主治腹泻、月经不调、腰膝痹痛、小便混浊、白带。

多花黄精

Polygonatum cyrtonema Hua

【形态】 根状茎肥厚，通常连珠状或结节成块，少有近圆柱形，直径 1～2cm。茎高 50～100cm，通常具 10～15 枚叶。叶互生，椭圆形、卵状披针形至矩圆状披针形，少有稍作镰状弯曲，长 10～18cm，宽 2～7cm，先端尖至渐尖。花序具（1）2～7（14）花，伞形，总花梗长 1～4（6）cm，花梗长 0.5～1.5（3）cm；苞片微小，位于花梗中部以下，或不存在；花被黄绿色，全长 18～25mm，裂片长约 3mm；花丝长 3～4mm，两侧扁或稍扁，具乳头状突起至具短绵毛，顶端稍膨大乃至具囊状突起，花药长 3.5～4mm；子房长 3～6mm，花柱长 12～15mm。浆果黑色，直径约 1cm，具 3～9 颗种子。花期 5～6 月，果期 8～10 月。

【分布】 生于林下、灌丛或山坡阴处，海拔 500～2100m。产于四川、贵州、湖南、湖北、河南（南部和西部）、江西、安徽、江苏（南部）、浙江、福建、广东（中部和北部）、广西（北部）。

【功效与主治】 根茎入药（药名“黄精”），补气养阴，健脾，润肺，益肾。用于脾胃气虚、体倦乏力、胃阴不足、口干食少、肺虚燥咳、劳嗽咳血、精血不足、腰膝酸软、须发早白、内热消渴。

多花黄精与同科植物滇黄精 *Polygonatum kingianum* Coll. et Hemsl.、黄精 *Polygonatum sibiricum* Red. 同为《中国药典》收录中药黄精的基源。

卷 丹

Lilium lancifolium Thunb.

【形态】 鳞茎近宽球形；鳞片宽卵形，长 2.5 ～ 3cm，宽 1.4 ～ 2.5cm，白色。茎高 0.8 ～ 1.5m，带紫色条纹。叶散生，矩圆状披针形或披针形，长 6.5 ～ 9cm，宽 1 ～ 1.8cm，有 5 ～ 7 条脉，上部叶腋有珠芽。花 3 ～ 6 朵或更多；花梗长 6.5 ～ 9cm，紫色；花下垂，花被片披针形，反卷，橙红色，有紫黑色斑点；外轮花被片长 6 ～ 10cm，宽 1 ～ 2cm；内轮花被片稍宽，蜜腺两边有乳头状突起，尚有流苏状突起；雄蕊四面张开，花丝长 5 ～ 7cm，花药矩圆形，长约 2cm；子房圆柱形，长 1.5 ～ 2cm，宽 2 ～ 3mm；花柱长 4.5 ～ 6.5cm，柱头稍膨大，3 裂。蒴果狭长卵形，长 3 ～ 4cm。花期 7 ～ 8 月，果期 9 ～ 10 月。

【分布】 生于山坡灌木林下、草地，路边或水旁，海拔 400 ～ 2500m。产于江苏、浙江、安徽、江西、湖南、湖北、广西、四川、青海、西藏、甘肃、陕西、山西、河南、河北、山东和吉林等省区，各地有栽培。

【功效与主治】 肉质鳞叶入药（药名“百合”），功效同百合。

卷丹与同科植物百合 *Lilium brownii* F. E. Brown var.viridulum Baker、细叶百合 *Lilium pumilum* DC. 同为《中国药典》收录中药百合的基源。本种上部叶腋常有黑色珠芽，花瓣上有紫黑色斑点，易识别。

麦 冬

Ophiopogon japonicus（L. f.）Ker-Gawl.

【形态】多年生草本，高 12 ～ 40cm，根较粗，中间或近末端常膨大成椭圆形或纺锤形的小块根；小块根长 1 ～ 1.5cm，或更长些，宽 5 ～ 10mm，淡褐黄色。茎很短，叶基生成丛，禾叶状，长 10 ～ 50cm，少数更长些，宽 1.5 ～ 3.5mm，具 3 ～ 7 条脉，边缘具细锯齿。花葶长 6 ～ 15（27）cm，总状花序长 2 ～ 5cm，具几朵至十几朵花；花单生或成对着生于苞片腋内；花梗长 3 ～ 4mm；花被片常稍下垂而不展开，披针形，长约 5mm，白色或淡紫色；花药三角状披针形，长 2.5 ～ 3mm；花柱长约 4mm，较粗，宽约 1mm，基部宽阔，向上渐狭。种子球形，直径 7 ～ 8mm。花期 5 ～ 8 月，果期 8 ～ 9 月。

【分布】生于海拔 2000m 以下的山坡阴湿处、林下或溪旁，或栽培。分布于华东、中南及河北、陕西、四川、贵州、云南等地。

【功效与主治】块根入药（药名“麦冬”），养阴生津，润肺清心。用于肺燥干咳、阴虚痨嗽、喉痹咽痛、津伤口渴、内热消渴、心烦失眠、肠燥便秘。

麦冬为《中国药典》收录中药麦冬的基源。

绵枣儿

Barnardia japonica（Thunberg）Schultes & J. H. Schultes

【形态】 多年生草本。鳞茎卵形或近球形，高 2 ～ 5cm，宽 1 ～ 3cm，鳞茎皮黑褐色。基生叶通常 2 ～ 5 枚，狭带状，长 15 ～ 40cm，宽 2 ～ 9mm，柔软。花葶通常比叶长；总状花序长 2 ～ 20cm，具多数花；花紫红色、粉红色至白色，小，直径约 4 ～ 5mm；花梗长 5 ～ 12mm；花被片近椭圆形、倒卵形或狭椭圆形，长 2.5 ～ 4mm，宽约 1.2mm，基部稍合生而成盘状，先端钝而且增厚；雄蕊生于花被片基部，稍短于花被片；花丝近披针形，基部稍合生，中部以上骤然变窄，变窄部分长约 1mm；子房长 1.5 ～ 2mm，基部有短柄，3 室，每室 1 个胚珠；花柱长约为子房的 1/2 至 2/3。果近倒卵形，长 3 ～ 6mm，宽 2 ～ 4mm。种子 1 ～ 3 颗，黑色，矩圆状狭倒卵形，长约 2.5 ～ 5mm。花果期 7 ～ 11 月。

【分布】 生于山坡、草地、路旁或林缘。分布于东北、华北、华东、华中地区及台湾、广东、四川、云南等省。

【功效与主治】 鳞茎或带根全草入药，强心利尿，消肿止痛，解毒。用于跌打损伤、腰腿疼痛、筋骨痛、牙痛、心脏病、水肿；外用治痈疽、乳腺炎、毒蛇咬伤。

天门冬

Asparagus cochinchinensis（Lour.）Merr.

【形态】攀援植物。根在中部或近末端成纺锤状膨大，膨大部分长 3 ～ 5cm，粗 1 ～ 2cm。茎平滑，常弯曲或扭曲，长可达 1 ～ 2m，分枝具棱或狭翅。叶状枝通常每 3 枚成簇，扁平或由于中脉龙骨状而略呈锐三棱形，稍镰刀状，长 0.5 ～ 8cm，宽约 1 ～ 2mm；茎上的鳞片状叶基部延伸为长 2.5 ～ 3.5mm 的硬刺，在分枝上的刺较短或不明显。花通常每 2 朵腋生，淡绿色；花梗长 2 ～ 6mm，关节一般位于中部；雄花，花被长 2.5 ～ 3mm；花丝不贴生于花被片上；雌花大小和雄花相似。浆果直径 6 ～ 7mm，熟时红色，有 1 颗种子。花期 5 ～ 6 月，果期 8 ～ 10 月。

【分布】生于阴湿的山野林边、草丛或灌木丛中，也有栽培。分布于我国中部、西北、长江流域及南方各地。

【功效与主治】块根入药，滋阴润燥，清肺降火。用于燥热咳嗽、阴虚劳嗽、热病伤阴、内热消渴、肠燥便秘、咽喉肿痛。

油点草

Tricyrtis macropoda Miq.

【形态】草本，植株高可达1m。叶卵状椭圆形、矩圆形至矩圆状披针形，长（6）8～16（19）cm，宽（4）6～9（10）cm，先端渐尖或急尖，基部心形抱茎或圆形而近无柄。二歧聚伞花序顶生或生于上部叶腋；花梗长1.4～2.5（3）cm；苞片很小；花疏散；花被片绿白色或白色，内面具多数紫红色斑点，卵状椭圆形至披针形，长约1.5～2cm，开放后自中下部向下反折；外轮3片较内轮为宽，在基部向下延伸而呈囊状；雄蕊约等长于花被片，花丝中上部向外弯垂，具紫色斑点；柱头稍微高出雄蕊或有时近等高，3裂；裂片长1～1.5cm，每裂片上端又二深裂，小裂片长约5mm。蒴果直立，长约2～3cm。花果期6～10月。

【分布】生于海拔800～2400m的山地林下、草丛或岩石缝隙中。产于浙江、江西、福建、安徽、江苏、湖北、湖南、广东、广西和贵州等地。

【功效与主治】根入药，补虚止咳。用于肺结核、咳嗽。

紫 萼

Hosta ventricosa（Salisb.）Stearn

【形态】草本，根状茎粗0.3～1cm。叶卵状心形、卵形至卵圆形，长8～19cm，宽4～17cm，先端通常近短尾状或骤尖，基部心形或近截形，极少叶片基部下延而略呈楔形，具7～11对侧脉；叶柄长6～30cm。花葶高60～100cm，具10～30朵花；苞片矩圆状披针形，长1～2cm，白色，膜质；花单生，长4～5.8cm，盛开时从花被管向上骤然作近漏斗状扩大，紫红色；花梗长7～10mm；雄蕊伸出花被之外，完全离生。蒴果圆柱状，有三棱，长2.5～4.5cm，直径6～7mm。花期6～7月，果期7～9月。

【分布】生于林下、草坡或路旁，海拔500～2400m。产于江苏、安徽、浙江、福建、江西、广东、广西、贵州、云南、四川、湖北、湖南和陕西（秦岭以南），各地常见栽培，供观赏。

【功效与主治】全株入药，主要用于治疗吐血、崩漏、湿热带下、咽喉肿痛、胃痛、牙痛等。

灯心草

Juncus effusus Linnaeus

【形态】多年生草本，高27～91cm，有时更高；根状茎粗壮横走，具黄褐色稍粗的须根。茎丛生，直立，圆柱形，淡绿色，具纵条纹，直径（1）1.5～3（4）mm，茎内充满白色的髓心。聚伞花序假侧生，含多花，排列紧密或疏散；总苞片圆柱形，生于顶端，似茎的延伸，直立，长5～28cm，顶端尖锐；小苞片2枚，宽卵形，膜质，顶端尖；花淡绿色；花被片线状披针形，长2～12.7mm，宽约0.8mm；雄蕊3枚（偶有6枚），长约为花被片的2/3；花药长圆形，黄色，长约0.7mm，稍短于花丝；雌蕊具3室子房；花柱极短；柱头3分叉，长约1mm。蒴果长圆形或卵形，长约2.8mm，顶端钝或微凹，黄褐色。种子卵状长圆形，长0.5～0.6mm，黄褐色。染色体：$2n$=40，42。花期4～7月，果期6～9月。

【分布】生于海拔1650～3400m的河边、池旁、水沟，稻田旁、草地及沼泽湿处。产于黑龙江、吉林、辽宁、河北、陕西、甘肃、山东、江苏、安徽、浙江、江西、福建、台湾、河南、湖北、湖南、广东、广西、四川、贵州、云南、西藏。

【功效与主治】茎髓入药（药名“灯心草”），清心火，利小便。用于心烦失眠、尿少涩痛、口舌生疮。

灯心草为《中国药典》收录中药灯心草的基源。

野灯心草

Juncus setchuensis Buchen.

【形态】多年生草本，高 25 ～ 65cm；根状茎短而横走，具黄褐色稍粗的须根。茎丛生，直立，圆柱形，有较深而明显的纵沟，直径 1 ～ 1.5mm，茎内充满白色髓心。叶全部为低出叶，呈鞘状或鳞片状，包围在茎的基部，长 1 ～ 9.5cm，基部红褐色至棕褐色；叶片退化为刺芒状。聚伞花序假侧生；花多朵排列紧密或疏散；总苞片生于顶端，圆柱形，似茎的延伸，长 5 ～ 15cm，顶端尖锐；小苞片 2 枚，三角状卵形，膜质，长 1 ～ 1.2mm，宽约 0.9mm；花淡绿色；花被片卵状披针形，长 2 ～ 3mm，宽约 0.9mm，顶端锐尖，边缘宽膜质，内轮与外轮者等长；雄蕊 3 枚，比花被片稍短；花药长圆形，黄色，长约 0.8mm，比花丝短；子房 1 室（三隔膜发育不完全），侧膜胎座呈半月形；花柱极短；柱头 3 分叉，长约 0.8mm。蒴果通常卵形，比花被片长，顶端钝，成熟时黄褐色至棕褐色。种子斜倒卵形，长 0.5 ～ 0.7mm，棕褐色。花期 5 ～ 7 月，果期 6 ～ 9 月。

【分布】生于海拔 800 ～ 1700m 的山沟、林下阴湿地、溪旁、道旁的浅水处。产于山东、江苏、安徽、浙江、江西、福建、河南、湖北、湖南、广东、广西、四川、贵州、云南、西藏。

【功效与主治】全草入药，利水通淋，泄热，安神，凉血止血。主治热淋、肾炎水肿、心热烦躁、心悸失眠、口舌生疮、咽痛、齿痛、目赤肿痛、衄（nǜ）血、咯血、尿血。

金色狗尾草

Setaria glauca（L.）Beauv.

【形态】 一年生单生或丛生草本。秆直立或基部倾斜弯曲，近地面节可生根，高 20 ～ 90cm。叶片线状披针形或狭披针形，长 5 ～ 40cm，宽 2 ～ 10mm，先端长渐尖，基部钝圆。圆锥花序紧密呈圆柱状或狭圆锥状，长 3 ～ 17cm，宽 4 ～ 8mm（刚毛除外），主轴具短细柔毛，刚毛金黄色，粗糙，长 4 ～ 8mm，通常在一簇中仅具 1 个发育的小穗；第 1 颖宽卵形或卵形，长为小穗的 1/3 或 1/2，先端尖，具 3 脉；第 2 颖宽卵形，长为小穗的 1/2 ～ 2/3，先端稍钝，具 5 ～ 7 脉；第 1 小花雄性或中性，第 1 外稃（fū）与小穗等长或微短，具 5 脉，其内稃膜质，等长且等宽于第 2 小花，具 2 脉，通常含 3 枚雄蕊或无；第 2 小花两性，外稃革质，先端尖，成熟时，背部极隆起，具明显的横皱纹；鳞被楔形；花柱基部联合。花果期 7 ～ 10 月。

【分布】 生于林边、山坡和荒芜的园地及荒野。分布于全国各地。

【功效与主治】 全草入药，清热，明目，止痢。主治目赤肿痛、眼睑炎、赤白痢疾。

牛筋草

Eleusine indica（L.）Gaertner

【形态】一年生草本。根系极发达。秆丛生，基部倾斜，高 15 ～ 90cm。叶鞘压扁，有脊，无毛或疏生疣（yóu）毛，鞘口具柔毛；叶舌长约 1mm；叶片平展，线形，长 10 ～ 15cm，宽 3 ～ 5cm，无毛或上面常具有疣基的柔毛。穗状花序 2 ～ 7 个，着生于秆顶，长 3 ～ 10cm，宽 3 ～ 5mm；小穗有 3 ～ 6 小花，长 4 ～ 7mm，宽 2 ～ 3mm；颖披针形，具脊，脊上粗糙；第 1 颖长 1.5 ～ 2mm，第 2 颖长 2 ～ 3mm；第 1 外稃长 3 ～ 4mm，卵形，膜质具脊，脊上有狭翼，内稃短于外稃，具 2 脊，脊上具狭翼。囊果卵形，长约 1.5mm，基部下凹，具明显的波状皱纹，鳞皮 2，折叠，具 5 脉。花果期 7 ～ 10 月。

【分布】生于荒芜之地及道路旁。全国均有分布。

【功效与主治】全草入药，清热利湿，凉血解毒。主治伤暑发热、小儿惊风、乙脑、流脑、黄疸、淋证、小便不利、痢疾、便血、疮疡肿痛、跌打损伤。

薏 苡

Coix lacryma-jobi Linnaeus

【形态】多年生草本，高1～1.5m。须根较粗，直径可达3mm。秆直立，约具10节。叶片线状披针形，长可达30cm，宽1.5～3cm；叶鞘光滑，上部者短于节间；叶舌质硬，长约1mm。总状花序腋生成束；雌小穗位于花序之下部，外面包以骨质念珠状的总苞，总苞约与小穗等长；能育小穗第1颖下部膜质，上部厚纸质，先端钝，第2颖舟形，被包于第1颖中；第2外稃短于第1外稃，内稃与外稃相似面较小；雄蕊3，退化，雌蕊具长花柱；不育小穗，退化成筒状的颖，雄小穗常2～3枚生于第1节，无柄小穗第1颖扁平，两侧内折成脊而具不等宽之翼，第2颖舟形，内稃与外稃皆为薄膜质；雄蕊3；有柄小穗与无柄小穗相似。颖果外包坚硬的总苞，卵形或卵状球形。花果期7～10月。

【分布】生于屋旁、荒野、河边、溪涧或阴湿山谷中。我国大部分地区均有分布，一般为栽培品。

【功效与主治】成熟种仁入药（药名“薏苡仁”），利水渗湿，健脾止泻，除痹，排脓，解毒散结。用于水肿、脚气、小便不利、脾虚泄泻、湿痹拘挛、肺痈、肠痈、赘疣、癌肿。

薏苡为《中国药典》收录中药薏苡仁的基源。

蘘　荷

Zingiber mioga（Thunb.）Rosc.

【形态】 株高0.5～1m；根茎淡黄色。叶片披针状椭圆形或线状披针形，长20～37cm，宽4～6cm；叶柄长0.5～1.7cm或无柄。穗状花序椭圆形，长5～7cm；总花梗从没有到长达17cm，被长圆形鳞片状鞘；苞片覆瓦状排列，椭圆形，红绿色，具紫脉；花萼长2.5～3cm，一侧开裂；花冠管较萼为长，裂片披针形，长2.7～3cm，宽约7mm，淡黄色；唇瓣卵形，3裂，中裂片长2.5cm，宽1.8cm，中部黄色，边缘白色，侧裂片长1.3cm，宽4mm；花药、药隔附属体各长1cm。果倒卵形，熟时裂成3瓣，果皮里面鲜红色；种子黑色，被白色假种皮。花期8～10月。

【分布】 生于山谷中阴湿处或在江苏有栽培。产于安徽、江苏、浙江、湖南、江西、广东、广西和贵州。

【功效与主治】 根状茎入药，温中理气，祛风止痛，止咳平喘，用于感冒咳嗽、气管炎、哮喘、风寒牙痛、脘腹冷痛、跌打损伤、腰腿痛、遗尿、月经错后、经闭、白带、外用治皮肤风疹、淋巴结结核。果实入药，温胃止痛，主治胃痛。花入药（药名“蘘花”），温肺化痰，主治肺寒咳嗽。

独蒜兰

Pleione bulbocodioides（Franch.）Rolfe

【形态】 半附生草本。假鳞茎卵形至卵状圆锥形，顶端具1枚叶。叶狭椭圆状披针形或近倒披针形，纸质，长10～25cm，宽2～5.8cm；叶柄长2～6.5cm。花葶从无叶的老假鳞茎基部发出，直立，长7～20cm，顶端具1（～2）花；花梗和子房长1～2.5cm；花粉红色至淡紫色，唇瓣上有深色斑；中萼片近倒披针形，长3.5～5cm，宽7～9mm；侧萼片稍斜歪，狭椭圆形或长圆状倒披针形，与中萼片等长，常略宽；花瓣倒披针形，稍斜歪，长3.5～5cm，宽4～7mm；唇瓣轮廓为倒卵形或宽倒卵形，长3.5～4.5cm，宽3～4cm，不明显3裂，上部边缘撕裂状，基部楔形并多少贴生于蕊柱上，通常具4～5条褶片；蕊柱长2.7～4cm，多少弧曲，两侧具翅；翅自中部以下甚狭，向上渐宽，在顶端围绕蕊柱，宽达6～7mm，有不规则齿缺。蒴果近长圆形，长2.7～3.5cm。花期4～6月。

【分布】 生于常绿阔叶林下或灌木林缘腐殖质丰富的土壤上或苔藓覆盖的岩石上，海拔900～3600m。产于陕西南部、甘肃南部、安徽、湖北、湖南、广东北部、广西北部、四川、贵州、云南西北部和西藏东南部。

【功效与主治】 假鳞茎入药（药名“山慈菇”），清热解毒，化痰散结。用于痈肿疔毒、瘰疬（luǒ lì）痰核、蛇虫咬伤、癥瘕痞块。

独蒜兰与同科植物杜鹃兰 *Gremastra appendiculata*（D. Don）Makino、云南独蒜兰 *Pleione yunnanensis* Rolfe 同为《中国药典》收录中药山慈菇的基源。

黄花白及

Bletilla ochracea Schltr.

【形态】植株高25～55cm。假鳞茎扁斜卵形。茎较粗壮，常具4枚叶。叶长圆状披针形，长8～35cm，宽1.5～2.5cm，先端渐尖或急尖，基部收狭成鞘并抱茎。花序具3～8朵花，通常不分枝或极罕分枝；花序轴或多或少呈“之”字状折曲；花中等大，黄色或萼片和花瓣外侧黄绿色，内面黄白色，罕近白色；萼片和花瓣近等长，长圆形，长18～23mm，宽5～7mm，先端钝或稍尖，背面常具细紫点；唇瓣椭圆形，白色或淡黄色，长15～20mm，宽8～12mm，在中部以上3裂；侧裂片直立，斜的长圆形，围抱蕊柱，先端钝，几不伸至中裂片旁；中裂片近正方形，边缘微波状，先端微凹；唇盘上面具5条纵脊状褶片；褶片仅在中裂片上面为波状；蕊柱长15～18mm，柱状，具狭翅，稍弓曲。花期6～7月。

【分布】生于海拔300～2350m的常绿阔叶林、针叶林或灌丛下、草丛中或沟边。产于陕西南部、甘肃东南部、河南、湖北、湖南、广西、四川、贵州和云南。

【功效与主治】块茎入药，功效与《中国药典》收录中药白及（收敛止血，消肿生肌，用于咯血，吐血，外伤出血，疮疡肿毒，皮肤皲裂）相近，民间常作为白及的替代品。

绶 草

Spiranthes sinensis（Pers.）Ames

【形态】植株高 13 ～ 30cm。根数条，指状，肉质，簇生于茎基部。茎较短，近基部生 2 ～ 5 枚叶。叶片宽线形或宽线状披针形，极罕为狭长圆形，直立伸展，长 3 ～ 10cm，常宽 5 ～ 10mm，先端急尖或渐尖，基部收狭具柄状抱茎的鞘。花茎直立，长 10 ～ 25cm，上部被腺状柔毛至无毛；总状花序具多数密生的花，长 4 ～ 10cm，呈螺旋状扭转；花苞片卵状披针形，先端长渐尖，下部的长于子房；子房纺锤形，扭转，被腺状柔毛，连花梗长 4 ～ 5mm；花小，紫红色、粉红色或白色，在花序轴上呈螺旋状排生；萼片的下部靠合，中萼片狭长圆形，舟状，长 4mm，宽 1.5mm，先端稍尖，与花瓣靠合呈兜状；侧萼片偏斜，披针形，长 5mm，宽约 2mm，先端稍尖；花瓣斜菱状长圆形，先端钝，与中萼片等长但较薄；唇瓣宽长圆形，凹陷，长 4mm，宽 2.5mm，先端极钝，前半部上面具长硬毛且边缘具强烈皱波状啮齿，唇瓣基部凹陷呈浅囊状，囊内具 2 枚胼胝体。花期 7 ～ 8 月。

【分布】生于海拔 200 ～ 3400m 的山坡林下、灌丛下、草地或河滩沼泽草甸中。产于全国各省区。

【功效与主治】以根、全草入药，滋阴益气，凉血解毒，用于病后体虚、神经衰弱、肺结核咯血、咽喉肿痛、小儿夏季热、糖尿病、白带；外用治毒蛇咬伤。

小斑叶兰

Goodyera repens（Linn.）R. Br.

【形态】植株高 10 ～ 25cm。茎直立，绿色，具 5 ～ 6 枚叶。叶片卵形或卵状椭圆形，长 1 ～ 2cm，宽 5 ～ 15mm，上面深绿色具白色斑纹，背面淡绿色，叶柄长 5 ～ 10mm，基部扩大成抱茎的鞘。花茎直立或近直立，具 3 ～ 5 枚鞘状苞片；总状花序具几朵至 10 余朵、密生、多少偏向一侧的花，长 4 ～ 15cm；子房圆柱状纺锤形，连花梗长 4mm；花小，白色或带绿色或带粉红色，半张开；萼片具 1 脉，中萼片卵形或卵状长圆形，长 3 ～ 4mm，宽 1.2 ～ 1.5mm，与花瓣粘合呈兜状；侧萼片斜卵形、卵状椭圆形，长 3 ～ 4mm，宽 1.5 ～ 2.5mm；花瓣斜匙形，长 3 ～ 4mm，宽 1 ～ 1.5mm，具 1 脉；唇瓣卵形，长 3 ～ 3.5mm，基部凹陷呈囊状，宽 2 ～ 2.5mm；蕊柱短，长 1 ～ 1.5mm；蕊喙直立，长 1.5mm，叉状 2 裂；柱头 1 个，较大，位于蕊喙之下。花期 7 ～ 8 月。

【分布】生于海拔 700 ～ 3800m 的山坡、沟谷林下。产于黑龙江、吉林、辽宁、内蒙古、河北、山西、陕西、甘肃、青海、新疆、安徽、台湾、河南、湖北、湖南、四川、云南、西藏。

【功效与主治】全草入药，清肺止咳，解毒消肿，止痛。用于肺结核咳嗽、支气管炎；外用治毒蛇咬伤、痈疖疮疡。

短叶水蜈蚣

Kyllinga brevifolia Rottb.

【形态】根状茎长而匍匐，外被膜质、褐色的鳞片，具多数节间，节间长约 1.5cm，每一节上长一秆。秆成列地散生，细弱，高 7 ～ 20cm，扁三棱形，平滑，具 4 ～ 5 个圆筒状叶鞘，最下面 2 个叶鞘常为干膜质，棕色，鞘口斜截形，上面 2 ～ 3 个叶鞘顶端具叶片。叶柔弱，短于或稍长于秆，宽 2 ～ 4mm，平张，上部边缘和背面中肋上具细刺。叶状苞片 3 枚，极展开；穗状花序单个，极少 2 或 3 个，球形或卵球形，长 5 ～ 11mm，宽 4.5 ～ 10mm，具极多数密生的小穗。小穗长圆状披针形或披针形，压扁，长约 3mm，宽 0.8 ～ 1mm，具 1 朵花；鳞片膜质，长 2.8 ～ 3mm，下面鳞片短于上面的鳞片，脉 5 ～ 7 条；雄蕊 1 ～ 3 个，花药线形；花柱细长，柱头 2，长不及花柱的 1/2。小坚果倒卵状长圆形，扁双凸状，长约为鳞片的 1/2，表面具密的细点。花果期 5 ～ 9 月。

【分布】生长于山坡荒地、路旁草丛中、田边草地、溪边、海边沙滩上，海拔在 600m 以下。产于湖北、湖南、贵州、四川、云南、安徽、浙江、江西、福建以至广东、海南、广西。

【功效与主治】全草入药，疏风解表，清热利湿，止咳化痰，祛瘀消肿。用于伤风感冒、支气管炎、百日咳、疟疾、痢疾、肝炎、乳糜尿、跌打损伤、风湿性关节炎；外用治蛇咬伤、皮肤瘙痒、疖肿。

碎米莎草

Cyperus iria Linnaeus

【形态】一年生草本，根为须根。秆丛生，纤细或稍粗，高 8 ～ 85cm，扁三棱形。叶基生，短于秆，宽 2 ～ 5mm；叶鞘红棕色。苞片叶状，3 ～ 5 片，下面 2 ～ 3 片较花序长；长侧枝聚伞花序复出，很少简单；辐射枝 4 ～ 9 个，最长达 12cm，每辐射枝有 5 ～ 10 个穗状花序；穗状花序长圆状卵形，长 1 ～ 4cm，有 5 ～ 22 个小穗；小穗排列松散，近直立，长圆形，扁，长 4 ～ 10mm，宽约 2mm，有 6 ～ 22 朵花；小穗轴近无翅；鳞片倒卵形，顶端微缺，有不突出鳞片顶端的短剑尖，背面有龙骨状突起，绿色，有 3 ～ 5 条脉；两侧黄色，顶端有膜质边缘；雄蕊 3；花柱短，柱头 3。小坚果倒卵形或椭圆形，有 3 棱，与鳞片等长，褐色，密生微突起细点。花果期 6 ～ 9 月。

【分布】生长于田间、山坡、路旁阴湿处。分布极广，为一种常见的杂草，产于东北各省、河北、河南、山东、陕西、甘肃、新疆、江苏、浙江、安徽、江西、湖南、湖北、云南、四川、贵州、福建、广东、广西、台湾。

【功效与主治】全草入药，祛风除湿，活血调经。主治风湿筋骨疼痛、瘫痪、月经不调、闭经、肓经、跌打损伤。

香附子

Cyperus rotundus Linnaeus

【形态】 多年生草本。根状茎长，匍匐状，有椭圆状块茎。秆散生，高 15 ～ 95cm，有 3 锐棱，基部呈块茎状。叶基生，短于秆，宽 2 ～ 5mm；叶鞘棕色，常裂成纤维状。苞片叶状，2 ～ 3 片，很少多至 5 片，长于花序，很少偏短；长侧枝聚伞花序简单或复出，有 3 ～ 6 个开展的辐射枝，最长达 12cm；穗状花序有 3 ～ 10 个小穗，小穗线形，长 1 ～ 3cm，宽 1.5mm，8 ～ 28 朵花；小穗轴有白色透明膜质翅；鳞片 2 裂，紧密，膜质，卵形或长圆状卵形，长约 3mm，顶端急尖或钝，无短尖，中间绿色，两侧紫红色，有 5 ～ 7 条脉；雄蕊 3；花柱长，柱头 3，细长，伸出鳞片外。小坚果长圆倒卵形，有 3 棱，长约为鳞片的 1/3，有细点。花果期 5 ～ 9 月。

【分布】 生长于山坡荒地草丛中或水边潮湿处。产于陕西、甘肃、山西、河南、河北、山东、江苏、浙江、江西、安徽、云南、贵州、四川、福建、广东、广西、台湾等省区。

【功效与主治】 根茎入药（药名“香附”），行气解郁，调经止痛。用于肝郁气滞，胸、胁、脘腹胀痛，消化不良，胸脘痞闷，寒疝腹痛，乳房胀痛，月经不调，经闭痛经。

香附子为《中国药典》收录中药香附的基源。

葱 莲

Zephyranthes candida (Lindl.) Herb.

【形态】多年生草本。鳞茎卵形，直径约2.5cm，具有明显的颈部，颈长2.5～5cm。叶狭线形，肥厚，亮绿色，长20～30cm，宽2～4mm。花茎中空；花单生于花茎顶端，下有带褐红色的佛焰苞状总苞，总苞片顶端2裂；花梗长约1cm；花白色，外面常带淡红色；几无花被管，花被片6，长3～5cm，顶端钝或具短尖头，宽约1cm，近喉部常有很小的鳞片；雄蕊6，长约为花被的1/2；花柱细长，柱头不明显3裂。蒴果近球形，直径约1.2cm，3瓣开裂；种子黑色，扁平。花期秋季。

【分布】原产南美，我国引种栽培供观赏。

【功效与主治】以全草入药，平肝息风，用于小儿惊风、癫痫、破伤风。

忽地笑

Lycoris aurea（L'Hér.）Herb.

【形态】鳞茎卵形，直径约5cm。秋季出叶，叶剑形，长约60cm，最宽处达2.5cm，向基部渐狭，宽约1.7cm，顶端渐尖，中间淡色带明显。花茎高约60cm；总苞片2枚，披针形，长约3.5cm，宽约0. 8cm；伞形花序有花4～8朵；花黄色；花被裂片背面具淡绿色中肋，倒披针形，长约6cm，宽约1cm，强度反卷和皱缩，花被筒长12～15cm；雄蕊略伸出于花被外，比花被长1/6左右，花丝黄色；花柱上部玫瑰红色。蒴果具三棱，室背开裂；种子少数，近球形，直径约0.7cm，黑色。花期8～9月，果期10月。

【分布】生于阴湿山坡；庭园也栽培。分布于福建、台湾、湖北、湖南、广东、广西、四川、云南。

【功效与主治】鳞茎入药，润肺止咳，解毒消肿。主治肺热咳嗽、咳血、阴虚痨热、小便不利、痈肿疮毒、疔疮结核、烫火伤。

本种鳞茎为提取加兰他敏的良好原料，为治疗小儿麻痹后遗症的药物。

盾叶薯蓣

Dioscorea zingiberensis C. H. Wright

【形态】缠绕草质藤本。茎左旋，光滑无毛。单叶互生；叶片厚纸质，三角状卵形、心形或箭形，通常3浅裂至3深裂，中间裂片三角状卵形或披针形，两侧裂片圆耳状或长圆形，常有不规则斑块；叶柄盾状着生。花单性，雌雄异株或同株。雄花无梗，常2～3朵簇生，再排列成穗状，花序单一或分枝，1或2～3个簇生叶腋，通常每簇花仅1～2朵发育，基部常有膜质苞片3～4枚；花被片6，长1.2～1.5mm，宽0.8～1mm，开放时平展，紫红色，干后黑色；雄蕊6枚，着生于花托的边缘，花丝极短，与花药几乎等长。雌花序与雄花序几乎相似；雌花具花丝状，退化雄蕊。蒴果三棱形，每棱翅状，长1.2～2cm，宽1～1.5cm，表面常有白粉；种子通常每室2枚，着生于中轴中部，四周围有薄膜状翅。花期5～8月，果期9～10月。

【分布】生于海拔100～1500m，多生长在破坏过的杂木林间或森林、沟谷边缘的路旁，常见于腐殖质深厚的土层中，有时也见于石隙中，平地和高山都有生长。分布于河南南部、湖北、湖南、陕西秦岭以南、甘肃天水、四川。

【功效与主治】根状茎入药，解毒消肿。用于痈疖早期未破溃、皮肤急性化脓性感染、软组织损伤、蜂螫虫咬。

薯 蓣

Dioscorea opposita Thunb.

【形态】 缠绕草质藤本。块茎长圆柱形，垂直生长，长可达1m多，断面干时白色。茎右旋，无毛。单叶，在茎下部的互生，中部以上的对生，很少3叶轮生；叶片变异大，卵状三角形至宽卵形或戟形，长3～9（16）cm，宽2～7（14）cm，顶端渐尖，基部深心形、宽心形或近截形，边缘常3浅裂至3深裂，中裂片卵状椭圆形至披针形，侧裂片耳状，圆形、近方形至长圆形。叶腋内常有珠芽。雌雄异株。雄花序为穗状花序，长2～8cm，近直立，2～8个着生于叶腋，偶而呈圆锥状排列；花序轴明显地呈“之”字状曲折；苞片和花被片有紫褐色斑点；雄花的外轮花被片为宽卵形，内轮卵形，较小；雄蕊6。雌花序为穗状花序，1～3个着生于叶腋。蒴果不反折，三棱状扁圆形或三棱状圆形，长1.2～2cm，宽1.5～3cm，外面有白粉；种子着生于每室中轴中部，四周有膜质翅。花期6～9月，果期7～11月。

【分布】 生于山坡、山谷林下，溪边、路旁的灌丛中或杂草中，或为栽培。分布于东北、河北、山东、河南、安徽淮河以南、江苏、浙江、江西、福建、台湾、湖北、湖南、广西北部、贵州、云南北部、四川、甘肃东部、陕西南部等地。

【功效与主治】 根茎入药（药名“山药”），补脾养胃，生津益肺，补肾涩精。用于脾虚食少、久泻不止、肺虚喘咳、肾虚遗精、带下、尿频、虚热消渴。麸炒山药补脾健胃，用于脾虚食少、泄泻便溏、白带过多。

薯蓣为《中国药典》收录中药山药的基源。

半　夏

Pinellia ternata（Thunb.）Breit

【形态】 块茎圆球形，直径 1 ～ 2cm，具须根。叶 2 ～ 5 枚，有时 1 枚。叶柄长 15 ～ 20cm，基部具鞘，鞘内、鞘部以上或叶片基部（叶柄顶头）有直径 3 ～ 5mm 的珠芽；老株叶片 3 全裂，裂片长圆状椭圆形或披针形，两头锐尖，中裂片长 3 ～ 10cm，宽 1 ～ 3cm ；侧裂片稍短；全缘或具不明显的浅波状圆齿，侧脉 8 ～ 10 对。花序柄长 25 ～ 30（35）cm，长于叶柄。佛焰苞绿色或绿白色，管部狭圆柱形，长 1.5 ～ 2cm ；檐部长圆形，绿色，有时边缘青紫色，长 4 ～ 5cm，宽 1.5cm，钝或锐尖。肉穗花序：雌花序长 2cm，雄花序长 5 ～ 7mm，其中间隔 3mm ；附属器绿色变青紫色，长 6 ～ 10cm，直立，有时“S”形弯曲。浆果卵圆形，黄绿色，先端渐狭为明显的花柱。花期 5 ～ 7 月，果 8 月成熟。

【分布】 常见于草坡、荒地、玉米地、田边或疏林下，为旱地中常见杂草之一，海拔 2500m 以下。除内蒙古、新疆、青海、西藏尚未发现野生株，全国各地广布。

【功效与主治】 块茎入药（药名“半夏”），燥湿化痰，降逆止呕，消痞散结。用于湿痰寒痰、咳喘痰多、痰饮眩悸、风痰眩晕、痰厥头痛、呕吐反胃、胸脘痞闷、梅核气；外治痈肿痰核。

半夏为《中国药典》收录中药半夏的基源。

磨　芋

Amorphophallus rivieri Durieu

【形态】块茎扁球形，直径7.5～25cm，顶部中央多少下凹，暗红褐色。叶柄长45～150cm，基部粗3～5cm，黄绿色，光滑，有绿褐色或白色斑块；基部膜质鳞叶2～3枚，披针形，内面的渐长大，长7.5～20cm。叶片绿色，3裂，Ⅰ次裂片具长50cm的柄，二歧分裂，Ⅱ次裂片二回羽状分裂或二回二歧分裂，小裂片互生，大小不等，基部的较小，向上渐大，长2～8cm，长圆状椭圆形；骤狭渐尖，基部宽楔形，外侧下延成翅状，侧脉多数，纤细，平行。花序柄长50～70cm，粗1.5～2cm，色泽同叶柄。佛焰苞漏斗形，长20～30cm，基部席卷，管部长6～8cm，宽3～4cm，苍绿色，杂以暗绿色斑块，边缘紫红色；檐部长15～20cm，宽约15cm，心状圆形，锐尖，边缘折波状，外面变绿色，内面深紫色。肉穗花序比佛焰苞长1倍，雌花序圆柱形，长约6cm，粗3cm，紫色；雄花序紧接（有时杂以少数两性花），长8cm，粗2～2.3cm；附属器伸长的圆锥形，长20～25cm，中空，明显具小薄片或具棱状长圆形的不育花遗垫，深紫色。花丝长1mm，宽2mm，花药长2mm。子房长约2mm，苍绿色或紫红色，2室，胚珠极短，无柄，花柱与子房近等长，柱头边缘3裂。浆果球形或扁球形，成熟时黄绿色。花期4～6月，果8～9月成熟。

【分布】生于疏林下、林椽或溪谷两旁湿润地，或栽培于房前屋后、田边地角，有的地方与玉米混种。自陕西、甘肃、宁夏至江南各省区都有。

【功效与主治】球状块茎入药，消肿散结，解毒止痛，用于肿瘤、颈淋巴结结核；外用治痈疖肿毒，毒蛇咬伤。全株有毒，以块茎为最，中毒后舌、喉灼热、痒痛、肿大，民间用醋加姜汁少许，内服或含漱，可以解救。

石菖蒲

Acorus tatarinowii Schott

【形态】根状茎芳香，直径2～5mm，节间长3～5mm，上部分枝甚密，植株因而成丛生状；叶线形，长20～50cm，宽7～13mm；基部对摺无柄，先端渐狭，无中脉；花序柄长4～15mm，三棱形；佛焰苞叶状，长13～25cm，为肉穗花序长的2～5倍；肉穗花序圆柱形，长2.5～8.5cm，粗4～7mm，上部渐尖，花白色。果序长7～8mm，粗可达1mm；果成熟时黄绿色或黄白色。花果4～8月。

【分布】常见于海拔20～2600m的密林下，生长于湿地或溪旁石上。产于黄河以南各省区。

【功效与主治】根茎入药（药名“石菖蒲”），开窍豁痰，醒神益智，化湿开胃。用于神昏癫痫，健忘失眠，耳鸣耳聋，脘痞不饥，噤口下痢。

石菖蒲为《中国药典》收录中药石菖蒲的基源。

天南星

Arisaema heterophyllum Blume

【形态】块茎扁球形，直径 2 ～ 4cm，顶部扁平，周围生根，常有若干侧生芽眼。叶常单 1，叶柄圆柱形，长 30 ～ 50cm，下部 3/4 鞘筒状，鞘端斜截形；叶片鸟足状分裂，裂片 13 ～ 19 枚，倒披针形、长圆形、线状长圆形，全缘，中裂片无柄，比侧裂片几短 1/2；侧裂片长 7.7 ～ 24.2（31）cm，宽（0.7）2 ～ 6.5cm，向外渐小，排列成蝎尾状。花序柄长 30 ～ 55cm，从叶柄鞘筒内抽出。佛焰苞管部圆柱形，长 3.2 ～ 8cm，粗 1 ～ 2.5cm，喉部截形，外缘稍外卷；檐部卵形或卵状披针形，宽 2.5 ～ 8cm，长 4 ～ 9cm。肉穗花序两性和雄花序单性。两性花序：下部雌花序长 1 ～ 2.2cm，上部雄花序长 1.5 ～ 3.2cm。单性雄花序长 3 ～ 5cm，粗 3 ～ 5mm，各种花序附属器基部粗 5 ～ 11mm，向上细狭，长 10 ～ 20cm，至佛焰苞喉部以外“之”字形上升（稀下弯）。雌花球形，花柱明显，柱头小，胚珠 3 ～ 4 枚，直立于基底胎座上。雄花具柄，花药 2 ～ 4，白色，顶孔横裂。浆果黄红色、红色，圆柱形，长约 5mm，内有棒头状种子 1 枚，不育胚珠 2 ～ 3 枚，种子黄色，具红色斑点。花期 4 ～ 5 月，果期 7 ～ 9 月。

【分布】生于林下、灌丛或草地，海拔 2700m 以下。除西北、西藏外，大部分省区都有分布。

【功效与主治】块茎入药（药名“天南星”），散结消肿，外用治痈肿、蛇虫咬伤。块茎含淀粉 28.05%，可制酒精、糊料，有毒，不可食用。

天南星（药典原植物：异叶天南星）与同科植物一把伞天南星（药典原植物：天南星）*Arisaema erubescens*（Wall.）Schott、东北天南星 *Arisaema amurense* Maxim. 同为《中国药典》收录中药天南星的基源。

一把伞南星

Arisaema erubescens（Wall.）Schott

【形态】块茎扁球形，直径可达6cm，表皮黄色，有时淡红紫色。叶1，极稀2，叶柄长40～80cm，中部以下具鞘；叶片放射状分裂，裂片无定数，多年生植株有多至20枚的，常1枚上举，余放射状平展，披针形、长圆形至椭圆形，无柄，长（6）8～24cm，宽6～35mm，具线形长尾（长可达7cm）或否。花序柄比叶柄短，直立，果时下弯或否。佛焰苞管部圆筒形，长4～8mm，粗9～20mm；喉部边缘截形或稍外卷；檐部通常颜色较深，三角状卵形至长圆状卵形，有时为倒卵形，长4～7cm，宽2.2～6cm。肉穗花序单性，雄花序长2～2.5cm，花密；雌花序长约2cm，粗6～7mm；各附属器棒状、圆柱形，中部稍膨大或否，直立，长2～4.5cm，中部粗2.5～5mm，先端钝，光滑，基部渐狭；雄花序的附属器下部光滑或有少数中性花；雌花序上具多数中性花。雄花具短柄，淡绿色、紫色至暗褐色，雄蕊2～4，药室近球形，顶孔开裂成圆形。雌花的子房卵圆形，柱头无柄。果序柄下弯或直立，浆果红色，种子1～2枚，球形，淡褐色。花期5～7月，果9月成熟。

【分布】海拔3200m以下的林下、灌丛、草坡、荒地均有生长。除内蒙古、黑龙江、吉林、辽宁、山东、江苏、新疆外，我国各省区都有分布。

【功效与主治】块茎入药（药名“天南星”），功效同天南星。

一把伞南星（药典原植物：天南星）与同科植物天南星（药典原植物：异叶天南星）*Arisaema heterophyllum* Blume、东北天南星 *Arisaema amurense* Maxim. 同为《中国药典》收录中药天南星的基源。

水 烛

Typha angustifolia Linnaeus

【形态】 多年生沼生草本。根状茎匍匐，有很多须根。茎直立出水面，高 1.5 ～ 2.5m，叶质厚，狭线形，长 70 ～ 110cm，宽 4 ～ 10mm，先端渐尖，基部具鞘，无柄。穗状花序顶生，圆柱形，长 30 ～ 60cm；雄花花序和雌雄花序不连接，间隔长 2 ～ 15cm；雄花序在上，长 10 ～ 30cm，具早落的似佛焰苞片状的苞片，花被鳞片状或茸毛状，雄蕊 2 ～ 3，花药较毛短，花粉粉单体，雌花序在下，长 10 ～ 30cm，成熟时直径约 10 ～ 25mm；雌花的小苞片比柱头短，柱头条状长圆形，毛与小苞片近等长而比柱头短。小坚果椭圆形，无沟。花果期 6 ～ 8 月。

【分布】 生于湖泊、河流、池塘浅水处，水深稀达 1m 或更深，沼泽、沟渠亦常见，当水体干枯时，可生于湿地及地表龟裂环境中。产于黑龙江、吉林、辽宁、内蒙古、河北、山东、河南、陕西、甘肃、新疆、江苏、湖北、云南、台湾等省区。

【功效与主治】 花粉入药（药名“蒲黄”），止血，化瘀，通淋。用于吐血、衄血、咯血、崩漏、外伤出血、经闭痛经、脘腹刺痛、跌扑肿痛、血淋涩痛。

水烛（水烛香蒲）与同科植物香蒲（东方香蒲）*Typha orientalis* Presl. 同为《中国药典》收录中药蒲黄的基源。

鸭跖草

Commelina communis Linnaeus

【形态】一年生草本。高 15 ～ 60cm。多有须根。茎多分枝，具纵棱，基部匍匐，上部直立。单叶互生，无柄或近无柄；叶片卵圆状披针形或披针形，长 4 ～ 10cm，宽 1 ～ 3cm，先端渐尖，基部下延成膜质鞘，抱茎，全缘总苞片佛焰苞状，有 1.5 ～ 4cm 长的柄，与叶对生，心形，稍镰刀状弯曲，长 1.5 ～ 2.4cm。聚伞花序生于枝上部者，花 3 ～ 4 朵，具短梗，生于枝最下部者，有花 1 朵，梗长约 8mm；萼片 3，卵形，长约 5mm，宽约 3mm，膜质；花瓣 3，深蓝色，较小的 1 片卵形，长约 9mm，较大的 2 片近圆形，有长爪，长约 15mm；雄蕊 6，能育者 3 枚，花丝长约 13mm，不育者 3 枚，花丝较短，先端蝴蝶状；雌蕊 1，子房上位，卵形，花柱丝状而长。蒴果椭圆形，长 5 ～ 7mm，2 室，2 瓣裂，每室种子 2 颗。种子长 2 ～ 3mm，表面凹凸不平，具白色小点。花果期 4 ～ 10 月。

【分布】生于海拔 100 ～ 2400m 的湿润阴处，在沟边、路边、田埂、荒地、宅旁墙角、山坡及林缘草丛中均常见。分布于我国南北大部分地区。

【功效与主治】地上部分入药（药名“鸭跖草”），清热泻火，解毒，利水消肿。用于感冒发热、热病烦渴、咽喉肿痛、水肿尿少、热淋涩痛、痈肿疔毒。

鸭跖草为《中国药典》收录中药鸭跖草的基源。

射　干

Belamcanda chinensis（Linn.）DC.

【形态】多年生草本。根状茎为不规则的块状，斜伸，黄色或黄褐色；须根多数，带黄色。茎高1～1.5m，实心。叶互生，嵌迭状排列，剑形，长20～60cm，宽2～4cm，基部鞘状抱茎，无中脉。花序顶生，叉状分枝，每分枝的顶端聚生有数朵花；花梗细，长约1.5cm；花橙红色，散生紫褐色的斑点，直径4～5cm；花被裂片6，2轮排列，外轮花被裂片倒卵形或长椭圆形，长约2.5cm，宽约1cm，内轮较外轮花被裂片略短而狭；雄蕊3，长1.8～2cm，花药条形，外向开裂，花丝近圆柱形；花柱上部稍扁，顶端3裂，裂片边缘略向外卷，子房下位，倒卵形，3室，中轴胎座，胚珠多数。蒴果倒卵形或长椭圆形，长2.5～3cm，直径1.5～2.5cm，成熟时室背开裂，果瓣外翻，中央有直立的果轴；种子圆球形，黑紫色，直径约5mm，着生在果轴上。花期6～8月，果期7～9月。

【分布】生于林缘或山坡草地，大部分生于海拔较低的地方，但在西南山区，海拔2000～2200m处也可生长。产于吉林、辽宁、河北、山西、山东、河南、安徽、江苏、浙江、福建、台湾、湖北、湖南、江西、广东、广西、陕西、甘肃、四川、贵州、云南、西藏。

【功效与主治】根状茎入药（药名“射干”），清热解毒，消痰，利咽。用于热毒痰火郁结、咽喉肿痛、痰涎壅盛、咳嗽气喘。

射干为《中国药典》收录中药射干的基源。

鸢 尾

Iris tectorum Maxim.

【形态】多年生草本。叶基生，宽剑形，长 15 ～ 50cm，宽 1.5 ～ 3.5cm，有数条不明显的纵脉。花茎光滑，高 20 ～ 40cm，顶部常有 1 ～ 2 个短侧枝，中、下部有 1 ～ 2 枚茎生叶；花呈蓝紫色，直径约 10cm；花梗甚短；花被管细长，长约 3cm，上端膨大成喇叭形，外花被裂片圆形或宽卵形，长 5 ～ 6cm，宽约 4cm，顶端微凹，爪部狭楔形，中脉上有不规则的鸡冠状附属物，成不整齐的繸状裂，内花被裂片椭圆形，长 4.5 ～ 5cm，宽约 3cm，花盛开时向外平展，爪部突然变细；雄蕊长约 2.5cm，花药鲜黄色，花丝细长，白色；花柱分枝扁平，淡蓝色，长约 3.5cm，顶端裂片近四方形，有疏齿，子房纺锤状圆柱形，长 1.8 ～ 2cm。蒴果长椭圆形或倒卵形，长 4.5 ～ 6cm，直径 2 ～ 2.5cm，有 6 条明显的肋，成熟时自上而下 3 瓣裂；种子黑褐色，梨形，无附属物。花期 4 ～ 5 月，果期 6 ～ 8 月。

【分布】生于向阳坡地、林缘及水边湿地。产于山西、安徽、江苏、浙江、福建、湖北、湖南、江西、广西、陕西、甘肃、四川、贵州、云南、西藏。

【功效与主治】根状茎入药，活血祛瘀，祛风利湿，解毒，消积。用于跌打损伤、风湿疼痛、咽喉肿痛、食积腹胀、疟疾；外用治痈疖肿毒、外伤出血；叶或全草入药，清热解毒，祛风利湿，消肿止痛，主咽喉肿痛、肝炎、肝肿大、膀胱炎、风湿痛、跌打肿痛、疮疖、皮肤瘙痒。有小毒。

八角枫

Alangium chinense（Lour.）Harms

【形态】落叶乔木或灌木，高3～5m；小枝略呈“之”字形，幼枝紫绿色，无毛或有稀疏的疏柔毛，冬芽锥形，生于叶柄的基部内，鳞片细小。叶纸质，近圆形或椭圆形、卵形，顶端短锐尖或钝尖，基部两侧常不对称，阔楔形、截形、稀近于心脏形，长13～19（26）cm，宽9～15（22）cm，不分裂或3～7（9）裂，裂片短锐尖或钝尖，叶上面深绿色，无毛，下面淡绿色，除脉腋有丛状毛外，其余部分近无毛；基出脉3～5（7），成掌状，侧脉3～5对；叶柄长2.5～3.5cm，紫绿色或淡黄色，幼时有微柔毛，后无毛。聚伞花序腋生，长3～4cm，被稀疏微柔毛，有7～30（50）花，花梗长5～15mm；花冠圆筒形，长1～1.5cm，花萼长2～3mm，顶端分裂为5～8枚齿状萼片，长0.5～1mm，宽2.5～3.5mm；花瓣6～8，线形，长1～1.5cm，宽1mm，基部粘合，上部开花后反卷，外面有微柔毛，初为白色，后变黄色；雄蕊和花瓣同数而近等长，花丝略扁，长2～3mm，有短柔毛，花药长6～8mm，药隔无毛，外面有时有褶皱；核果卵圆形，长约5～7mm，直径5～8mm，幼时绿色，成熟后黑色，顶端有宿存的萼齿和花盘，种子1颗。花期5～7月和9～10月，果期7～11月。

【分布】生于海拔1800m以下的山地或疏林中。产于河南、陕西、甘肃、江苏、浙江、安徽、福建、台湾、江西、湖北、湖南、四川、贵州、云南、广东、广西和西藏南部。

【功效与主治】侧根、须状根（纤维根）及叶、花入药，祛风除湿，舒筋活络，散瘀止痛。用于风湿关节通、跌打损伤、精神分裂症。须状根（白龙须）毒性较大。

【鉴别】八角枫与瓜木很相似，但瓜木叶片通常明显4～7裂，基部心形，下面有疏毛；花序上的花较少，通常2至数朵。

红茴香

Illicium henryi Diels

【形态】灌木或乔木，高3～8m。叶互生或2～5片簇生，革质，倒披针形，长披针形或倒卵状椭圆形，长6～18cm，宽1.2～5（6）cm，先端长渐尖，基部楔形；侧脉不明显；叶柄长7～20mm。花粉红至深红，单生或2～3朵簇生；花梗细长，长15～50mm；花被片10～15，长7～10mm，宽4～8.5mm；雄蕊11～14枚，长2.2～3.5mm，花丝长1.2～2.3mm，药室明显凸起；心皮通常7～9枚，有时可达12枚，长3～5mm，花柱钻形，长2～3.3mm。果梗长15～55mm；蓇葖7～9，长12～20mm，宽5～8mm，厚3～4mm，先端明显钻形，细尖，尖头长3～5mm。种子长6.5～7.5mm，宽5～5.5mm，厚2.5～3mm。花期4～6月，果期8～10月。

【分布】生于海拔300～2500m的山地、丘陵、盆地的密林、疏林、灌丛、山谷、溪边或峡谷的悬崖峭壁上，喜阴湿。产于陕西南部、甘肃南部、安徽、江西、福建、河南、湖北、湖南、广东、广西、四川、贵州、云南等省区。

【功效与主治】根及根皮入药，散瘀止痛，祛风除湿。用于跌打损伤、风湿性关节炎、腰腿痛。根、根皮均有毒，用时不可过量；果亦有毒，不可作八角茴香用。

【鉴别】本种果与食用八角茴香不同，前者果较瘦小，蓇葖有时长短大小不一，顶端细长渐尖，尖头长3～5mm，果皮较薄，背面粗糙，皱缩，香气也没有八角茴香那样香甜浓烈。

攀倒甑（白花败酱）

Patrinia villosa（Thunberg）Dufresne

【形态】 多年生草本，高 50 ～ 100cm。地下有细长走茎，生长新株。基生叶丛生，宽卵形或近圆形，边缘有粗齿，叶柄较叶片稍长；茎生叶对生，卵形、菱状卵形或窄椭圆形，长 4 ～ 11cm，宽 2 ～ 5cm，顶端渐尖至窄长渐尖，基部楔形下延，1 ～ 2 对羽状分裂，上部叶不分裂或有 1 ～ 2 对窄裂片；叶柄长 1 ～ 3cm，上部叶渐近无柄。花序顶生者宽大，成伞房状圆锥聚伞花序；花白色；直径 5 ～ 6mm；花萼小；花冠筒短，5 裂；雄蕊 4，伸出；子房下位，花柱较雄蕊稍短。瘦果倒卵形，与宿存增大苞片贴生；苞片近圆形，径约 5mm，膜质，脉网明显。 花期 8 ～ 10 月，果期 9 ～ 11 月。

【分布】 生于海拔 500 ～ 800m 的荒山草地、林缘灌丛中。分布于台湾、江苏、浙江、江西、安徽、河南、湖北、湖南、广东、广西、贵州和四川等地。

【功效与主治】 根状茎和根、全草入药，清热解毒，消痈排脓，活血行瘀。用于肠痈、肺痈及疮痈肿毒，实热瘀滞所致的胸腹疼痛，产后瘀滞腹痛等症。

窄叶败酱（黄花败酱）

Patrinia heterophylla subsp. *angustifolia* (Hemsl.) H. J. Wang

【形态】 多年生草本，高 70 ～ 1300cm。地下根茎细长，横卧生，有特殊臭气。基生叶丛生，有长柄，花时叶枯落；茎生叶对生；柄长 1 ～ 2cm，上部叶渐无柄；叶片 2 ～ 3 对羽状深裂，长 5 ～ 15cm，中央裂片最大，椭圆形或卵形，两侧裂片窄椭圆形至线形，先端渐尖，叶缘有粗锯齿。聚伞状圆锥花序集成疏而大的伞房状花序，腋生或顶生；总花梗仅相对两侧或仅一侧被粗毛，花序基部有线形总苞片 1 对，甚小；花直径约 3mm；花萼短，萼齿 5，不明显；花冠黄色，上部 5 裂，冠筒短；雄蕊 4，由背部向两侧延展成窄翅状。花期 7 ～ 9 月，果期 9 ～ 10 月。

【分布】 生于山坡、沟谷、灌丛边或林缘草地。分布于东北、华东、华南以及四川、贵州等地。

【功效与主治】 带根全草入药，具清热利湿，解毒排脓，活血祛瘀之功效。在鄂东大别山区是一种常食的野生蔬菜，当年生幼嫩茎叶，口感柔滑，并有保健作用。

矮 桃

Lysimachia clethroides Duby

【形态】多年生草本，高40～100cm，不分枝。叶互生，长椭圆形或阔披针形，长6～16cm，宽2～5cm，两面散生黑色粒状腺点，近于无柄或具长2～10mm的柄。总状花序顶生，盛花期长约6cm，花密集，常转向一侧，后渐伸长，果时长20～40cm；花梗长4～6mm；花萼长2.5～3mm，分裂近达基部，裂片卵状椭圆形，有腺状缘毛；花冠白色，长5～6mm，基部合生部分长约1.5mm，裂片狭长圆形，先端圆钝；雄蕊内藏，花丝基部约1mm连合并贴生于花冠基部，分离部分长约2mm，被腺毛；花药长圆形，长约1mm；子房卵珠形，花柱稍粗，长3～3.5mm。蒴果近球形，直径2.5～3mm。花期5～7月；果期7～10月。

【分布】生于山坡、林缘和草丛中。产于我国东北、华中、西南、华南、华东各省区以及河北、陕西等省。

【功效与主治】根及全草入药，活血调经，解毒消肿。用于月经不调、白带、小儿疳（gān）积、风湿性关节炎、跌打损伤、乳腺炎、蛇咬伤。

黑腺珍珠菜

Lysimachia heterogenea Klatt

【形态】 多年生草本。茎直立，高 40 ～ 80cm，四棱形，棱边有狭翅和黑色腺点，上部分枝。基生叶匙形，早凋，茎叶对生，无柄，叶片披针形或线状披针形，长 4 ～ 13cm，宽 1 ～ 3cm，先端稍锐尖或钝，基部钝或耳状半抱茎，两面密生黑色粒状腺点。总状花序生于茎端和枝端；花梗长 3 ～ 5mm ；花萼 4 ～ 5mm，分裂近达基部，裂片线状披针形，背面有黑色腺条和腺点；花冠白色，长约 7mm，基部合生部分长约 2.5mm，裂片卵状长圆形；雄蕊与花冠近等长，花丝贴生至花冠的中部，分离部分长约 3mm ；花药腺形，长约 1.5mm，药隔顶端具胼胝状尖头；子房无毛，花柱长约 6mm，柱头膨大。蒴果球形，直径约 3mm。花期 5 ～ 7 月；果期 8 ～ 10 月。

【分布】 生于水边湿地。产于湖北、湖南、广东、江西、河南、安徽、江苏、浙江、福建。

【功效与主治】 全草入药，活血，解蛇毒。主治闭经、毒蛇咬伤。

红根草

Lysimachia fortunei Maxim.

【形态】 多年生草本，全株无毛。茎直立，高 30 ～ 70cm，有黑色腺点，通常不分枝，嫩梢和花序轴具褐色腺体。叶互生，近于无柄，叶片长圆状披针形至狭椭圆形，长 4 ～ 11cm，宽 1 ～ 2.5cm，两面均有黑色腺点。总状花序顶生，细瘦，长 10 ～ 20cm ；花梗长 2 ～ 3mm ；花萼长约 1.5mm，分裂近达基部，裂片卵状椭圆形，有腺状缘毛，背面有黑色腺点；花冠白色，长约 3mm，基部合生部分长约 1.5mm，裂片椭圆形或卵状椭圆形，先端圆钝，有黑色腺点；雄蕊比花冠短，花丝贴生于花冠裂片的下部，分离部分长约 1mm ；花药卵圆形，长约 0.5mm ；子房卵圆形，花柱粗短，长约 1mm。蒴果球形，直径约 2～2.5mm。花期6～8月；果期8～11月。

【分布】 生于水边、路旁、湿地。产于我国中南、华南、华东各省区。

【功效与主治】 全草入药，清热利湿，活血调经。主治感冒、咳嗽咯血、肠炎、痢疾、肝炎、风湿性关节炎、痛经、白带、乳腺炎、毒蛇咬伤、跌打损伤等。

狭叶珍珠菜

Lysimachia pentapetala Bunge

【形态】一年生草本，全体无毛。茎直立，高 30 ～ 60cm，圆柱形，多分枝，密被褐色无柄腺体。叶互生，狭披针形至线形，长 2 ～ 7cm，宽 2 ～ 8mm，下面有褐色腺点；叶柄短，长约 0.5mm。总状花序顶生，初时因花密集而成圆头状，后渐伸长，果时长 4 ～ 13cm；花梗长 5 ～ 10mm；花萼长 2.5 ～ 3mm，下部合生达全长的 1/3 或近 1/2，裂片狭三角形，边缘膜质；花冠白色，长约 5mm，基部合生仅 0.3mm，近于分离，裂片匙形或倒披针形，先端圆钝；雄蕊比花冠短，花丝贴生于花冠裂片的近中部，分离部分长约 0.5mm；花药卵圆形，长约 1mm；子房无毛，花柱长约 2mm。蒴果球形，直径 2 ～ 3mm。花期 7 ～ 8 月；果期 8 ～ 9 月。

【分布】生于山坡荒地、路旁、田边和疏林下。产于东北、华北地区以及甘肃、陕西、河南、湖北、安徽、山东等地。

【功效与主治】全草入药，活血化瘀，清热解毒。可止咳平喘，用于利尿排石、活血调经。

车 前

Plantago asiatica Linnaeus

【形态】 多年生草本，连花茎可高达50cm。具须根；叶片卵形或椭圆形，长4～12cm，宽2～7cm，全缘或呈不规则的波状浅齿，通常有5～7条弧形脉。花茎数个，高12～50cm，具棱角，有疏毛，穗状花序为花茎的2/5～1/2；花淡绿色；花萼4，椭圆形或卵圆形，宿存；花冠小，膜质，花冠管卵形，先端4裂片三角形，向外反卷；雄蕊4，着生于花冠管近基部，与花冠裂片互生，花药长圆形，先端有三角形突出物，花丝线形；雌蕊1；子房上位，卵圆形，2室（假4室），花柱1。蒴果卵状圆锥形，成熟后约在下方2/5外周裂，下方2/5宿存。种子4～8颗或9颗，近椭圆形，黑褐色。花期6～9月，果期8～10月。

【分布】 生长在山野、路旁、花圃、菜圃以及池塘、河边等地。分布于全国各地。

【功效与主治】 全草入药（药名“车前草”），清热利尿通淋，祛痰，凉血，解毒，用于热淋涩痛、水肿尿少、暑湿泄泻、痰热咳嗽、吐血衄血、痈肿疮毒。种子入药（药名“车前子”），清热利尿通淋，渗湿止泻，明目，祛痰，用于热淋涩痛、水肿胀满、暑湿泄泻、目赤肿痛、痰热咳嗽。

车前与同科植物平车前 *Plantago depressa* Willd. 同为《中国药典》收录中药车前草、车前子的基源。

薄　荷

Mentha haplocalyx Briq.

【形态】 多年生草本。茎直立，高 30 ～ 60cm，茎锐四棱形，多分枝。叶片长圆状披针形，披针形，椭圆形或卵状披针形，长 3 ～ 5（7）cm，宽 0.8 ～ 3cm，边缘在基部以上疏生粗大的牙齿状锯齿，侧脉约 5 ～ 6 对，与中肋在上面微凹陷；叶柄长 2 ～ 10mm。轮伞花序腋生，轮廓球形，花时径约 18mm，具梗或无梗；花梗纤细，长 2.5mm。花萼管状钟形，长约 2.5mm，10 脉，不明显，萼齿 5，狭三角状钻形。花冠淡紫，长 4mm，冠檐 4 裂，上裂片先端 2 裂，较大，其余 3 裂片近等大，长圆形，先端钝。雄蕊 4，前对较长，长约 5mm，均伸出于花冠之外，花丝丝状，无毛，花药卵圆形，2 室，室平行。花柱略超出雄蕊，先端近相等 2 浅裂，裂片钻形。花盘平顶。小坚果卵珠形，黄褐色，具小腺窝。花期 7 ～ 9 月，果期 10 月。

【分布】 生于海沟旁、路边及山野湿地，海拔可高达 3500m。分布于华北、华东、华中、华南及西南各地。

【功效与主治】 地上部分入药（药名“薄荷”），疏散风热，清利头目，利咽，透疹，疏肝行气。用于风热感冒、风温初起、头痛、目赤、喉痹、口疮、风疹、麻疹、胸胁胀闷。

薄荷为《中国药典》收录中药薄荷的基源。

寸金草

Clinopodium megalanthum（Diels）C. Y. Wu et Hsuan ex H. W. Li

【形态】多年生草本，高 30 ～ 60cm。茎多数，自基部出生，匍匐生根，密被平展刚毛。叶卵状三角形，长 1 ～ 2cm，宽 1 ～ 1.7cm，边缘有圆锯齿，两面有不明显小凹腺点；叶柄极短。轮伞花序多花密集茎、枝顶部；苞片针状，被缘毛和小腺点，花萼长约 9mm，沿脉上被刚毛，其余部分被微小腺点。上唇 3 齿长三角形，具短芒尖，下唇 2 齿三角形，具长芒尖。花冠粉红色，长 1.5 ～ 2cm，冠筒极伸出，上唇先端微缺，下唇中裂片较大；雄蕊 4。小坚果倒卵形。花期 7 ～ 9 月，果期 8 ～ 10 月。

【分布】生于山坡、草地、路旁、灌丛中及林下，海拔 1300 ～ 3200m。产于云南，四川南部及西南部，湖北西南部及贵州北部。

【功效与主治】全草入药，清热解毒，活血消肿。主治牙痛、风湿痛、疮肿、小儿疳积、跌打肿痛。

灯笼草

Clinopodium polycephalum （Vaniot）C. Y. Wu et Hsuan

【形态】直立多年生草本，高 0.5 ～ 1m，多分枝，基部有时匍匐生根。茎四棱形，具槽，被平展糙硬毛及腺毛。叶卵形，长 2 ～ 5cm，宽 1.5 ～ 3.2cm，先端钝或急尖，基部阔楔形至几圆形，边缘具疏圆齿状牙齿，上面榄绿色，下面略淡，两面被糙硬毛，尤其是下面脉上，侧脉约 5 对，与中脉在上面微下陷，下面明显隆起。轮伞花序多花，圆球伏，花时径达 2cm，沿茎及分枝形成宽而多头的圆锥花序；苞叶叶状，较小，生于茎及分枝近顶部者退化成苞片状；苞片针状，长 3 ～ 5mm，被具节长柔毛及腺柔毛；花梗长 2 ～ 5mm，密被腺柔毛。花萼圆筒形，花时长约 6mm，宽约 1mm，具 13 脉，脉上被具节长柔毛及腺微柔毛，萼内喉部具疏刚毛，果时基部一边膨胀，宽至 2mm，上唇 3 齿，齿三角形，具尾尖，下唇 2 齿，先端芒尖。花冠紫红色，长约 8mm，冠筒伸出于花萼，外面被微柔毛，冠檐二唇形，上唇直伸，先端微缺，下唇 3 裂。雄蕊不露出，后对雄蕊短且花药小，在上唇穹隆下，直伸，前雄蕊长超过下唇，花药正常。花盘平顶。子房无毛。小坚果卵形，长约 1mm，褐色，光滑。花期 7 ～ 8 月，果期 9 月。

【分布】生于山坡、路边、林下、灌丛中，海拔至 3400m。产于陕西、甘肃、山西、河北、河南、山东、浙江、江苏、安徽、福建、江西、湖南、湖北、广西、贵州、四川、云南及西藏东部等地。

【功效与主治】全草入药，清热解毒，消炎利水，用于感冒发热、腮腺炎、支气管炎、急性肾盂肾炎、睾丸炎、疱疹、疖疮、疝气痛。

地　笋

Lycopus lucidus Turcz.

【形态】多年生草本；根状茎横走，顶端膨大呈圆柱形，此时在节上有鳞叶及少数须根，或侧生有肥大的具鳞叶的地下枝。茎高 0.6 ～ 1.7m。叶片矩圆状披针形，长 4 ～ 8cm，下面有凹腺点；叶柄极短或近于无。轮伞花序无梗，球形，多花密集；花萼钟状，长 3mm，齿 5，披针状三角形；花冠白色，长 3mm，内面在喉部有白色短柔毛，不明显二唇形，上唇顶端 2 裂，下唇 3 裂；前对雄蕊能育，后对退化为棒状假雄蕊。小坚果倒卵圆状三棱形。花期 6 ～ 9 月，果期 8 ～ 11 月。

【分布】生于沼泽地、水边等潮湿处，海拔可达 2100m。产于黑龙江、吉林、辽宁、内蒙古、河北、山东、山西、陕西、甘肃、浙江、江苏、江西、安徽、福建、台湾、湖北、湖南、广东、广西、贵州、四川及云南，几遍及全国。

【功效与主治】全草入药，化瘀止血，益气利水。用于衄血、吐血、产后腹痛、黄疸、痈肿、带下、气虚乏力。

风轮菜

Clinopodium chinense（Benth.）O. Kuntze

【形态】 多年生草本。茎基部匍匐生根，上部上升，多分枝，高可达 1m，四棱形。叶卵圆形，不偏斜，长 2 ～ 4cm，宽 1.3 ～ 2.6cm，边缘具大小均匀的圆齿状锯齿，侧脉 5 ～ 7 对；叶柄长 3 ～ 8mm。轮伞花序多花密集，半球状，位于下部者径达 3cm，最上部者径 1.5cm，彼此远隔；总梗长约 1 ～ 2mm，分枝多数；花梗长约 2.5mm。花萼狭管状，常染紫红色，长约 6mm，13 脉，果时基部稍一边膨胀。花冠紫红色，长约 9mm，喉部宽近 2mm，冠檐二唇形，上唇直伸，先端微缺，下唇 3 裂，中裂片稍大。雄蕊 4，前对稍长，均内藏或前对微露出，花药 2 室，室近水平叉开。花柱微露出，先端不相等 2 浅裂，裂片扁平。花盘平顶。子房无毛。小坚果倒卵形，长约 1.2mm，宽约 0.9mm，黄褐色。花期 5 ～ 8 月，果期 8 ～ 10 月。

【分布】 生于山坡、草丛、路边、沟边、灌丛、林下，海拔在 1000m 以下。产于山东、浙江、江苏、安徽、江西、福建、台湾、湖南、湖北、广东、广西及云南东北部。

【功效与主治】 全草入药，疏风清热，解毒止痢，止血。用于感冒、中暑、痢疾、肝炎；外用治疗疮肿毒、皮肤瘙痒、外伤出血。

华鼠尾草

Salvia chinensis Bentham

【形态】一年生草本，高20～70cm。根多分枝，直根不明显，黄褐色。全株被倒生的短柔毛或长柔毛。叶对生；下部叶为三出复叶，顶端小叶较大，两侧小叶较小，卵形或披针形，上部叶为单叶，卵形至披针形，长1.5～8cm，宽0.8～4.5mm，边缘具圆锯或全缘。轮伞花序，每轮有花6朵，组成总状花序或总状圆锥花序，顶生或腋生，花序长5～24cm；花萼钟状，长4.5～6mm。有11条脉纹，花冠紫色或蓝紫色，冠筒长10mm，冠檐二唇形，上唇倒心形，先端凹，下唇呈3裂，中裂片倒心形；雄蕊花丝较短，藏于花冠之内。小坚果椭圆状卵形，褐色，光滑，包被于宿萼之内。花期8～10月。

【分布】生于山坡、路旁及田野草丛中。分布于江苏、安徽、江西、湖北、湖南、广东、广西、四川、云南等地。

【功效与主治】全草入药，清热解毒，活血镇痛。用于黄疸型肝炎、癌症、肾炎、白带、痛经、淋巴结结核、象皮病；外用治面神经麻痹、乳腺炎、疖肿。

活血丹

Glechoma longituba（Nakai）Kupr

【形态】多年生草本，具匍匐茎，上升，逐节生根。茎高 10 ～ 20（30）cm，四棱形，基部通常呈淡紫红色，几无毛，幼嫩部分被疏长柔毛。叶草质，下部者较小，叶片心形或近肾形，叶柄长为叶片的 1 ～ 2 倍；上部者较大，叶片心形，长 1.8 ～ 2.6cm，宽 2 ～ 3cm，先端急尖或钝三角形，基部心形，边缘具圆齿或粗锯齿状圆齿，上面被疏粗伏毛或微柔毛，叶脉不明显，下面常带紫色，被疏柔毛或长硬毛，常仅限于脉上，脉隆起，叶柄长为叶片的 1.5 倍，被长柔毛。轮伞花序通常 2 花，稀具 4 ～ 6 花；苞片及小苞片线形，长达 4mm，被缘毛。花萼管状，长 9 ～ 11mm，外面被长柔毛，尤沿肋上为多，内面多少被微柔毛，齿 5，上唇 3 齿，较长，下唇 2 齿，略短，齿卵状三角形，长为萼长 1/2，先端芒状，边缘具缘毛。花冠淡蓝、蓝至紫色，下唇具深色斑点，冠筒直立，上部渐膨大成钟形，有长筒与短筒两型，长筒者长 1.7 ～ 2.2cm，短筒者通常藏于花萼内，长 1 ～ 1.4cm，外面多少被长柔毛及微柔毛，内面仅下唇喉部被疏柔毛或几无毛，冠檐二唇形。上唇直立，2 裂，裂片近肾形，下唇伸长，斜展，3 裂，中裂片最大，肾形，较上唇片大 1 ～ 2 倍，先端凹入，两侧裂片长圆形，宽为中裂片之半。雄蕊 4，内藏，无毛，后对着生于上唇下，较长，前对着生于两侧裂片下方花冠筒中部，较短；花药 2 室，略叉开。子房 4 裂，无毛。花盘杯状，微斜，前方呈指状膨大。花柱细长，无毛，略伸出，先端近相等 2 裂。成熟小坚果深褐色，长圆状卵形，长约 1.5mm，宽约 1mm，顶端圆，基部略呈三棱形，无毛，果脐不明显。花期 4 ～ 5 月，果期 5 ～ 6 月。

【分布】生于林缘、疏林下、草地中、溪边等阴湿处，海拔 50 ～ 2000m。除青海、甘肃、新疆及西藏外，全国各地均产。

【功效与主治】全草入药，利湿通淋，清热解毒，散瘀消肿，用于热淋石淋、湿热黄疸、疮痈肿痛、跌打损伤。

藿　香

Agastache rugosa（Fisch. et Mey.）O. Ktze.

【形态】多年生草本。茎直立，高 0.5 ～ 1.5m，四棱形，粗达 7 ～ 8mm，上部被极短的细毛，下部无毛，在上部具能育的分枝。叶心状卵形至长圆状披针形，长 4.5 ～ 11cm，宽 3 ～ 6.5cm，向上渐小，先端尾状长渐尖，基部心形，稀截形，边缘具粗齿，纸质，上面橄榄绿色，近无毛，下面略淡，被微柔毛及点状腺体；叶柄长 1.5 ～ 3.5cm。轮伞花序多花，在主茎或侧枝上组成顶生密集的圆筒形穗状花序，穗状花序长 2.5 ～ 12cm，直径 1.8 ～ 2.5cm；花序基部的苞叶长不超过 5mm，宽约 1 ～ 2mm，披针状线形，长渐尖，苞片形状与之相似，较小；轮伞花序具短梗，总梗长约 3mm，被腺微柔毛。花萼管状倒圆锥形，长约 6mm，宽约 2mm，被腺微柔毛及黄色小腺体，多少染成浅紫色或紫红色，喉部微斜，萼齿三角状披针形，后 3 齿长约 2.2mm，前 2 齿稍短。花冠淡紫蓝色，长约 8mm，外被微柔毛，冠筒基部宽约 1.2mm，微超出于萼，向上渐宽，至喉部宽约 3mm，冠檐二唇形，上唇直伸，先端微缺，下唇 3 裂，中裂片较宽大，平展，边缘波状，基部宽，侧裂片半圆形。雄蕊伸出花冠，花丝细，扁平，无毛。花柱与雄蕊近等长，丝状，先端相等的 2 裂。花盘厚环状。成熟小坚果卵状长圆形，长约 1.8mm，宽约 1.1mm，腹面具棱，先端具短硬毛，褐色。花期 6 ～ 9 月，果期 9 ～ 11 月。

【分布】全国各地广泛分布，常见栽培，供药用。

【功效与主治】地上部分入药，祛暑解表，化湿和胃。主治夏令感冒、寒热头痛、胸脘痞闷、呕吐泄泻、妊娠呕吐、鼻渊、手足癣。叶及茎均富含挥发性芳香油，有浓郁的香味，为芳香油原料。

罗 勒

Ocimum basilicum Linnaeus

【形态】 一年生草本，高20～80cm，具圆锥形主根及自其上生出的密集须根。茎钝四棱形。叶卵圆形至卵圆状长圆形，长2.5～5cm，宽1～2.5cm，边缘具不规则牙齿或近于全缘，下面具腺点，侧脉3～4对；叶柄长约1.5cm，近于扁平，向叶基多少具狭翅。总状花序顶生于茎、枝上，通常长10～20cm，由多数具6花交互对生的轮伞花序组成；花梗明显，花时长约3mm，果时伸长，长约5mm，先端明显下弯。花萼钟形，长4mm，宽3.5mm，萼筒长约2mm。花冠淡紫色，或上唇白色下唇紫红色，伸出花萼，长约6mm，冠筒内藏，长约3mm。雄蕊4，分离，略超出花冠，花丝丝状，后对花丝基部具齿状附属物。小坚果卵珠形，长2.5mm，宽1mm，黑褐色，有具腺的穴陷，基部有1白色果脐。花期通常7～9月，果期9～12月。

【分布】 产于新疆、吉林、河北、浙江、江苏、安徽、江西、湖北、湖南、广东、广西、福建、台湾、贵州、云南及四川，多为栽培，南部各省区有逸为野生的。

【功效与主治】 全草入药，发汗解表，祛风利湿，散瘀止痛。用于风寒感冒、头痛、胃腹胀满、消化不良、胃痛、肠炎腹泻、跌打肿痛、风湿关节痛；外用治蛇咬伤、湿疹、皮炎。

牛 至

Origanum vulgare Linnaeus

【形态】 多年生草本，高 25 ～ 60cm。茎直立，四棱形，略带紫色。叶对生；叶柄长 2 ～ 7mm；叶片卵圆形或长圆状卵圆形，长 1 ～ 4cm，宽 4 ～ 15mm，全缘或有远离的小锯齿。花序呈伞房状圆锥花序，由多数长圆状小假穗状花序组成；花萼钟形，长 3mm，萼齿 5，三角形；花冠紫红、淡红或白色，管状钟形，长 7mm，两性花冠筒显著长于花萼，雌性花冠筒短于花萼，上唇卵圆形，先端 2 浅裂，下唇 3 裂，中裂片较大，侧裂片较小，均长圆状卵圆形；雄蕊 4，在两性花中后对短于上唇，前对略伸出，在雌性花中前后对近等长，内藏子房 4 裂，花柱略超出雄蕊，柱头 2 裂；花盘平顶。小坚果卵圆形，褐色。花期 6 ～ 9 月。

【分布】 生于海拔 500 ～ 3600m 的山坡、林下、草地或路旁。分布于西南及陕西、甘肃、新疆、江苏、安徽、浙江、江西、福建、台湾、河南、湖北、湖南、广东、西藏等地。

【功效与主治】 全草入药，发汗解表，消暑化湿。用于中暑、感冒、急性胃肠炎、腹痛。

夏枯草

Prunella vulgaris Linnaeus

【形态】多年生草本，茎高15～30cm。茎上升，下部伏地，自基部多分枝，钝四棱形。叶对生；叶柄长0.7～2.5cm，自下部向上渐变短；叶片卵状长圆形或圆形，长1.5～6cm，宽0.7～2.5cm，边缘不明显的波状齿或几近全缘。轮伞花序密集排列成顶生长2～4cm的假穗状花序，花期时较短，随后逐渐伸长；花萼钟状，长达10mm，二唇形，上唇扁平，先端截平，下唇2裂，裂片披针形，果时花萼由于下唇2齿斜伸乃闭合；花冠紫、蓝紫或红紫色，长约13mm，略超出于萼，下唇中裂片宽大，边缘具流苏状小裂片；雄蕊4，二强，花丝先端2裂，1裂片能育具花药，花药2室；子房无毛。小坚果黄褐色，长圆状卵形，长1.8mm，微具沟纹。花期5～6月，果期8～10月。

【分布】生于荒地、路旁及山坡草丛中。分布于东北及山西、山东、浙江、安徽、江西等地。

【功效与主治】果穗入药（药名“夏枯草”），清肝泻火，明目，散结消肿。用于目赤肿痛、目珠夜痛、头痛眩晕、瘰疬、瘿（yǐng）瘤、乳痈、乳癖、乳房胀痛。

夏枯草为《中国药典》收录中药夏枯草的基源。

益母草

Leonurus artemisia（Lour.）S. Y. Hu

【形态】一年生或二年生草本，高60～100cm。茎直立，四棱形。叶对生；叶形多种；叶柄长0.5～8cm。一年生植物基生叶具长柄，叶片略呈圆形，直径4～8cm，5～9浅裂，裂片具2～3钝齿，基部心形；茎中部叶有短柄，3全裂，裂片近披针形，中央裂片常再3裂，两侧裂片再1～2裂，最终叶片宽度通常在3mm以上，边缘疏生锯齿或近全缘；最上部叶不分裂，线形，近无柄。轮伞花序腋生，具花8～15朵；无花梗；花萼钟形，先端5齿裂，具刺尖，下方2齿比上方2齿长，宿存；花冠唇形，淡红色或紫红色，长9～12mm，上唇与下唇几乎等长，上唇长圆形，下唇3裂，中央裂片较大，倒心形；雄蕊4，二强，着生在花冠内面近中部，花药2室；雌蕊1，子房4裂，花柱丝状，略长于雄蕊，柱头2裂。小坚果褐色，三棱形，先端较宽而平截，基部楔形，长2～2.5mm，直径约1.5mm。花期6～9月，果期8～10月。

【分布】生于田埂、路旁、溪边或山坡草地，尤以向阳地带为多，生长地可达海拔3000m以上。分布于全国各地。

【功效与主治】地上部分入药（药名“益母草”），活血调经，利尿消肿，清热解毒。用于月经不调、痛经经闭、恶露不尽、水肿尿少、疮疡肿毒。

益母草（药典原植物：*Leonurus japonicus* Houtt.）为《中国药典》收录中药益母草的基源。

紫　苏

Perilla frutescens（L.）Britton

【形态】一年生、直立草本。茎高0.3～2m，绿色或紫色，钝四棱形，具四槽，密被长柔毛。叶阔卵形或圆形，长7～13cm，宽4.5～10cm，侧脉7～8对；叶柄长3～5cm。轮伞花序2花，组成长1.5～15cm、偏向一侧的顶生及腋生总状花序；花梗长1.5mm。花萼钟形，10脉，长约3mm，直伸，结果时增大，长至1.1cm，平伸或下垂，基部一边肿胀，萼檐二唇形，上唇宽大，3齿，中齿较小，下唇比上唇稍长，2齿，齿披针形。花冠白色至紫红色。雄蕊4，几乎不伸出，前对稍长，离生，插生喉部，花丝扁平，花药2室，室平行，其后略叉开或极叉开。花柱先端相等2浅裂。花盘前方呈指状膨大。小坚果近球形，灰褐色，直径约1.5mm，具网纹。花期8～10月，花后见果。

【分布】生于山地路旁、林边荒地，或栽培于村舍旁。分布于华东、华南、西南及河北、山西、陕西、台湾等地。

【功效与主治】果实（药名“紫苏子”），降气化痰，止咳平喘，润肠通便，用于痰壅气逆、咳嗽气喘、肠燥便秘。叶或带嫩枝（药名“紫苏叶”），解表散寒，行气和胃，用于风寒感冒、咳嗽呕恶、妊娠呕吐、鱼蟹中毒。茎（药名“紫苏梗”），理气宽中，止痛，安胎，用于胸膈痞闷、胃脘疼痛、嗳气呕吐、胎动不安。

紫苏为《中国药典》收录中药紫苏子、紫苏叶、紫苏梗的基源。

巴　豆

Croton tiglium Linnaeus

【形态】 灌木或小乔木，高 2 ～ 10m。单叶互生；叶柄长 2 ～ 6cm；叶膜质，卵形至长圆状卵形，长 5 ～ 15cm，宽 2.5 ～ 8cm，近叶柄处有 2 枚无柄的杯状腺体，叶缘有疏浅锯齿，齿尖常具小腺体。总状花序顶生，长 5 ～ 14cm，有时达 20cm，上部着生雄花，下部着生雌花，也有全为雄花而无雌花的；雄花花梗细而短，长 3 ～ 4mm；雄花绿色，较小；花萼 5 深裂，裂片卵形，长约 2mm；花瓣 5，长圆形，与花萼几乎等大，反卷；雄蕊 15 ～ 20，着生花盘边缘；花盘盘状，边缘有浅缺刻；无退化子房；雌花花梗较粗；无花瓣；子房倒卵形，3 室，每室 1 胚珠，花柱 3，每个 2 深裂。蒴果倒卵形至长圆形，有 3 钝角，长约 2cm，种子 3 颗，长卵形，背面稍凸，淡黄褐色，长约是 1cm，宽 6 ～ 7mm。花期 3 ～ 5 月，果期 7 ～ 10 月。

【分布】 生于山野、丘陵地，房屋附近常见栽培。分布于西南及福建、湖北、湖南、广东、广西等地。

【功效与主治】 果实入药（药名“巴豆”），外用蚀疮。用于恶疮疥癣、疣痣。有大毒。

巴豆为《中国药典》收录中药巴豆的基源。

白背叶

Mallotus apelta（Loureiro）Müller Argoviensis

【形态】 直立灌木或小乔木，高 1.5 ～ 3m。单叶互生；叶柄长 1 ～ 8cm；叶阔卵形，基部具 2 腺点，全缘或顶部 3 浅裂，有稀疏钝齿，背面灰白色，密被星状绒毛，有细密红棕色腺点；掌状脉 3 条。花单性异株；雄花序为不分枝或分枝的穗状花序，顶生；雄花簇生；具短梗或近无梗；萼 3 ～ 6 裂，裂片卵形，不等长，内面有红色腺点。镊合状排列；无花瓣；花盘无腺体；雄蕊多数，花丝分离，花药 2 室；雌穗状花序不分枝，顶生或侧生，略比雄花序短；雌花单生；无柄；花萼钟状，3 ～ 5 裂，裂片卵形，长 3 ～ 4mm；无花瓣；子房有软刺，3 ～ 4 室，花柱 3，基部连合。果序圆柱形；蒴果近球形，密被羽状软刺，种子近球形，黑色，光亮。花期 5 ～ 6 月，果期 7 ～ 11 月。

【分布】 生于山坡、路旁、灌丛中或林缘。分布于陕西、江苏、安徽、浙江、江西、福建、河南、湖南、广东、海南、广西、贵州、云南等地。

【功效与主治】 根入药，柔肝活血，健脾化湿，收敛固脱，用于慢性肝炎、肝脾肿大、子宫脱垂、脱肛、白带、妊娠水肿。叶入药，消炎止血，外用治中耳炎、疖肿、跌打损伤、外伤出血。

斑地锦

Euphorbia maculate Linnaeus

【形态】一年生草本。根纤细，长 4 ～ 7cm，直径约 2mm。茎匍匐，长 10 ～ 17cm，叶偏斜，不对称，略呈渐圆形，边缘中部以下全缘，中部以上常具细小疏锯齿；叶面绿色，中部常具有一个长圆形的紫色斑点；叶柄极短，长约 1mm。花序单生于叶腋，基部具短柄，柄长 1 ～ 2mm；总苞狭杯状，高 0.7 ～ 1.0mm，直径约 0.5mm，边缘 5 裂，裂片三角状圆形；腺体 4，黄绿色，边缘具白色附属物。雄花 4 ～ 5，微伸出总苞外；雌花 1，子房柄伸出总苞外；子房被疏柔毛；花柱短，近基部合生；柱头 2 裂。蒴果三角状卵形，长约 2mm，直径约 2mm，成熟时易分裂为 3 个分果爿（pán）。种子卵状四棱形，长约 1mm，直径约 0.7mm，灰色或灰棕色，每个棱面具 5 个横沟，无种阜。花期 3 ～ 5 月，果期 6 ～ 9 月。

【分布】生于平原或低山坡的路旁湿地。产于江苏、江西、浙江、湖北、河南、河北和台湾地区。

【功效与主治】全草入药（药名“地锦草”），清热解毒，凉血止血，利湿退黄。用于痢疾、泄泻、咯血、尿血、便血、崩漏、疮疖痈肿、湿热黄疸。

斑地锦与同科植物地锦 *Euphorbia humifusa* Willd. 同为《中国药典》收录中药地锦草的基源。

【鉴别】斑地锦与地锦极相似，主要区别在于：叶片中央有一紫斑，背面有柔毛；蒴果表面密生白色细柔毛。

大 戟

Euphorbia pekinensis Ruprecht

【形态】多年生草本。根圆柱状，长 20 ～ 30cm。茎单生或自基部多分枝。叶互生，常为椭圆形，少为披针形或披针状椭圆形，边缘全缘；总苞叶 4 ～ 7 枚，长椭圆形，先端尖，基部近平截；伞幅 4 ～ 7，长 2 ～ 5cm；苞叶 2 枚，近圆形。花序单生于二歧分枝顶端，无柄；总苞杯状，高约 3.5mm，直径 3.5 ～ 4.0mm，边缘 4 裂，裂片半圆形；腺体 4，半圆形或肾状圆形，淡褐色。雄花多数，伸出总苞之外；雌花 1 枚，具较长的子房柄，柄长 3 ～ 5（6）mm；子房幼时被较密的瘤状突起；花柱 3，分离；柱头 2 裂。蒴果球状，长约 4.5mm，直径 4.0 ～ 4.5mm，被稀疏的瘤状突起，成熟时分裂为 3 个分果爿；花柱宿存且易脱落。种子长球状，长约 2.5mm，直径 1.5 ～ 2.0mm，暗褐色或微光亮，腹面具浅色条纹；种阜近盾状，无柄。花期 5 ～ 8 月，果期 6 ～ 9 月。

【分布】生于山坡、灌丛、路旁、荒地、草丛、林缘和疏林内。广布于全国（除台湾、云南、西藏和新疆），北方尤为普遍。

【功效与主治】根入药（药名“京大戟”），泻水逐饮，消肿散结。用于水肿胀满、胸腹积水、痰饮积聚、气逆咳喘、二便不利、痈肿疮毒、瘰疬痰核。有毒。

大戟为《中国药典》收录中药京大戟的基源。

地 锦

Euphorbia humifusa Willd.

【形态】茎纤细，近基部分枝，带紫红色，无毛。叶对生；叶柄极短；托叶线形，通常 3 裂；叶片长圆形，长 4～10mm，宽 4～6mm，先端钝圆，基部偏狭，边缘有细齿，两面无毛或疏生柔毛，绿色或淡红色。杯状花序单生于叶腋；总苞倒圆锥形，浅红色，顶端 4 裂，裂片长三角形；腺体 4，长圆形，有白色花瓣状附属物；子房 3 室；花柱 3，2 裂。蒴果三棱状球形，光滑无毛；种子卵形，黑褐色，外被白色蜡粉，长约 1.2mm，宽约 0.7mm。花期 4～6 月，果期 6～11 月。

【分布】生于平原、荒地、路旁及田间，为习见杂草。除广东、广西外，几乎遍布全国各地。

【功效与主治】全草入药（药名“地锦草”），功效同斑地锦。

地锦与同科植物斑地锦 *Euphorbia maculate* Linnaeus 同为《中国药典》收录中药地锦草的基源。

湖北大戟

Euphorbia hylonoma Hand.-Mazz.

【形态】 多年生草本，全株光滑无毛。根粗线形，长达十多厘米，直径3～5mm。茎直立，上部多分枝。高50～100cm，直径3～7mm。叶互生，长圆形至椭圆形，变异较大，长4～10cm，宽1～2cm；侧脉6～10对；叶柄长3～6mm。总苞叶3～5枚，同茎生叶；伞幅3～5，长2～4cm；苞叶2～3枚，常为卵形，长2～2.5cm，宽1～1.5cm，无柄花序单生于二歧分枝顶端；总苞钟状，高约2.5mm，直径2.5～3.5mm，边缘4裂，裂片三角状卵形，全缘；腺体4，圆肾形，淡黑褐色。雄花多枚，明显伸出总苞外；雌花1枚，子房柄长3～5mm；子房光滑；花柱3，分离；柱头2裂。蒴果球状，长3.5～4mm，直径约4mm，成熟时分裂为3个分果爿。种子卵圆状，灰色或淡褐色，长约2.5mm，直径约2mm，光滑，腹面具沟纹；种阜具极短的柄。花期4～7月，果期6～9月。

【分布】 生于海拔200～3000m山沟、山坡、灌丛、草地、疏林等地。产于黑龙江、吉林、辽宁、河北、山西、陕西、甘肃、山东、江苏、安徽、浙江、江西、河南、湖北、湖南、广东、广西、四川、贵州和云南等地。

【功效与主治】 根入药，泻下逐水，散瘀，止血。用于大小便不通、肝硬化腹水；外用治跌打损伤、外伤出血。

蜜甘草

Phyllanthus ussuriensis Rupr.

【形态】一年生草本，高达 60cm；茎直立，常基部分枝，枝条细长；小枝具棱。叶片纸质，椭圆形至长圆形，长 5～15mm，宽 3～6mm；侧脉每边 5～6 条；叶柄极短或几乎无叶柄。花雌雄同株，单生或数朵簇生于叶腋；花梗长约 2mm，丝状，基部有数枚苞片。雄花：萼片 4，宽卵形；花盘腺体 4，分离，与萼片互生；雄蕊 2，花丝分离，药室纵裂。雌花：萼片 6，长椭圆形，果时反折；花盘腺体 6，长圆形；子房卵圆形，3 室，花柱 3，顶端 2 裂。蒴果扁球状，直径约 2.5mm，平滑；果梗短；种子长约 1.2mm，黄褐色，具有褐色疣点。花期 4～7 月，果期 7～10 月。

【分布】生于山坡或路旁草地。产于黑龙江、吉林、辽宁、山东、江苏、安徽、浙江、江西、福建、台湾、湖北、湖南、广东、广西等省区。

【功效与主治】全草入药，消食止泻，利胆。主治小便失禁、淋病、黄疸型肝炎、吐血、痢疾；外用治外痔。

乳浆大戟

Euphorbia esula Linnaeus

【形态】多年生草本。根圆柱状，长 20cm 以上，直径 3 ～ 5（6）mm，不分枝或分枝。茎单生或丛生，单生时自基部多分枝，高 30 ～ 60cm，直径 3 ～ 5mm。叶线形至卵形，长 2 ～ 7cm，宽 4 ～ 7mm；无叶柄；总苞叶 3 ～ 5 枚，与茎生叶同形；伞幅 3 ～ 5，长 2 ～ 4（5）cm；苞叶 2 枚，常为肾形，少为卵形或三角状卵形，长 4 ～ 12 mm，宽 4 ～ 10mm。花序单生于二歧分枝的顶端，基部无柄；总苞钟状，高约 3mm，直径 2.5 ～ 3.0 mm，边缘 5 裂；腺体 4，新月形，两端具角，角长而尖或短而钝。雄花多枚，苞片宽线形；雌花 1 枚，子房柄明显伸出总苞之外；子房光滑无毛；花柱 3，分离；柱头 2 裂。蒴果三棱状球形，长与直径均 5 ～ 6mm，具 3 个纵沟；花柱宿存；成熟时分裂为 3 个分果爿。种子卵球状，长 2.5 ～ 3.0 mm，直径 2.0 ～ 2.5mm，成熟时黄褐色；种阜盾状，无柄。花期 3 ～ 5 月，果期 5 ～ 7 月。

【分布】生于山坡草地或砂质地上。分布于全国（除海南、贵州、云南和西藏外）。

【功效与主治】全草入药，利尿消肿，拔毒止痒。用于四肢浮肿、小便不利、疟疾；外用治颈淋巴结结核、疮癣搔痒。

算盘子

Glochidion puberum（L.）Hutch.

【形态】直立多枝灌木，高 1 ～ 3m。叶互生；叶柄长 1 ～ 3mm；叶长圆形至长圆状卵形或披针形，长 3 ～ 9cm，宽 1.2 ～ 3.5cm，侧脉 5 ～ 8 对。花单性同株或异株，花小，2 ～ 5 朵簇生于叶腋；无花瓣；萼片 6，2 轮；雄花花梗细，长 1 ～ 8mm，萼片质较厚，长圆形至狭长圆形或长圆状倒卵形；雄蕊 3 枚，合生成柱状，无退化子房；雌花花梗长 1 ～ 3mm，花萼与雄花的近同形，但稍短而厚；子房 8 ～ 10 室，花柱合生成环状，长宽与子房几相等，先端不扩大，与子房连接处缢缩。蒴果扁球形，直径 8 ～ 15mm，常具 8 ～ 10 条明显纵沟，先端具环状稍伸长的宿花柱，成熟时带红色，种子近肾形，具三棱，长约 4mm，红褐色。花期 5 ～ 6 月，果期 7 ～ 11 月。

【分布】生于山坡灌丛中。分布于长江流域以南各地。

【功效与主治】根入药，清热除湿，解毒利咽，行气活血。主治痢疾、泄泻、黄疸、疟疾、淋浊、带下、咽喉肿痛、牙痛、疝痛、产后腹痛。

铁苋菜

Acalypha australis Linnaeus

【形态】一年生草本，高30～50cm。茎直立，分枝，被微柔毛。叶互生；叶柄长2～5cm；叶片卵状菱形或卵状椭圆形，长2～7.5cm，宽1.5～3.5cm，先端渐尖，基部楔形或圆形，基出脉3条，边缘有钝齿，两面均粗糙无毛。穗状花序腋生；花单性，雌雄同株；通常雄花序极短，长2～10mm，生于极小苞片内；雌花序生于叶状苞片内；苞片展开时呈肾形，长1～2cm，合时如蚌，边缘有钝锯齿，基部心形；花萼四裂；无花瓣；雄蕊7～8枚；雌花3～5朵；子房被疏柔毛，3～4室；花柱羽状分裂至基部。蒴果小，三角状半圆形，被粗毛；种子卵形，长约2mm，灰褐色。花期5～7月，果期8～11月。

【分布】生于旷野、丘陵、路边较湿润的地方。分布于长江、黄河中下游各地及东北、华北、华南、西南各地及台湾。

【功效与主治】全草入药，清热解毒，消积，止痢，止血。用于肠炎、细菌性痢疾、阿米巴痢疾、小儿疳积、肝炎、疟疾、吐血、衄血、尿血、便血、子宫出血；外用治痈疖疮疡、外伤出血、湿疹、皮炎、毒蛇咬伤。

通奶草

Euphorbia hypericifolia Linnaeus

【形态】一年生草本，根纤细，长 10 ～ 15cm，直径 2 ～ 3.5mm，常不分枝，少数末端分枝。茎直立，自基部分枝或不分枝，高 15 ～ 30cm，直径 1 ～ 3mm。叶对生，狭长圆形或倒卵形，长 1 ～ 2.5cm，宽 4 ～ 8mm，边缘全缘或基部以上具细锯齿；叶柄极短，长 1 ～ 2mm。苞叶 2 枚，与茎生叶同形。花序数个簇生于叶腋或枝顶，每个花序基部具纤细的柄，柄长 3 ～ 5mm；总苞陀螺状，高与直径各约 1mm 或稍大；边缘 5 裂，裂片卵状三角形；腺体 4，边缘具白色或淡粉色附属物。雄花数枚，微伸出总苞外；雌花 1 枚，子房柄长于总苞；子房三棱状；花柱 3，分离；柱头 2 浅裂。蒴果三棱状，长约 1.5mm，直径约 2mm，无毛，成熟时分裂为 3 个分果爿。种子卵棱状，长约 1.2mm，直径约 0.8mm，每个棱面具数个皱纹，无种阜。花期 4 ～ 6 月，果期 7 ～ 10 月。

【分布】生于旷野荒地、路旁、灌丛及田间。产于长江以南的江西、台湾、湖南、广东、广西、海南、四川、贵州和云南等省。

【功效与主治】全草入药，清热利湿，收敛止痒。主治细菌性痢疾、肠炎腹泻、痔疮出血；外用治湿疹、过敏性皮炎、皮肤瘙痒。

乌 桕

Sapium sebiferum（L.）Roxb.

【形态】乔木，高达15m，具乳汁。叶互生；叶柄长2.5～6cm，顶端有2腺体；叶片纸质，菱形至宽菱状卵形，长和宽约3～9cm；侧脉5～10对。穗状花序顶生，长6～12cm；花单性，雌雄同序，无花瓣及花盘；最初全为雄花，随后有1～4朵雌花生于花序基部；雄花小，10～15朵簇生一苞片腋内，苞片菱状卵形，先端渐尖，近基部两侧各有1枚腺体，萼杯状，3浅裂，雄蕊2，花丝分裂；雌花具梗，长2～4mm，着生处两侧各有近肾形腺体1，苞片3，菱状卵形，花萼3深裂，子房光滑，3室，花柱基部合生，柱头外卷。蒴果椭圆状球形，直径1～1.5cm，成熟时褐色，室背开裂为3瓣，每瓣有种子1颗；种子近球形，黑色，外被白蜡。花期5～6月，果期7～11月。

【分布】生于旷野、塘边或疏林中。分布于华东、中南、西南及台湾。

【功效与主治】根皮、树皮、叶入药，杀虫，解毒，利尿，通便。用于血吸虫病、肝硬化腹水、大小便不利、毒蛇咬伤；外用治疔疮、鸡眼、乳腺炎、跌打损伤、湿疹、皮炎。

叶下珠

Phyllanthus urinaria Linnaeus

【形态】一年生草本，高10～60cm，茎通常直立，基部多分枝；枝具翅状纵棱。叶片纸质，羽状排列，长圆形或倒卵形，长4～10mm，宽2～5mm；侧脉每边4～5条，明显；叶柄极短。花雌雄同株，直径约4mm。雄花：2～4朵簇生于叶腋，通常仅上面1朵开花，下面的很小；花梗长约0.5mm，基部有苞片1～2枚；萼片6，倒卵形，长约0.6mm，顶端钝；雄蕊3，花丝全部合生成柱状；花盘腺体6，分离，与萼片互生。雌花：单生于小枝中下部的叶腋内；花梗长约0.5mm；萼片6，近相等，卵状披针形，长约1mm，边缘膜质，黄白色；花盘圆盘状，边全缘；子房卵状，有鳞片状凸起，花柱分离，顶端2裂，裂片弯卷。蒴果圆球状，直径1～2mm，红色，表面具小凸刺，有宿存的花柱和萼片，开裂后轴柱宿存；种子长1.2mm，橙黄色。花期4～6月，果期7～10月。

【分布】生于海拔50m以下旷野平地、旱田、山地路旁或林缘。产于河北、山西、陕西、华东、华中、华南、西南等省区。

【功效与主治】全草入药，清热利尿，明目，消积。用于肾炎水肿、泌尿系感染、结石、肠炎、痢疾、小儿疳积、眼角膜炎、黄疸型肝炎；外用治青竹蛇咬伤。

一叶萩

Flueggea suffruticosa（Pall.）Baill.

【形态】灌木，高1～3m。茎丛生，多分枝，小枝绿色，纤细，有棱线，上半部多下垂；老枝呈灰褐色，平滑无毛。单叶互生；具短柄；叶片椭圆形，全缘或具不整齐的波状齿或微被锯齿。3～12朵花簇生于叶腋；花小，淡黄色，无花瓣；单性，雌雄同株；萼片5，卵形；雄花花盘腺体5，分离，2裂，5萼片互生，退化子房小，圆柱形，长1mm，2裂；雌花花盘几不分裂，子房3室，花柱3瓣。花期6月，果期9月。

【分布】生于山坡或路边。分布于黑龙江、吉林、辽宁、河北、陕西、山东、江苏、安徽、浙江、江西、台湾、河南、湖北、广西、四川、贵州等地。

【功效与主治】嫩枝叶或根入药，祛风活血，益肾强筋。主治风湿腰痛、四肢麻木、阳痿、小儿疳积、面神经麻痹、小儿麻痹症后遗症。有小毒。

油 桐

Vernicia fordii（Hemsl.）Airy Shaw

【形态】小乔木，高达 9m。枝粗壮，无毛，皮灰色。单叶互生；叶柄长达 12cm，顶端有 2 红紫色腺体；叶片革质，卵状心形，长 5 ～ 15cm，宽 3 ～ 14cm，先端渐尖，基部心形或楔形，全缘，有时 3 浅裂，幼叶被锈色短柔毛，后近于无毛，绿色有光泽。花先叶开放，排列于枝端成短圆锥花序；单性，雌雄同株；萼不规则，2 ～ 3 裂；花瓣 5，白色，基部具橙红色的斑点与条纹；雄花具雄蕊 8 ～ 20，排列成 2 轮，上端分离，且在花芽中弯曲；雌花子房 3 ～ 5 室，每室 1 胚珠，花柱 2 裂。核果近球形，直径 3 ～ 6cm。种子具厚壳状种皮。花期 4 ～ 5 月，果期 5 ～ 10 月。

【分布】喜生于较低的山坡、山麓和沟旁。分布于陕西、甘肃、江苏、安徽、浙江、江西、福建、台湾、湖北、湖南、广东、广西、四川、贵州、云南等地。

【功效与主治】根、叶、花、果壳及种子油入药。根入药，消积驱虫，祛风利湿，用于蛔虫病、食积腹胀、风湿筋骨痛、湿气水肿；叶入药，解毒，杀虫，外用治疮疡、癣疥；花入药，清热解毒，生肌，外用治烧烫伤。

枸　骨

Ilex cornuta Lindley et Paxton.

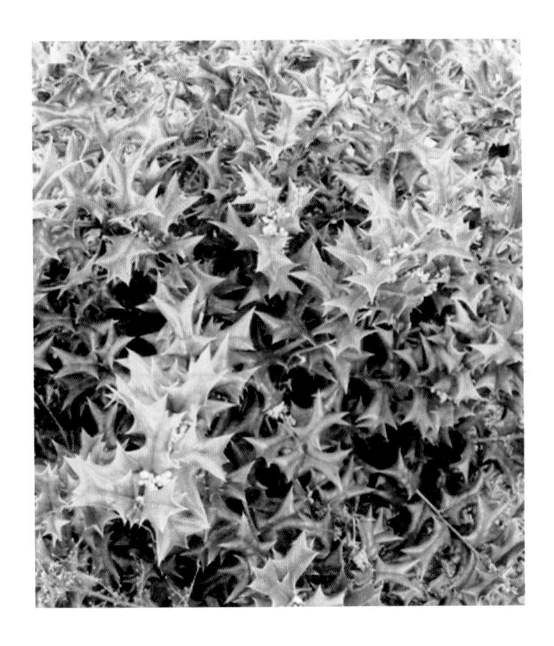

【形态】常绿小乔木或灌木，高3～8m。树皮灰白色，平滑。叶硬革质，长椭圆状四方形，长4～8cm，宽2～4cm，先端具有3枚坚硬刺齿，中央刺齿反曲，基部平截，两侧各有1～2个刺齿，先端短尖，基部圆形，表面深绿色，有光泽，背面黄绿色，两面无毛。雌雄异株或偶为杂性花，簇生于2年生枝的叶腋；花黄绿色；萼杯状，细小；花瓣向外展开，倒卵形至长圆形，长约2.5mm，宽约1.5mm，基部合生；雄蕊4枚，花丝长约3mm；子房4室，花柱极短。核果浆果状，球形，熟时鲜红色，直径4～8mm；分核4颗，骨质。花期4月，果熟期9月。

【分布】生于山坡、谷地、溪边杂木林或灌丛中。分布于甘肃、陕西、江苏、安徽、浙江、江西、河南、湖北、湖南、广东、广西、四川等地。

【功效与主治】叶入药（药名“枸骨叶”），清热养阴，益肾，平肝。用于肺痨咯血、骨蒸潮热、头晕目眩。

枸骨为《中国药典》收录中药枸骨叶的基源。

白车轴草

Trifolium repens Linnaeus

【形态】短期多年生草本，生长期达5年，高10～30cm。主根短，侧根和须根发达。茎匍匐蔓生，上部稍上升，节上生根，全株无毛。掌状三出复叶；叶柄较长10～30cm；小叶倒卵形至近圆形，长8～20（30）mm，宽8～16（25）mm，侧脉约13对；小叶柄长1.5mm。花序球形，顶生，直径15～40mm；总花梗甚长，比叶柄长近1倍，具花20～50（80）朵，密集；花长7～12mm；花梗比花萼稍长或等长，开花立即下垂；萼钟形，具脉纹10条，萼齿5，披针形，稍不等长，短于萼筒，萼喉开张，无毛；花冠白色、乳黄色或淡红色，具香气。旗瓣椭圆形，比翼瓣和龙骨瓣长近1倍，龙骨瓣比翼瓣稍短；子房线状长圆形，花柱比子房略长，胚珠3～4粒。荚果长圆形；种子通常3粒。种子阔卵形。花果期5～10月。

【分布】我国常见于种植，并在湿润草地、河岸、路边呈半自生状态。

【功效与主治】全草入药，具有清热凉血、安神镇静、祛痰止咳、镇静止痛的功效。主治癫痫、痔疮出血、硬结肿块。

白花草木犀

Melilotus albus Medic. ex Desr.

【形态】一、二年生草本，高 70 ～ 200cm。茎直立，圆柱形，中空，多分枝，几无毛。羽状三出复叶；托叶尖刺状锥形，长 6 ～ 10mm，全缘；叶柄比小叶短，纤细；小叶长圆形或倒披针状长圆形，长 15 ～ 30cm，宽（4）6 ～ 12mm，边缘疏生浅锯齿，侧脉 12 ～ 15 对，顶生小叶稍大，具较长小叶柄，侧小叶小叶柄短。总状花序长 9 ～ 20cm，腋生，具花 40 ～ 100 朵，排列疏松；花梗短，长约 1 ～ 1.5mm；萼钟形，长约 2.5mm，萼齿三角状披针形，短于萼筒；花冠白色，旗瓣椭圆形，稍长于翼瓣，龙骨瓣与冀瓣等长或稍短；子房卵状披针形，胚珠 3 ～ 4 粒。荚果椭圆形至长圆形，长 3 ～ 3.5mm，棕褐色，成熟后变黑褐色；有种子 1 ～ 2 粒。种子卵形，棕色，表面具细瘤点。花期 6 ～ 7 月，果期 7 ～ 8 月。

【分布】生于海拔 200 ～ 3700m 的山沟、河岸或田野潮湿处。分布于东北、华北、西北、西南及江苏、安徽、江西、台湾、西藏等地。

【功效与主治】全草入药，清热解毒、利湿敛阴止汗的功效。用于暑热胸闷、小儿惊风、疟疾、痢疾、浮肿、腹痛、淋病和皮肤疮疡。

刺　槐

Robinia pseudoacacia Linnaeus

【形态】 落叶乔木或灌木。树皮褐色，有深裂槽；枝上具刺针。叶互生；单数羽状复叶；叶柄长 1 ～ 3cm，基部膨大；托叶变化为针刺；小叶 7 ～ 19 枚，椭圆形至长卵形，或长圆状披针形，长 2.5 ～ 4.5cm，全缘。花序腋生，花白色，甚芳香，密生成总状花序，作下垂状，长 10 ～ 20cm，花轴有毛，花梗长 7mm，有密毛；萼钟形，先端不整齐 5 裂，稍带唇形而被密毛；花冠蝶形，由旗瓣、翼瓣和龙骨瓣组成，其中旗瓣基部有一黄斑；雄蕊 10，2 体；子房圆筒状，花柱头状，先端具绒毛。荚果线状矩圆形而扁，长 8 ～ 12cm，熟时赤褐色，内含种子 4 ～ 10 颗。种子肾形，褐色而有微小黑斑。花期 4 ～ 6 月，果期 8 ～ 9 月。

【分布】 本种根系浅而发达，易风倒，适应性强，为优良固沙保土树种。原产美国东部，现全国各地广泛栽植。

【功效与主治】 花入药，止血。主治大肠下血、咯血、吐血及妇女红崩。

长萼鸡眼草

Kummerowia stipulacea（Maxim.）Makino

【形态】一年生草本，高 7 ～ 15cm。茎平伏，上升或直立，多分枝。叶为三出羽状复叶；叶柄短；小叶纸质，倒卵形、宽倒卵形或倒卵状楔形，长 5 ～ 18mm，宽 3 ～ 12mm，全缘；侧脉多而密。花常 1 ～ 2 朵腋生；小苞片 4，较萼筒稍短、稍长或近等长，生于萼下，其中 1 枚很小，生于花梗关节之下，常具 1 ～ 3 条脉；花梗有毛；花萼膜质，阔钟形，5 裂，裂片宽卵形，有缘毛；花冠上部暗紫色，长 5.5 ～ 7mm，旗瓣椭圆形，先端微凹，下部渐狭成瓣柄，较龙骨瓣短，翼瓣狭披针形，与旗瓣近等长，龙骨瓣钝，上面有暗紫色斑点；雄蕊二体（9+1）。荚果椭圆形或卵形，稍侧偏，长约 3mm，常较萼长 1.5 ～ 3 倍。花期 7 ～ 8 月，果期 8 ～ 10 月。

【分布】生于路旁、草地、山坡、固定或半固定沙丘等处，海拔 100 ～ 1200m。产于我国东北、华北、华东（包括台湾）、中南、西北等省区。

【功效与主治】全草亦作鸡眼草入药，功效同鸡眼草。

豆茶决明

Cassia nomame（Sieb.）Kitagawa

【形态】一年生草本，株高 30～60cm，稍有毛，分枝或不分枝。叶长 4～8cm，有小叶 8～28 对，在叶柄的上端有黑褐色、盘状、无柄腺体 1 枚；小叶长 5～9mm，带状披针形，稍不对称。花生于叶腋，有柄，单生或 2 至数朵组成短的总状花序；萼片 5，分离，外面疏被柔毛；花瓣 5，黄色；雄蕊 4 枚，有时 5 枚；子房密被短柔毛。荚果扁平，有毛，开裂，长 3～8cm，宽约 5mm，有种子 6～12 粒；种子扁，近菱形，平滑。花期 8 月，果期 9～10 月。

【分布】生于山坡和原野的草丛中。产于河北、山东、东北各地、浙江、江苏、安徽、江西、湖南、湖北、云南及四川各省区。

【功效与主治】地上部入药，热利尿，通便。主治水肿、肾炎、慢性便秘、咳嗽、痰多等症。

葛

Pueraria lobata（Willd.）Ohwi

【形态】多年生落叶藤本，长达10m。全株被黄褐色粗毛。块根圆柱状，肥厚，外皮灰黄色，内部粉质，纤维性很强。茎基部粗壮，上部多分枝。三出复叶；顶生小叶柄较长；叶片菱状圆形，长5.5～19cm，宽4.5～18cm，先端渐尖，基部圆形，有时浅裂，侧生小叶较小，斜卵形，两边不等。总状花序腋生或顶生，花冠蓝紫色或紫色；萼钟状，长0.8～1cm，萼齿5，披针形，上面2齿合生，下面1齿较长；旗瓣近圆形或卵圆形，先端微凹，基部有两短耳，翼瓣狭椭圆形，较旗瓣短，常一边的基部有耳，龙骨瓣较翼瓣稍长；雄蕊10，二体；子房线形，花柱弯曲。荚果线形，长6～9cm，宽7～10mm，密被黄褐色长硬毛。种子卵圆形，赤褐色，有光泽。花期6～9月，果期8～10月。

【分布】生于山坡、路边草丛中及较阴湿的地方。除新疆、西藏外，全国各地均有分布。

【功效与主治】根入药（药名“葛根”），解肌退热，生津止渴，透疹，升阳止泻，通经活络，解酒毒。用于外感发热头痛、项背强痛、口渴、消渴、麻疹不透、热痢、泄泻、眩晕头痛、中风偏瘫、胸痹心痛、酒毒伤中。

葛为《中国药典》收录中药葛根的基源。

杭子梢

Campylotropis macrocarpa（Bge.）Rehd.

【形态】落叶灌木，高达2m。幼枝上密被白短柔毛。三出复叶，互生；叶柄长2～5cm，被短柔毛；顶端小叶长圆形或椭圆形，长3～6.5cm，宽1.5～4cm，先端圆而凹，有短尖，基部圆形，上面无毛，网脉明显，下面有淡黄色柔毛，侧生小叶较小；小叶柄极短，密被锈色毛；托叶披针形。总状花序单一，顶生或腋生，花梗细长，长达3～5cm，有关节，被绢毛；苞片早落；花萼钟状，萼齿4，有疏柔毛；花冠蝶形，紫色，长约10mm；雄蕊10，二体。荚果余斜椭圆形，长1～1.5cm，膜质，具网纹，先端具短喙。花期8～9月，果期9～10月。

【分布】生于山坡、灌丛、林缘、山谷沟边及林中。产于河北、山西、陕西、甘肃、山东、江苏、安徽、浙江、江西、福建、河南、湖北、湖南、广西、四川、贵州、云南、西藏等省区。

【功效与主治】根或枝叶入药，疏风解表，治血通络。主治风寒感冒、痧（shā）症、肾炎水肿、肢体麻木、半身不遂。

合　萌

Aeschynomene indica Linnaeus

【形态】一年生亚灌木状草本，高 30 ～ 100cm，无毛；多分枝。偶数羽状复叶，互生；托叶膜质，披针形，长约 1cm，先端锐尖，小叶 20 ～ 30 对，长圆形，长 3 ～ 8mm，宽 1 ～ 3mm，先端圆钝，有短尖头，基部圆形，无小叶柄。总状花序腋生，花少数，总花梗有疏刺毛，有黏质；膜质苞片 2 枚，边缘有锯齿；花萼二唇形，上唇 2 裂，下唇 3 裂；花冠黄色，带紫纹，旗瓣无爪，翼瓣有爪，较旗瓣稍短，龙骨瓣较翼瓣短；雄蕊 10 枚合生，上部分裂为 2 组，每组有 5 枚，花药肾形；子房无毛，有子房柄。荚果线状长圆形，微弯，有 6 ～ 10 荚节，荚节平滑或有小瘤突。花期夏秋，果期 8 ～ 10 月。

【分布】生于潮湿地或水边。分布于华北、华东、中南、西南等地。

【功效与主治】全草入药，清热，去风，利湿，消肿，解毒。主治风热感冒、黄疸、痢疾、胃炎、腹胀、淋病、痈肿、皮炎、湿疹。种子有毒，不可食用。

红车轴草

Trifolium pratense Linnaeus

【形态】短期多年生草本，生长期2～5（9）年。主根深入土层达1m。茎粗壮，具纵棱，直立或平卧上升。掌状三出复叶；叶柄较长，茎上部的叶柄短；小叶卵状椭圆形至倒卵形，长1.5～3.5（5）cm，宽1～2cm，叶面上常有“V”字形白斑，侧脉约15对，伸出形成不明显的钝齿；小叶柄短，长约1.5mm。花序球状或卵状，顶生；无总花梗或具甚短总花梗，具花30～70朵，密集；花长12～14（18）mm；几无花梗；萼钟形，被长柔毛，具脉纹10条，萼齿丝状，锥尖，比萼筒长，最下方1齿比其余萼齿长1倍，萼喉开张，具一多毛的加厚环；花冠紫红色至淡红色，旗瓣匙形，明显比翼瓣和龙骨瓣长，龙骨瓣稍比翼瓣短；子房椭圆形，花柱丝状细长，胚珠1～2粒。荚果卵形；通常有1粒扁圆形种子。花果期5～9月。

【分布】我国南北各省区均有种植，并见逸生于林缘、路边、草地等湿润处。

【功效与主治】花序及带花枝叶入药，止咳，止喘，镇痉。

鸡眼草

Kummerowia striata（Thunb.）Schindl.

【形态】一年生草本，高 10 ～ 30cm。茎直立，斜升或平卧，基部多分枝。叶互生；托叶膜质；三出复叶，小叶被缘毛；叶片倒卵形或长圆形，长 5 ～ 20mm，宽 3 ～ 7mm，先端圆形，有时凹入，基部近圆形或宽楔形。花通常 1 ～ 2 朵腋生；稀 3 ～ 5 朵；花梗基部有 2 苞片，不等大；萼基部具 4 枚卵状披针形小苞片；花萼钟形，萼齿 5，宽卵形，带紫色；花冠淡红紫色，长 5 ～ 7mm，旗瓣椭圆形，先端微凹；雄蕊 10，二体。子房椭圆形，花柱细长，柱头小。荚果宽卵形或椭圆形，稍扁，长 3.5 ～ 5mm，顶端锐尖，成熟时与萼筒近等长或长达 1 倍，表面具网纹及毛。种子 1 颗。花果期 6 ～ 10 月。

【分布】生于林下、田边、路旁，为习见杂草。分布于东北、华北、华东、中南、西南各地。

【功效与主治】全草入药，清热解毒，活血，利湿止泻。用于胃肠炎、痢疾，肝炎、夜盲症、泌尿系感染、跌打损伤、疔疮疖肿。

【鉴别】鸡眼草与同属植物长萼鸡眼草很相似，二者区别在于：鸡眼草的花萼短，小叶先端钝尖；长萼鸡眼草的花萼稍长，小叶先端微凹。

尖叶长柄山蚂蝗

Hylodesmum podocarpum subsp. *oxyphyllum*（DC.）H. Ohashi et R. R. Mill

【形态】直立草本，高 50 ～ 100cm。叶为羽状三出复叶，小叶 3；叶柄长 2 ～ 12cm；小叶纸质，顶生小叶菱形，长 4 ～ 8cm，宽 2 ～ 3cm，侧脉每边约 4 条，直达叶缘，侧生小叶斜卵形，较小，偏斜；小叶柄长 1 ～ 2cm。总状花序或圆锥花序，顶生或顶生和腋生，长 20 ～ 30cm，结果时延长至 40cm；通常每节生 2 花，花梗长 2 ～ 4mm，结果时增长至 5 ～ 6mm；花萼钟形，长约 2mm，裂片极短，较萼筒短；花冠紫红色，长约 4mm，旗瓣宽倒卵形，翼瓣窄椭圆形，龙骨瓣与翼瓣相似，均无瓣柄；雄蕊单体；雌蕊长约 3mm，子房具子房柄。荚果长约 1.6cm，通常有荚节 2，背缝线弯曲，节间深凹入达腹缝线；荚节略呈宽半倒卵形，长 5 ～ 10mm，宽 3 ～ 4mm，稍有网纹；果梗长约 6mm；果颈长 3 ～ 5mm。花、果期 8 ～ 9 月。

【分布】生于山坡路旁、沟旁、林缘或阔叶林中，海拔 400 ～ 2190m。产于河北、江苏、浙江、安徽、江西、山东、河南、湖北、湖南、广东、广西、四川、贵州、云南、西藏、陕西、甘肃等省区。

【功效与主治】全株入药，清热解表、利湿退黄。主治风热感冒、黄疸型肝炎。

截叶铁扫帚

Lespedeza cuneata（Dum. -Cours.）G. Don.

【形态】 小灌木，高达 1m。茎直立或斜升，被毛，上部分枝；分枝斜上举。叶密集，柄短；小叶楔形或线状楔形，长 1 ～ 3cm，宽 2 ～ 5（7）mm，先端截形或近截形，具小刺尖，基部楔形。总状花序腋生，具 2 ～ 4 朵花；总花梗极短；小苞片卵形或狭卵形，长 1 ～ 1.5mm，先端渐尖，背面被白色伏毛，边具缘毛；花萼狭钟形，密被伏毛，5 深裂，裂片披针形；花冠淡黄色或白色，旗瓣基部有紫斑，有时龙骨瓣先端带紫色，翼瓣与旗瓣近等长，龙骨瓣稍长；花簇生于叶腋。荚果宽卵形或近球形，被伏毛，长 2.5 ～ 3.5mm，宽约 2.5mm。花期 6 ～ 9 月，果期 10 月。

【分布】 生于低山坡路边及空旷地杂草丛中。分布于华东、中南、西南及陕西等地。

【功效与主治】 根和全株入药，清热利湿，消食除积，祛痰止咳。用于小儿疳积、消化不良、胃肠炎、细菌性痢疾、胃痛、黄疸型肝炎、肾炎水肿、白带、口腔炎、咳嗽、支气管炎；外用治带状疱疹，毒蛇咬伤。

决　明

Cassia tora Linnaeus

【形态】直立、粗壮、一年生亚灌木状草本，高 1 ～ 2m。叶长 4 ～ 8cm；叶柄上无腺体；叶轴上每对小叶间有棒状的腺体 1 枚；小叶 3 对，膜质，倒卵形或倒卵状长椭圆形，长 2 ～ 6cm，宽 1.5 ～ 2.5cm；小叶柄长 1.5 ～ 2mm。花腋生，通常 2 朵聚生；总花梗长 6 ～ 10mm；花梗长 1 ～ 1.5cm，丝状；萼片稍不等大，卵形或卵状长圆形，膜质，长约 8mm；花瓣黄色，下面二片略长，长 12 ～ 15mm，宽 5 ～ 7mm；能育雄蕊 7 枚，花药四方形，顶孔开裂，长约 4mm，花丝短于花药；子房无柄，被白色柔毛。荚果纤细，近四棱形，两端渐尖，长达 15cm，宽 3 ～ 4mm，膜质；种子约 25 颗，菱形，光亮。花果期 8 ～ 11 月。

【分布】生于山坡、旷野及河滩沙地上。我国长江以南各省区普遍分布。

【功效与主治】种子入药（药名“决明子”），清热明目，润肠通便。用于目赤涩痛、羞明多泪、头痛眩晕、目暗不明、大便秘结。

决明（药典原植物：小决明）为《中国药典》收录中药决明子的基源。

鹿　藿

Rhynchosia volubilis Lour.

【形态】缠绕草质藤本。全株各部多少被灰色至淡黄色柔毛；茎略具棱。叶为羽状或有时近指状 3 小叶；托叶小，披针形，长 3 ～ 5mm，被短柔毛；叶柄长 2 ～ 5.5cm；小叶纸质，顶生小叶菱形或倒卵状菱形，长 3 ～ 8cm，宽 3 ～ 5.5cm，先端钝，或为急尖，常有小凸尖，基部圆形或阔楔形，两面均被灰色或淡黄色柔毛，下面尤密，并被黄褐色腺点；基出脉 3；小叶柄长 2 ～ 4mm，侧生小叶较小，常偏斜。总状花序长 1.5 ～ 4cm，1 ～ 3 个腋生；花长约 1cm，排列稍密集；花梗长约 2mm；花萼钟状，长约 5mm，裂片披针形，外面被短柔毛及腺点；花冠黄色，旗瓣近圆形，有宽而内弯的耳，翼瓣倒卵状长圆形，基部一侧具长耳，龙骨瓣具喙；雄蕊二体；子房被毛及密集的小腺点，胚珠 2 颗。荚果长圆形，红紫色，长 1 ～ 1.5cm，宽约 8mm，极扁平，在种子间略收缩，稍被毛或近无毛，先端有小喙；种子通常 2 颗，椭圆形或近肾形，黑色，光亮。花期 5 ～ 8 月，果期 9 ～ 12 月。

【分布】常生于海拔 200 ～ 1000m 的山坡路旁草丛中。产于江南各省。

【功效与主治】根及全草入药，消积散结，消肿止痛，舒筋活络，用于小儿疳积、牙痛、神经性头痛、颈淋巴结结核、风湿关节炎、腰肌劳损；外用治痈疖肿毒、蛇咬伤。

落花生

Arachis hypogaea Linnaeus

【形态】一年生草本。茎高 30 ～ 70cm，匍匐或直立，有棱，被棕黄色长毛。偶数羽状复叶，互生；叶柄长 2 ～ 5cm。小叶通常 4 枚，椭圆形至倒卵形，有时为长圆形，长 2 ～ 6cm，宽 1 ～ 2.5cm，先端圆或钝。花黄色，单生或簇生于叶腋，开花期几无花梗；萼管细长，萼齿上面 3 个合生，下面一个分离成二唇形；花冠蝶形，旗瓣近圆形，宽大，翼瓣与龙骨瓣分离；雄蕊 9，合生，1 个退化，花药 5 个长圆形，4 个近于圆形；花柱细长，柱头顶生，疏生细毛，子房内有 1 至数个胚珠，胚珠受精后，子房柄伸长至地下，发育为荚果。荚果长椭圆形，种子间常缢缩，果皮厚，革质，具突起网脉，长 1 ～ 5cm。种子 1 ～ 4 颗。花期 7 ～ 8 月，果期 10 月。

【分布】全国各地均有栽培。

【功效与主治】种子入药（药名“落花生”），健脾养胃，润肺化痰，主治脾虚不运、反胃不舒、乳妇奶少、脚气、肺燥咳嗽、大便燥结；种皮入药（药名“花生衣”），止血、散瘀、消肿，用于血友病、类血友病、原发性及继发性血小板减少性紫癜、肝病出血症、术后出血、癌肿出血、胃、肠、肺、子宫等出血；茎叶入药（药名“落花生枝叶”），清热解毒，宁神降压，主治跌打损伤、痈肿疮毒、失眠、高血压。

绿　豆

Vigna radiata（Linn.）Wilczek

【形态】 一年生直立或顶端微缠绕草本。高约60cm，被短褐色硬毛。三出复叶，互生；叶柄长9～12cm；小叶3，叶片阔卵形至菱状卵形，侧生小叶偏斜，长6～10cm，宽2.5～7.5cm。总状花序腋生，总花梗短于叶柄或近等长；苞片卵形或卵状长椭圆形，有长硬毛；花绿黄色；萼斜钟状，萼齿4，最下面1齿最长，近无毛；旗瓣肾形，翼瓣有渐窄的爪，龙骨瓣的爪截形，其中一片龙骨瓣有角；雄蕊10，二体；子房无柄，密被长硬毛。荚果圆柱形，长6～8cm，宽约6mm，成熟时黑色，被疏褐色长硬毛。种子绿色或暗绿色，长圆形。花期6～7月，果期8月。

【分布】 全国各省区多有栽培。

【功效与主治】 种子入药，清热解毒，消暑。用于暑热烦渴、疮毒痈肿等症。可解附子、巴豆毒。

美丽胡枝子

Lespedeza formosa（Vog.）Koehne

【形态】直立灌木，高1～2m。多分枝，枝伸展，被疏柔毛。小叶椭圆形、长圆状椭圆形或卵形，稀倒卵形，两端稍尖或稍钝，长2.5～6cm，宽1～3cm；叶柄长1～5cm。总状花序单一，腋生，比叶长，或构成顶生的圆锥花序；总花梗长可达10cm，被短柔毛；花梗短；花萼钟状，长5～7mm，5深裂，裂片长圆状披针形，长为萼筒的2～4倍；花冠红紫色，长10～15mm，旗瓣近圆形或稍长，先端圆，基部具明显的耳和瓣柄，翼瓣倒卵状长圆形，短于旗瓣和龙骨瓣，长7～8mm，基部有耳和细长瓣柄，龙骨瓣比旗瓣稍长，在花盛开时明显长于旗瓣，基部有耳和细长瓣柄。荚果倒卵形或倒卵状长圆形，长8mm，宽4mm，表面具网纹且被疏柔毛。花期7～9月，果期9～10月。

【分布】生于山坡林下或杂草丛中。分布于华北、华东、西南及广东、广西等地。

【功效与主治】根和全株入药，清热凉血，消肿止痛。用于肺热咳血、肺脓肿、疮痈疖肿、便血、风湿关节痛、跌打肿痛；外用治扭伤，脱臼，骨折。

绒毛胡枝子（山豆花）

Lespedeza tomentosa (Thunb.) Sieb. ex Maxim.

【形态】 灌木，高 60 ～ 90cm，或更高达 2m。植株全部被白色柔毛。三出复叶，互生；托叶线形，有毛；顶生小叶较大，叶片长圆形或卵状长圆形，长 3 ～ 6cm，宽 1.5 ～ 2.5cm，侧生小叶较小，长 1 ～ 3cm，宽 1 ～ 2.2cm。总状花序腋生，花密集，花梗无关节；无瓣花腋生，呈头状花序；小苞片线状披针形；花萼浅杯状，萼 5 裂，裂片披针形，先端尖，密被柔毛；花冠蝶形，淡黄色，旗瓣椭圆形，长约 1cm，翼瓣和龙骨瓣近等长；子房有绢毛，长条形，花柱细，柱头头状。荚果倒卵状椭圆形或椭圆形，表面密被绒毛。种子 1 颗。花期 7 ～ 9 月，果期 9 ～ 10 月。

【分布】 生于山坡路边。分布于东北、西南及河北、山西、陕西、江苏、安徽、浙江、福建、河南、湖南、广西等地。

【功效与主治】 根入药，健脾补虚，清热利湿，活血调经。主治虚劳、血虚头晕、水肿、腹水、痢疾、经闭、痛经。

苏木蓝

Indigofera carlesii Craib

【形态】 灌木，高达1.5m。茎直立，幼枝具棱，后成圆柱形，幼时疏生白色丁字毛。羽状复叶长7～20cm；叶柄长1.5～3.5cm；小叶2～4（6）对，对生，稀互生，坚纸质，椭圆形或卵状椭圆形，稀阔卵形，长2～5cm，宽1～3cm，侧脉6～10对，下面较上面明显；小叶柄长2～4mm。总状花序长10～20cm；总花梗长约1.5cm；花梗长2～4mm；花萼杯状，长4～4.5mm，萼齿披针形，下萼齿与萼筒等长；花冠粉红色或玫瑰红色，旗瓣近椭圆形，长1.3～1.5（1.8）cm，宽7～9mm，翼瓣长1.3cm，边缘有睫毛，龙骨瓣与翼瓣等长，有缘毛，距长约1.5mm；花药卵形，两端有髯（rán）毛；子房无毛。荚果褐色，线状圆柱形，长4～6cm，顶端渐尖，近无毛，果瓣开裂后旋卷，内果皮具紫色斑点；果梗平展。花期4～6月，果期8～10月。

【分布】 生于海拔500～1000m的山坡路旁及丘陵灌丛中。分布于陕西、江苏、安徽、江西、河南、湖北等省。

【功效与主治】 根入药，止咳，止血，敛汗。用于咳嗽、自汗；外用治外伤出血。

野大豆

Glycine soja Siebold & Zuccarini

【形态】 一年生缠绕草本，长 1 ～ 4m。叶具 3 小叶；顶生小叶卵圆形或卵状披针形，长 3.5 ～ 6cm，宽 1.5 ～ 2.5cm，全缘，侧生小叶斜卵状披针形。总状花序通常短，稀长可达 13cm；花小，长约 5mm；花梗密生黄色长硬毛；花萼钟状，裂片 5，三角状披针形，先端锐尖；花冠淡红紫色或白色，旗瓣近圆形，先端微凹，基部具短瓣柄，翼瓣斜倒卵形，有明显的耳，龙骨瓣比旗瓣及翼瓣短小，密被长毛；花柱短而向一侧弯曲。荚果长圆形，稍弯，两侧稍扁，长 17 ～ 23mm，宽 4 ～ 5mm，密被长硬毛，种子间稍缢缩，干时易裂；种子 2 ～ 3 颗，椭圆形，稍扁，长 2.5 ～ 4mm，宽 1.8 ～ 2.5mm，褐色至黑色。花期 7 ～ 8 月，果期 8 ～ 10 月。

【分布】 生于海拔 100 ～ 800m 的山野、路旁或灌木丛中。分布于东北及河北、山西、陕西、甘肃、山东、江苏、安徽、浙江、河南、湖北、湖南、四川、贵州等地。

【功效与主治】 种子入药，益肾，止汗。主治头晕、目昏、风痹汗多。

云 实

Caesalpinia decapetala（Roth）Alston

【形态】 藤本；树皮暗红色；枝、叶轴和花序均被柔毛和钩刺。二回羽状复叶长 20 ～ 30cm；羽片 3 ～ 10 对，对生，具柄，基部有刺 1 对；小叶 8 ～ 12 对，膜质，长圆形，长 10 ～ 25mm，宽 6 ～ 12mm。总状花序顶生，直立，长 15 ～ 30cm，具多花；总花梗多刺；花梗长 3 ～ 4cm，在花萼下具关节，故花易脱落；萼片 5，长圆形；花瓣黄色，膜质，圆形或倒卵形，长 10 ～ 12mm，盛开时反卷，基部具短柄；雄蕊与花瓣近等长，花丝基部扁平，下部被绵毛；子房无毛。荚果长圆状舌形，长 6 ～ 12cm，宽 2.5 ～ 3cm，脆革质，栗褐色，有光泽，沿腹缝线膨胀成狭翅，成熟时沿腹缝线开裂，先端具尖喙；种子 6 ～ 9 颗，椭圆状，长约 11mm，宽约 6mm，种皮棕色。花果期 4 ～ 10 月。

【分布】 生于山坡灌丛中及平原、丘陵、河旁等地。产于广东、广西、云南、四川、贵州、湖南、湖北、江西、福建、浙江、江苏、安徽、河南、河北、陕西、甘肃等省区。

【功效与主治】 种子入药，止痢，驱虫，用于痢疾、钩虫病、蛔虫病；根入药，发表散寒，祛风活络，用于风寒感冒、风湿疼痛、跌打损伤、蛇咬伤。

紫 藤

Wisteria sinensis (Sims) Sweet

【形态】落叶攀援灌木，高达10m。茎粗壮，分枝多，茎皮灰黄褐色。奇数羽状复叶，互生，长12～40cm；有长柄；小叶7～13，叶片卵形或卵状披针形，长4～11cm，宽2.5cm，全缘。总状花序侧生，下垂，长15～30cm，花大，长2.5～4cm；花萼钟状，先端浅裂，萼齿5，上部萼齿不明显，疏生柔毛；花冠蝶形，紫色或深紫色，旗瓣大，外翻，基部有2个附属体，翼瓣基部有耳，龙骨瓣钝，镰状，微弯；雄蕊10，二体；花柱内弯，柱头顶生，半球状。荚果长条形，扁平，长10～20cm，密生黄色绒毛。种子偏圆形，1～3颗。花期4月，果期7月。

【分布】生于山坡、疏林缘、溪谷两旁，空旷草地，也栽培在庭园内。分布于华北、华东、中南、西南及辽宁、陕西、甘肃。北方为种植，长江以南有野生。

【功效与主治】茎或茎皮入药，利水，除痹，杀虫。主治水癒病、浮肿、关节疼痛、肠寄生虫病。有小毒。

杜 仲

Eucommia ulmoides Oliver

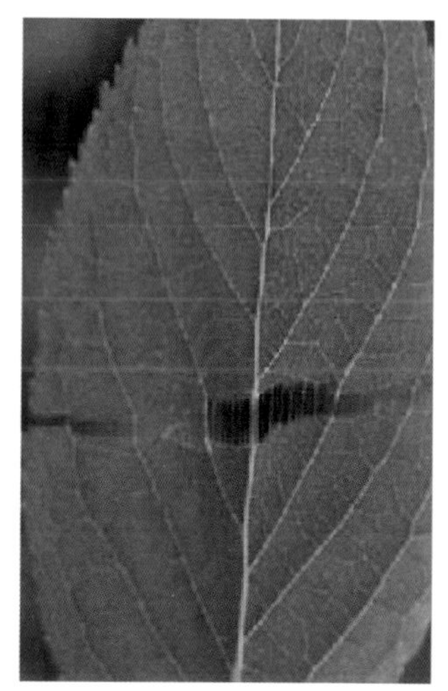

【形态】 落叶乔木，高达20m。树皮灰褐色，粗糙，折断拉开有多数细丝。幼枝有黄褐色毛，后变无毛，老枝有皮孔。单叶互生；叶柄长1～2cm，上面有槽，被散生长毛；叶片椭圆形、卵形或长圆形，长6～15cm，宽3.5～6.5cm，先端渐尖，基部圆形或阔楔形，上面暗绿色，下面淡绿，老叶略有皱纹，边缘有锯齿；侧脉6～9对。花单性，雌雄异株，雄花无花被，花梗无毛；雄蕊长约1cm，无毛，无退化雄蕊；雌花单生，花梗长约8mm，子房1室，先端2裂，子房柄极短。翅果扁平，长椭圆形，先端2裂，基部楔形，周围具薄翅；坚果位于中央，与果梗相接处有关节。花期4～5月，果期10～11月。

【分布】 生于海拔300～500m的低山、谷地或疏林中。分布于陕西、甘肃、浙江、河南、湖北、四川、贵州、云南等地。

【功效与主治】 树皮入药（药名“杜仲”），补肝肾，强筋骨，安胎，用于肝肾不足、腰膝酸痛、筋骨无力、头晕目眩、妊娠漏血、胎动不安。叶入药（药名“杜仲叶”），补肝肾，强筋骨，用于肝肾不足、头晕目眩、腰膝酸痛、筋骨痿软。

杜仲为《中国药典》收录中药杜仲、杜仲叶的基源。

【鉴别】 叶断面拉伸有细丝连接，似“藕断丝连”，可作识别特征。

椴 树

Tilia tuan Szyszyl.

【形态】 乔木，高 20m，树皮灰色，直裂。叶卵圆形，长 7 ～ 14cm，宽 5.5 ～ 9cm，先端短尖或渐尖，基部单侧心形或斜截形，上面无毛，下面初时有星状茸毛，以后变秃净，在脉腋有毛丛，干后灰色或褐绿色，侧脉 6 ～ 7 对，边缘上半部有疏而小的齿突；叶柄长 3 ～ 5cm。聚伞花序长 8 ～ 13cm，无毛；花柄长 7 ～ 9mm；苞片狭窄倒披针形，长 10 ～ 16cm，宽 1.5 ～ 2.5cm，无柄，先端钝，基部圆形或楔形，上面通常无毛，下面有星状柔毛，下半部 5 ～ 7cm 与花序柄合生；萼片长圆状披针形，长 5mm，被茸毛，内面有长茸毛；花瓣长 7 ～ 8mm；退化雄蕊长 6 ～ 7mm；雄蕊长 5mm；子房有毛，花柱长 4 ～ 5mm。果实球形，宽 8 ～ 10mm，无棱，有小突起，被星状茸毛。花期 7 月。

【分布】 生于山谷或山坡上阔叶杂木林中。分布于西南及陕西、江苏、浙江、江西、福建、湖北、湖南、广东、广西等地。

【功效与主治】 根入药，祛风除湿，活血止痛，止咳。主治风湿痹痛、四肢麻木、跌打损伤、久咳。

光果田麻

Corchoropsis psilocarpa Harms et Loes.

【形态】一年生草本，高 30 ～ 60cm；分枝带紫红色，有白色短柔毛和平展的长柔毛。叶卵形或狭卵形，长 1.5 ～ 4cm，宽 0.6 ～ 2.2cm，边缘有钝牙齿，两面均密生星状短柔毛，基出脉 3 条；叶柄长 0.2 ～ 1.2cm；托叶钻形，长约 3mm，脱落。花单生于叶腋，直径约 6mm；萼片 5 片，狭披针形，长约 2.5mm；花瓣 5 片，黄色，倒卵形；发育雄蕊和退化雄蕊近等长；雌蕊无毛。蒴果角状圆筒形，长 1.8 ～ 2.6cm，无毛，裂成 3 瓣；种子卵形，长约 2mm。果期秋、冬季。

【分布】生长于草坡、田边或多石处。产于甘肃、河北、辽宁、山东、河南、江苏、安徽、湖北等省。

【功效与主治】茎皮纤维可代麻，做麻袋、绳索等。

甜 麻

Corchorus aestuans Linnaeus

【形态】 一年生草本，高约 1m，茎红褐色，稍被淡黄色柔毛；枝细长，披散。叶卵形或阔卵形，长 4.5 ～ 6.5cm，宽 3 ～ 4cm，边缘有锯齿，近基部一对锯齿往往延伸成尾状的小裂片，基出脉 5 ～ 7 条；叶柄长 0.9 ～ 1.6cm。花单独或数朵组成聚伞花序生于叶腋或腋外，花序柄或花柄均极短或近于无；萼片 5 片，狭窄长圆形，长约 5mm，上部半凹陷如舟状，顶端具角，外面紫红色；花瓣 5 片，与萼片近等长，倒卵形，黄色；雄蕊多数，长约 3mm，黄色；子房长圆柱形，花柱圆棒状，柱头如喙，5 齿裂。蒴果长筒形，长约 2.5cm，直径约 5mm，具 6 条纵棱，其中 3 ～ 4 棱呈翅状突起，顶端有 3 ～ 4 条向外延伸的角，角二叉，成熟时 3 ～ 4 瓣裂，果瓣有浅横隔；种子多数。花期夏季。

【分布】 生长于荒地、旷野、村旁。产于长江以南各省区。

【功效与主治】 全草入药，清热解暑，消肿解毒。主治中暑发热、咽喉肿痛、痢疾、小儿疳积、麻疹、跌打损伤、疮疥疖肿。

木防己

Cocculus orbiculatus（L.）DC.

【形态】木质藤本。单叶互生；叶柄长 1 ～ 3cm，被白色柔毛；叶片纸质至近革质，形状变异极大，线状披针形至阔卵状近圆形、狭椭圆形至近圆形、倒披针形至倒心形，有时卵状心形，长 3 ～ 8cm，少数超过 10cm，宽 1.5 ～ 5cm，边全缘或 3 裂，有时掌状 5 裂。聚伞花序或作圆锥花序式排列，腋生或顶生，长达 10cm 或更长；花单性，雌雄异株。雄花：淡黄色；萼片 6，无毛，外轮卵形或椭圆状卵形，长 1 ～ 2mm，内轮阔椭圆形，长达 2.5mm；花瓣 6，倒披针状圆形，先端 2 裂，基部两侧有耳，并内折，长 1 ～ 2mm；雄蕊 6，较花瓣短。雌花：萼片和花瓣与雄花相似；退化雄蕊 6，微小；心皮 6。核果近球形，成熟时紫红色或蓝黑色，长 7 ～ 8mm。花期 5 ～ 7 月，果期 6 ～ 10 月。

【分布】生于山坡、灌丛、林缘、路边或疏林中。分布于华东、中南、西南以及河北、辽宁、陕西等地，尤以长江流域及其以南各地常见。

【功效与主治】根入药，祛风除湿，通经活络，解毒消肿。主治风湿痹痛、水肿、小便淋痛、闭经、跌打损伤、咽喉肿痛、疮疡肿毒、湿疹、毒蛇咬伤。

千金藤

Stephania japonica（Thunberg）Miers

【形态】 多年生落叶藤本，长可达5m。全株无毛。根圆柱状，外皮暗褐色，内面黄白色。叶互生；叶柄长5～10cm，盾状着生；叶片阔卵形或卵圆形，长4～8cm，宽3～7cm，全缘，下面粉白色，掌状脉7～9条。花小，单性，雌雄异株；雄株为复伞形聚伞花序，总花序梗通常短于叶柄，小聚伞花序近无梗，团集于假伞梗的末端，假伞梗挺直。雄花：萼片6（～8），排成2轮，卵形或倒卵形；花瓣3（～4）；雄蕊6，花丝合生成柱状。雌株也为复伞形聚伞花序，总花序梗通常短于叶柄，小聚伞花序和花均近无梗。雌花：萼片3（～4）；花瓣3（～4）；子房卵形，花柱3～6深裂，外弯。核果近球形，红色，直径约6mm，内果皮背部有2行高耸的小横肋状雕纹，每行通常10颗，胎座迹通常不孔。花期6～7月，果期8～9月。

【分布】 生于山坡路边、沟边、草丛或山地丘陵地灌木丛中。分布于江苏、安徽、浙江、江西、福建、台湾、河南、湖北、湖南、四川等地。

【功效与主治】 根或茎叶入药，清热解毒，祛风止痛，利水消肿。主治咽喉肿痛、痈肿疮疖、毒蛇咬伤、风湿痹痛、胃痛、脚气、水肿。

马㼎（báo）儿

Zehneria indica（Lour.）Keraudren

【形态】多年生草质藤本，长1～2m，有不分枝卷须。根部分膨大成一串纺锤形块根，大小相同。茎纤细，柔弱。单叶互生，有细长柄；叶片卵状三角形，膜质，长3～8cm，先端尖，基部戟状心形，边缘疏生不规则钝齿，有时3浅裂，两面均粗糙。夏季开白色花，单性同株，单生或数朵聚生于叶腋；花梗细长，丝状，可达2.5cm；花冠三角钟形，直径约8mm，5浅裂，裂片卵形；雄花有3雄蕊；雌花子房下位。果实卵形或近椭圆形，长1～2cm，橙黄色，果皮甚薄，内有多数扁平种子。

【分布】生于低山坡地、村边草丛。分布于江苏、福建、广东、广西和云南等省区。

【功效与主治】根或叶入药，清热解毒，消肿散结。用于咽喉肿痛、结膜炎；外用治疮疡肿毒、淋巴结结核、睾丸炎、皮肤湿疹。

南赤瓟（bó）

Thladiantha nudiflora Hemsl. ex Forbes et Hemsl.

【形态】全体密生柔毛状硬毛；根块状。茎草质攀援状，有较深的棱沟。叶柄粗壮，长 3 ～ 10cm；叶片质稍硬，卵状心形，宽卵状心形或近圆心形，长 5 ～ 15cm，宽 4 ～ 12cm，基部弯缺开放或有时闭合。卷须稍粗壮，上部 2 歧。雌雄异株。雄花为总状花序，多数花集生于花序轴的上部；花梗纤细，长 1 ～ 1.5cm；花萼筒部宽钟形，裂片卵状披针形，具 3 脉；花冠黄色，裂片卵状长圆形，具 5 脉；雄蕊 5，着生在花萼筒的基部，长 4mm，花药卵状长圆形，长 2.5mm。雌花单生，花梗细，长 1 ～ 2cm；花萼和花冠同雄花，但较之为大；子房狭长圆形，花柱粗短，自 2mm 长处 3 裂，分生部分长 1.5mm，柱头膨大，圆肾形，2 浅裂；退化雄蕊 5，棒状，长 1.5mm。果梗粗壮，长 2.5 ～ 5.5cm；果实长圆形，长 4 ～ 5cm，径 3 ～ 3.5cm。种子卵形或宽卵形，长 5mm，宽 3.5 ～ 4mm，表面有明显的网纹，两面稍拱起。春、夏开花，秋季果成熟。

【分布】常生于海拔 900 ～ 1700m 的沟边、林缘或山坡灌丛中。产于我国秦岭及长江中下游以南各省区。

【功效与主治】根入药，通乳，解毒，活血。主治乳汁不下、乳痈、痈肿、黄疸、跌打损伤、痛经。

芝麻（胡麻）

Sesamum indicum Linnaeus

【形态】 一年生草本，高 80 ～ 180cm。茎直立，四棱形。叶对生，或上部者互生；叶柄长 1 ～ 7cm；叶片卵形、长圆形或披针形，长 5 ～ 15cm，宽 1 ～ 8cm，全缘、有锯齿或下部叶 3 浅裂。花单生，或 2 ～ 3 朵生于叶腋，直径 1 ～ 1.5cm；花萼稍合生，绿色，5 裂，裂片披针形，长 5 ～ 10cm，具柔毛；花冠筒状，唇形，长 1.5 ～ 2.5cm，白色，有紫色或黄色彩晕，裂片圆形，外侧被柔毛；雄蕊 4，着生于花冠筒基部，花药黄色，呈矢形；雌蕊 1，心皮 2，子房圆锥形，初期呈假 4 室，成熟后为 2 室，花柱线形，柱头 2 裂。蒴果椭圆形，长 2 ～ 2.5cm，多 4 棱或 6、8 棱，纵裂，初期绿色，成熟后黑褐色，具短柔毛。种子多数，卵形，两侧扁平，黑色、白色或淡黄色。花期 5 ～ 9 月，果期 7 ～ 9 月。

【分布】 常栽培于夏季气温较高、气候干燥、排水良好的沙壤土或壤土地区。我国除西藏高原外，各地区均有栽培。

【功效与主治】 成熟种子入药（药名“黑芝麻”），补肝肾，益精血，润肠燥。用于精血亏虚、头晕眼花、耳鸣耳聋、须发早白、病后脱发、肠燥便秘。

芝麻为《中国药典》收录中药黑芝麻的基源。

枫 杨

Pterocarya stenoptera C. DC.

【形态】落叶乔木，高18～30m。叶互生，多为偶数羽状复叶，少有奇数羽状复叶，长8～16cm，叶轴两侧有狭翅，小叶10～28枚，长圆形至长椭圆状披针形，长8～12cm，宽2～3cm，边缘有细锯齿。葇荑（róu tí）花序，与叶同时开放，花单性，雌雄同株，雄花序单生于去年生的枝腋内，长6～10cm，下垂，雄花有1苞片和2小苞片，并有1～2枚发育的花被片，雄蕊6～18；雌花序单生新枝顶端，长10～20cm，雌花单生苞腋内，左右各有1个小苞片，花被片4，贴生于子房，子房下位，2枚心皮组成，花柱短，柱头2裂，果序长20～45cm，小坚果长椭圆形，长6～7mm，常有纵脊，两侧有由小苞片发育增大的果翅，条形或阔条形。花期4月，果熟期9月。

【分布】生于海拔1500m以下的平原、溪涧、河滩、阴湿山地杂木林中，喜光，现已广泛栽培于庭园或道旁。分布于华东、中南、西南、陕西、台湾、东北和华北等地区。

【功效与主治】枝及叶入药，杀虫止痒，利尿消肿。叶入药，用于血吸虫病，外用治黄癣，脚癣；枝、叶捣烂可杀蛆虫、孑孓（jié jué）。

化香树

Platycarya strobilacea Siebold et Zuccarini

【形态】 落叶小乔木，高 2 ～ 6m。奇数羽状复叶，互生，长 15 ～ 30cm，小叶 7 ～ 23 枚，无柄，卵状披针形至长椭圆状披针形，薄革质，长 4 ～ 11cm，宽 1.5 ～ 3.5cm，不等边，稍呈镰状弯曲，边缘有重锯齿。花单性或两性，雌雄同株；两性花序和雄花序着生于小枝顶端或叶腋，排列成伞房状花序束，中央的一条常为两性花序，雄花序在上，雌花序在下；位于两性花序的四周为雄花序，通常 3 ～ 8 条；雄花苞片阔卵形，顶端渐尖，向外弯曲，无小苞片及花被，有雄蕊 6 ～ 8，花丝长短不等；雌花序球状卵形或长圆形，雌花苞片卵状披针形，先端长渐尖，硬而不外曲，无小苞片，有花被片 2，贴生于子房两侧，与子房一起增大。果序球果状，卵状椭圆形至长椭圆状圆柱形，长 2.5 ～ 5cm，直径 2 ～ 3cm，包片宿存，褐色；小坚果扁平，两侧具狭翅。种子卵形，种皮膜质。花期 5 ～ 6 月，果期 9 月。

【分布】 生于向阳山坡杂木林中，在低山丘陵次生林中为常见树种。分布于华东及陕西南部、台湾、河南、湖北、湖南、四川、贵州、云南等地。

【功效与主治】 叶入药，解毒，止痒，杀虫。用于疮疖肿毒、阴囊湿疹、顽癣。有毒，不能内服，外用适量。

扯根菜

Penthorum chinense Pursh

【形态】多年生草本，高15～80cm，主根明显，呈紫红色。茎直立，常单一或分枝，圆柱形，紫红色。叶互生；无柄或近于无柄；叶片披针形或狭披针形，长3～12cm，宽约1cm，边缘具尖锐细锯齿。聚伞花序2～4分枝；花两性，黄色，多数，常排列一侧，向下旋卷；花梗短；花萼宽钟形，5深裂，裂片三角状卵圆形，长约3mm；无花瓣，或偶有一白色线形或条状匙形的花瓣；雄蕊10，着生于萼筒上，排列成2轮，稍伸出花萼，花药淡黄色，椭圆形；心皮5，下部合生，上部分离，花柱5，粗短，柱头淡红色，扁球形。蒴果扁平，5裂，有5喙，由心皮的分离部开裂，红紫色，径约5mm。种子细小多数，椭圆形，粗糙。花期8～9月，果期10月。

【分布】生于海拔1700m以下的较阴湿的草丛中或水沟边。分布于华北、华东、中南及陕西、四川、贵州等地。

【功效与主治】全草入药，利水除湿，活血散瘀，止血，解毒。主治水肿、小便不利、黄疸、带下、痢疾、闭经、跌打损伤、尿血、崩漏、蛇咬伤。

溲（sōu）疏

Deutzia scabra Thunb.

【形态】 灌木，高 2 ～ 4m。叶卵形至卵状披针形，长 3 ～ 6cm，宽 1.5 ～ 3cm，边缘有细锯齿，疏被 4 ～ 6 分枝的星状毛，下面稍密被 8 ～ 14 分枝的星状毛，但表皮仍露出；叶柄长 3 ～ 5mm。圆锥花序长 8 ～ 15cm，被星状毛；花白色；花萼密被锈色星状毛，萼齿三角形；花瓣长圆形，长 5 ～ 7mm，宽 2 ～ 3mm，被星状毛；雄蕊花丝上部有 2 长齿；子房下位，花柱通常 3。蒴果近球形，直径 3 ～ 4mm。花期 5 ～ 6 月。果期 7 ～ 8 月。

【分布】 生长在海拔 300 ～ 1000m 的山坡路旁灌丛中。分布于贵州、安徽、江西、江苏、浙江等省。日本也有。常栽培作观赏。

【功效与主治】 果实入药，清热，利尿。主治发热、小便不利、遗尿。

绣　球

Hydrangea macrophylla（Thunb.）Ser.

【形态】灌木，高 1 ～ 4m；茎常于基部发出多数放射枝而形成一圆形灌丛。叶纸质或近革质，倒卵形或阔椭圆形，长 6 ～ 15cm，宽 4 ～ 11.5cm，边缘于基部以上具粗齿；侧脉 6 ～ 8 对；叶柄粗壮，长 1 ～ 3.5cm。伞房状聚伞花序近球形，直径 8 ～ 20cm，具短的总花梗，分枝粗壮，近等长，花密集，多数不育；不育花萼片 4，近圆形或阔卵形，长 1.4 ～ 2.4cm，宽 1 ～ 2.4cm，粉红色、淡蓝色或白色；孕性花极少数，具 2 ～ 4mm 长的花梗；萼筒倒圆锥状，长 1.5 ～ 2mm，萼齿卵状三角形，长约 1mm；花瓣长圆形，长 3 ～ 3.5mm；雄蕊 10 枚，花药长圆形，长约 1mm；子房大半下位，花柱 3，结果时长约 1.5mm，柱头稍扩大，半环状。蒴果长陀螺状，连花柱长约 4.5mm，顶端突出部分长约 1mm，约等于蒴果长度的 1/3；种子未熟。花期 6 ～ 8 月。

【分布】生于山谷溪旁或山顶疏林中，海拔 380 ～ 1700m。产于山东、江苏、安徽、浙江、福建、河南、湖北、湖南、广东及其沿海岛屿、广西、四川、贵州、云南等省区。野生或栽培。

【功效与主治】本种花和叶含八仙花苷，水解后产生八仙花醇，有清热抗疟作用，也可治心脏病。

雀舌黄杨

Buxus bodinieri Levl.

【形态】灌木，高3～4m；枝圆柱形；小枝四棱形。叶薄革质，通常匙形，亦有狭卵形或倒卵形，大多数中部以上最宽，长2～4cm，宽8～18mm，侧脉极多，在两面或仅叶面显著；叶柄长1～2mm。花序腋生，头状，长5～6mm，花密集，花序轴长约2.5mm。雄花：约10朵，花梗长仅0.4mm，萼片卵圆形，长约2.5mm，雄蕊连花药长6mm，不育雌蕊有柱状柄，末端膨大，高约2.5mm，和萼片近等长，或稍超出。雌花：外萼片长约2mm，内萼片长约2.5mm，受粉期间，子房长2mm，无毛，花柱长1.5mm，略扁，柱头倒心形，下延达花柱1/3～1/2处。蒴果卵形，长5mm，宿存花柱直立，长3～4mm。花期4～6月，果期6～10月。

【分布】生于海拔400～2700m的平地或山坡林下。分布于陕西、甘肃、浙江、江西、河南、湖北、广西、广东、四川、贵州、云南等地。

【功效与主治】根、叶或花入药，止咳，止血，清热解毒。主治咳嗽、咳血、疮疡肿毒。

络 石

Trachlospermum jamsinoides (Lindley) Lemaire

【形态】 常绿木质藤本，长达10m。全株具乳汁。茎圆柱形，有皮孔。叶对生，革质或近革质，椭圆形或卵状披针形，长2～10cm，宽1～4.5cm；侧脉每边6～12条。聚伞花序顶生或腋生，二歧，花白色，芳香；花萼5深裂，裂片线状披针形，顶部反卷，基部具10个鳞片状腺体；花蕾顶端钝，花冠筒圆筒形，中部膨大，花冠裂片5，向右覆盖；雄蕊5，着生于花冠筒中部，腹部黏生在柱头上，花药箭头状，基部具耳，隐藏在花喉内；花盘环状5裂，与子房等长；子房由2枚离生心皮组成，无毛，花柱圆柱状，柱头卵圆形。蓇葖果叉生，无毛，线状披针形；种子多数，褐色，线形。花期4～8月，果期7～10月。

【分布】 生于山野、溪边、路旁、林缘或杂木林中，常缠绕于树上或攀援于墙壁、岩石上。分布于华东、中南、西南及河北、陕西、台湾等地。

【功效与主治】 带叶藤茎入药（药名“络石藤”），祛风通络，凉血消肿。用于风湿热痹、筋脉拘挛、腰膝酸痛、喉痹、痈肿、跌扑损伤。

络石为《中国药典》收录中药络石藤的基源。

枫香树

Liquidambar formosana Hance

【形态】 落叶乔木，高 20 ～ 40m。树皮灰褐色，方块状剥落。叶互生；叶柄长 3 ～ 7cm；托叶线形，早落；叶片心形，常 3 裂，幼时及萌发枝上的叶多为掌状 5 裂，长 6 ～ 12cm，宽 8 ～ 15cm，裂片卵状三角形或卵形，先端尾状渐尖，基部心形，边缘有细锯齿，齿尖有腺状突起。花单性，雌雄同株，无花被；雄花淡黄绿色，成葇荑花序再排成总状，生于枝顶；雄蕊多数，花丝不等长；雌花排成圆球形的头状花序；萼齿 5，钻形；子房半下位，2 室，花柱 2，柱头弯曲。头状果序圆球形，直径 2.5 ～ 4.5cm，表面有刺，蒴果有宿存花萼和花柱，两瓣裂开，每瓣 2 浅裂。种子多数，细小，扁平。花期 4 ～ 5 月，果熟期 9 ～ 10 月。

【分布】 生于山地常绿阔叶林中。分布于秦岭及淮河以南各地。

【功效与主治】 树脂入药，活血止痛，解毒生肌，凉血止血。用于跌打损伤、痈疽肿痛、吐血、衄血、外伤出血。

小蜡瓣花

Corylopsis sinensis Hemsl. var. *parvifolia* Chang

【形态】落叶灌木；嫩枝有柔毛，老枝秃净，有皮孔；芽体椭圆形，外面有柔毛。叶薄革质，倒卵形，有时为长倒卵形，长3～5.5cm，宽2～4cm；先端略尖，基部不等侧心形，下面有黄褐色星状柔毛，侧脉7～9对，在上面下陷，边缘有锯齿，齿尖刺毛状；叶柄长5～8mm，有星毛；托叶窄矩形，长约2cm，略有毛。总状花序长3～4cm；花序柄长约1.5cm，被毛，花序轴长1.5～2.5cm，有长绒毛；总苞状鳞片卵圆形，长约1cm，外面有柔毛，内面有长丝毛；苞片卵形，长5mm，外面有毛；小苞片矩圆形，长3mm；萼筒有星状绒毛，萼齿卵形，先端略钝，无毛；花瓣匙形，长5～6mm，宽约4mm；雄蕊比花瓣略短，长4～5mm；退化雄蕊2裂，先端尖，与萼齿等长或略超出；子房有星毛，花柱长6～7mm，基部有毛。果序长4cm，被绒毛，有蒴果10～14个，果序柄长1cm。蒴果近圆球形，长7～8mm，被星毛，宿存萼筒长为蒴果的4/5，宿存花柱长5～6mm。种子黑色。

【分布】分布于安徽，见于金寨地区。

【功效与主治】根或根皮入药，疏风和胃，宁心安神。用于外感风邪、头痛、恶心呕吐、心悸、烦躁不安。

戟叶堇菜

Viola betonicifolia J. E. Smith

【形态】 多年生草本，无地上茎。叶多数，均基生，莲座状；叶片狭披针形、长三角状戟形或三角状卵形，长 2 ～ 7.5cm，宽 0.5 ～ 3cm，边缘具疏而浅的波状齿，近基部齿较深；叶柄较长，长 1.5 ～ 13cm，上半部有狭而明显的翅；花白色或淡紫色，有深色条纹，长 1.4 ～ 1.7cm ；花梗细长，与叶等长或超出于叶；萼片卵状披针形或狭卵形，长 5 ～ 6mm，有时疏生钝齿，具 3 脉；上方花瓣倒卵形，长 1 ～ 1.2cm，侧方花瓣长圆状倒卵形，长 1 ～ 1.2cm，下方花瓣通常稍短，连距长 1.3 ～ 1.5cm ；距管状，稍短而粗，长 2 ～ 6mm，粗 2 ～ 3.5mm，末端圆，直或稍向上弯；花药及药隔顶部附属物均长约 2mm，下方 2 枚雄蕊具长 1 ～ 3mm 的距；子房卵球形，长约 2mm，花柱棍棒状。蒴果椭圆形至长圆形，长 6 ～ 9mm。花果期 4 ～ 9 月。

【分布】 生于田野、路边、山坡草地、灌丛、林缘等处。产于陕西、甘肃、江苏、安徽、浙江、江西、福建、台湾、河南、湖北、湖南、广东、海南、四川、云南、西藏。

【功效与主治】 全草入药，有清热解毒，消肿散瘀，外敷可治疥疮肿痛。

球果堇菜

Viola collina Bess.

【形态】 多年生草本，花期高 4 ～ 9cm，高达 20cm。叶基生，莲座状；叶宽卵形或近圆形，长 1 ～ 3.5cm，先端钝或锐尖，基部具弯缺，具锯齿，两面密生白色柔毛，果期长达 8cm，基部心形叶柄具窄翅，被倒生柔毛，托叶膜质，披针形，基部与叶柄合生，边缘具浅而钝的锯齿。花淡紫色，芳香，长约 1.4cm，具长梗，中部以上有 2 枚小苞片；萼片长圆状披针形或披针形，长 5 ～ 6mm，具缘毛和腺体，基部附属物短而钝；花瓣基部微白色，上瓣及侧瓣先端钝圆，侧瓣内面有须毛或近无毛，下瓣距白色，较短；花柱上部疏生乳头状突起，顶部成钩状短喙，喙端具较细柱头孔。蒴果球形，密被白色柔毛，果柄通下弯。花期 5 ～ 8 月。

【分布】 生于林下或林缘、灌丛、草坡、沟谷及路旁较阴湿处。产于黑龙江、吉林、辽宁、内蒙古、河北、山西、陕西、宁夏、甘肃、山东、江苏、安徽、浙江、河南及四川北部。

【功效与主治】 全草入药，清热解毒，散瘀消肿。用于疮疡肿毒、肺痈、跌打损伤疼痛、刀伤出血、外感咳嗽。

如意草

Viola hamiltoniana D. Don

【形态】 多年生草本。根状茎横走，粗约2mm，褐色，密生多数纤维状根，向上发出多条地上茎或匍匐枝。地上茎通常数条丛生，高达35cm，淡绿色，节间较长；匍匐枝蔓生，长可达40cm，节间长，节上生不定根。基生叶叶片深绿色，三角状心形或卵状心形，长1.5～3cm，宽2～5.5cm，先端急尖，稀渐尖，基部通常宽心形，稀深心形，弯缺呈新月形，垂片大而开展，边缘具浅而内弯的疏锯齿，两面通常无毛或下面沿脉被疏柔毛；茎生叶及匍匐枝上的叶片与基生叶的叶片相似；基生叶具长柄，叶柄长5～20cm，上部具狭翅，茎生叶及匍匐枝上叶的叶柄较短；托叶披针形，长5～10mm，先端渐尖，通常全缘或具极稀疏的细齿和缘毛。花淡紫色或白色，皆自茎生叶或匍匐枝的叶腋抽出，具长梗，在花梗中部以上有2枚线形小苞片；萼片卵状披针形，长约4mm，先端尖，基部附属物极短呈半圆形，具狭膜质边缘；花瓣狭倒卵形，长约7.5mm，侧方花瓣具暗紫色条纹，里面基部疏生短须毛，下方花瓣较短，有明显的暗紫色条纹，基部具长约2mm的短距；蒴果长圆形，长6～8mm，粗约3mm，无毛，先端尖。种子卵状，淡黄色，长约1.5mm，直径约1mm，基部一侧具膜质翅。花期4～5月，果期6～8月。

【分布】 生于溪谷潮湿地、沼泽地、灌丛林缘。产于台湾、广东、云南。

【功效与主治】 全草入药，清热解毒，散瘀止血。用于疮疡肿毒、乳痈、跌打损伤、开放性骨折、外伤出血、蛇伤。

紫花地丁

Viola philippica Cav.

【形态】多年生草本，无地上茎，高达 14（～ 20）cm。根状茎短，垂直，节密生，淡褐色。基生叶莲座状；下部叶较小，三角状卵形或窄卵形，上部者较大，圆形、窄卵状披针形或长圆状卵形，长 1.5 ～ 4cm，宽 0.5 ～ 1cm，先端圆钝，基部平截或楔形，具圆齿，两面无毛或被细毛，果期叶长达 10cm；叶柄果期上部具宽翅，托叶膜质，离生部分线状披针形，疏生流苏状细齿或近全缘。花紫堇色或淡紫色，稀白色或侧方花瓣粉红色，喉部有紫色条纹；花梗与叶等长或高于叶，中部有 2 线形小苞片；萼片卵状披针形或披针形，长 5 ～ 7mm，基部附属物短；花瓣倒卵形或长圆状倒卵形，侧瓣长 1 ～ 1.2cm，内面无毛或有须毛，下瓣连管状距长 1.3 ～ 2cm，有紫色脉纹；距细管状，末端不向上弯；柱头三角形，两侧及后方具微隆起的缘边，顶部略平，前方具短喙。蒴果长圆形，无毛。花果期 4 月中下旬至 9 月。

【分布】生于田间、荒地、山坡草丛、林缘或灌丛中。在庭园较湿润处常形成小群落。产于黑龙江、吉林、辽宁、内蒙古、河北、山西、陕西、甘肃、山东、江苏、安徽、浙江、江西、福建、台湾、河南、湖北、湖南、广西、四川、贵州、云南等地。

【功效与主治】全草入药，清热解毒，凉血消肿。用于黄疸、痢疾、乳腺炎、目赤肿痛、咽炎；外敷治跌打损伤、痈肿、毒蛇咬伤等。

【鉴别】本种与早开堇菜 *V. prionantha* Bunge 相似，但本种叶片较狭长，通常呈长圆形，基部截形；花较小，距较短而细。

苘（qǐng）麻

Abutilon theophrasti Medic.

【形态】一年生亚灌木状草本，高达 1～2m，茎枝被柔毛。叶互生，圆心形，长 5～10cm，先端长渐尖，基部心形，边缘具细圆锯齿，两面均密被星状柔毛；叶柄长 3～12cm，被星状细柔毛；托叶早落。花单生于叶腋，花梗长 1～13cm，被柔毛，近顶端具节；花萼杯状，密被短绒毛，裂片 5，卵形，长约 6mm；花黄色，花瓣倒卵形，长约 1cm；雄蕊柱平滑无毛，心皮 15～20，长 1～1.5cm，顶端平截，具扩展、被毛的长芒 2，排列成轮状，密被软毛。蒴果半球形，直径约 2cm，长约 1.2cm，分果爿 15～20，被粗毛，顶端具长芒 2；种子肾形，褐色，被星状柔毛。花果期 6～10 月。

【分布】常见路旁、荒地和田野间。我国除青藏高原不产外，其他各地均产，东北各地也有栽培。

【功效与主治】成熟种子入药（药名“苘麻子”），清热解毒，利湿，退翳。用于赤白痢疾、淋证涩痛、痈肿疮毒、目生翳（yì）膜。

苘麻为《中国药典》收录中药苘麻子的基源。

凹叶景天

Sedum emarginatum Migo

【形态】多年生草本。茎细弱，高 10 ～ 15cm。叶对生，匙状倒卵形至宽卵形，长 1 ～ 2cm，宽 5 ～ 10mm，先端圆，有微缺，基部渐狭，有短距。花序聚伞状，顶生，宽 3 ～ 6mm，有多花，常有 3 个分枝；花无梗；萼片 5，披针形至狭长圆形，长 2 ～ 5mm，宽 0.7 ～ 2mm，先端钝；基部有短距；花瓣 5，黄色，线状披针形至披针形，长 6 ～ 8mm，宽 1.5 ～ 2mm；鳞片 5，长圆形，长 0.6mm，钝圆，心皮 5，长圆形，长 4 ～ 5mm，基部合生。蓇葖略叉开，腹面有浅囊状隆起；种子细小，褐色。花期 5 ～ 6 月，果期 6 月。

【分布】生于海拔 600 ～ 1800m 处山坡阴湿处。产于云南、四川、湖北、湖南、江西、安徽、浙江、江苏、甘肃、陕西。

【功效与主治】全草入药用，可清热解毒，散瘀消肿。用于跌打损伤、热疖、疮毒等。

费　菜

Sedum aizoon Linnaeus

【形态】茎直立，圆柱形，粗壮，不分枝，有时从基部抽出 1 ～ 3 条，基部常紫色。叶互生或近于对生；叶片长 3.5 ～ 8cm，宽 1.2 ～ 2cm，先端钝或稍尖，基部楔形，几乎无柄，边缘有不整齐的锯齿。聚伞花序顶生，花枝平展，多花，花下有苞叶；萼片 5，线形至披针形，不等长，长约为花瓣的 1/2；花瓣 5，黄色，长圆形至椭圆状披针形，长 6 ～ 10mm，先端有短尖；雄蕊 10，2 轮，均较花瓣短；鳞片 5，正方形或半圆形；心皮 5，稍开展，卵状长圆形，长 6 ～ 7mm，先端突狭成花柱，基部稍合生，腹面凸起。蓇葖果，黄色或红棕色，呈星芒状排列。种子细小，褐色，平滑，椭圆形，边缘有狭翅。花期 6 ～ 7 月，果期 8 ～ 9 月。

【分布】生于温暖向阳的山坡岩石上或草地。分布于黑龙江、吉林、内蒙古、山西、陕西、宁夏、甘肃、青海、山东、江苏、安徽、浙江、江西、湖北、四川等地。

【功效与主治】全草或根入药，活血，止血，宁心，利湿，消肿，解毒。用于跌打损伤、咳血、吐血、便血、心悸、痈肿。

佛甲草

Sedum lineare Thunb.

【形态】多年生草本，无毛。茎高10～20cm。3叶轮生，少有4叶轮或对生的，叶线形，长20～25mm，宽约2mm，先端钝尖，基部无柄，有短距。花序聚伞状，顶生，疏生花，宽4～8cm，中央有一朵有短梗的花，另有2～3分枝，分枝常再2分枝，着生花无梗；萼片5，线状披针形，长1.5～7mm，不等长，不具距，有时有短距，先端钝；花瓣5，黄色，披针形，长4～6mm，先端急尖，基部稍狭；雄蕊10，较花瓣短；鳞片5，宽楔形至近四方形，长0.5mm，宽0.5～0.6mm。蓇葖略叉开，长4～5mm，花柱短；种子小。花期4～5月，果期6～7月。

【分布】生于低山或平地草坡上。产于云南、四川、贵州、广东、湖南、湖北、甘肃、陕西、河南、安徽、江苏、浙江、福建、台湾、江西。

【功效与主治】茎叶入药，清热解毒，利湿，止血。用于咽喉肿痛、目赤肿毒、热毒痈肿、疔疮、丹毒、缠腰火丹、烫火伤、毒蛇咬伤、黄疸、湿热泻痢、便血、崩漏、外伤出血、扁平疣。

桔 梗

Platycodon grandiflorum (Jacq.) A. DC.

【形态】 多年生草本，高 30 ～ 120cm。全株有白色乳汁。主根长纺锤形，少分枝。茎无毛，通常不分枝或上部稍分枝。叶 3 ～ 4 片轮生、对生或互生；无柄或有极短的柄；叶片卵形至披针形，长 2 ～ 7cm，宽 0.5 ～ 3cm，先端尖，基部楔形，边缘有尖锯齿，下面被白粉。花 1 朵至数朵单生茎顶或集成疏总状花序；花萼钟状，裂片 5；花冠阔钟状，直径 4 ～ 6cm，蓝色或蓝紫色，裂片 5，三角形；雄蕊 5，花丝基部变宽，密被细毛；子房下位，花柱 5 裂。蒴果倒卵圆形，熟时顶部 5 瓣裂。种子多数，褐色。花期 8 ～ 10 月，果期 10 ～ 11 月。

【分布】 生于山地草坡、林缘或有栽培。分布于全国各地区。

【功效与主治】 根入药（药名“桔梗”），宣肺，利咽，祛痰，排脓。用于咳嗽痰多、胸闷不畅、咽痛音哑、肺痈吐脓。

桔梗为《中国药典》收录中药桔梗的基源。

沙 参

Adenophora stricta Miq.

【形态】 茎高大，可达1.5m，不分枝，无毛或少有毛。茎生叶3～6枚轮生，无柄或有不明显叶柄，叶片卵圆形至条状披针形，长2～14cm，边缘有锯齿，两面疏生短柔毛。花序狭圆锥状，花序分枝（聚伞花序）大多轮生，细长或很短，生数朵花或单花。花萼无毛，筒部倒圆锥状，裂片钻状，长1～2.5（4）mm，全缘；花冠筒状细钟形，口部稍缢缩，蓝色、蓝紫色，长7～11mm，裂片短，三角形，长2mm；花盘细管状，长2～4mm；花柱长约20mm。蒴果球状圆锥形或卵圆状圆锥形，长5～7mm，直径4～5mm。种子黄棕色，矩圆状圆锥形，稍扁，有一条棱，并由棱扩展成一条白带，长1mm。花期7～9月。

【分布】 生于草地或灌木丛中。分布于东北、华北、华东、西南及华南等地。

【功效与主治】 根入药（药名“南沙参”），养阴清肺，益胃生津，化痰，益气。用于肺热燥咳、阴虚劳嗽、干咳痰黏、胃阴不足、食少呕吐、气阴不足、烦热口干。

沙参与同科植物轮叶沙参 *Adenophora tetraphylla*（Thunb.）Fisch. 同为《中国药典》收录中药南沙参的基源。

杏叶沙参

Adenophora hunanensis (Nannf.)

【形态】茎高40～80cm，不分枝。基生叶心形，大而具长柄；茎生叶无柄，或仅下部的叶有极短而带翅的柄，叶片椭圆形，狭卵形，边缘有不整齐的锯齿，长3～11cm，宽1.5～5cm。花序常不分枝而成假总状花序，或有短分枝而成极狭的圆锥花序，极少具长分枝而为圆锥花序的。花梗常极短，长不足5mm；花萼筒部常倒卵状，少为倒卵状圆锥形，裂片狭长，多为钻形，少为条状披针形，长6～8mm，宽至1.5mm；花冠宽钟状，蓝色或紫色，特别是在脉上，长1.5～2.3cm，裂片长为全长的1/3，三角状卵形；花盘短筒状，长1～1.8mm，无毛；花柱常略长于花冠，少较短的。蒴果椭圆状球形，极少为椭圆状，长6～10mm。种子棕黄色，稍扁，有一条棱，长约1.5mm。花期8～9月。

【分布】多生于低山草丛中和岩石缝内，也有生于海拔600～700m的草地上或1000～3200m的开旷山坡及林内。分布于江苏、安徽、浙江、江西、湖南等地。

【功效与主治】根入药，清热养阴，润肺止咳。主治气管炎、百日咳、肺热咳嗽、咯痰黄稠。

羊　乳

Codonopsis lanceolata (Sieb. et Zucc.) Trautv.

【形态】 植株全体光滑无毛或茎叶偶疏生柔毛。根常肥大呈纺锤状，长约10～20cm，直径1～6cm，表面灰黄色。茎缠绕。叶在主茎上互生，披针形或菱状狭卵形，细小，长0.8～1.4cm，宽3～7mm；在小枝顶端通常2～4叶簇生，而近于对生或轮生状，叶柄短小，长1～5mm，叶片菱状卵形、狭卵形或椭圆形，长3～10cm，宽1.3～4.5cm，通常全缘或有疏波状锯齿。花单生或对生于小枝顶端；花梗长1～9cm；花萼贴生至子房中部，筒部半球状，裂片湾缺尖狭，卵状三角形，长1.3～3cm，宽0.5～1cm，全缘；花冠阔钟状，长2～4cm，直径2～3.5cm，浅裂，裂片三角状，反卷，长约0.5～1cm，黄绿色或乳白色内有紫色斑；花盘肉质，深绿色；花丝钻状，基部微扩大，长约4～6mm，花药3～5mm；子房下位。蒴果下部半球状，上部有喙，直径约2～2.5cm。种子多数，卵形，有翼，细小，棕色。花果期7～8月。

【分布】 生于山地灌木林下沟边阴湿地区或阔叶林内。产于东北、华北、华东和中南各省区。

【功效与主治】 根入药，补虚通乳，排脓解毒。用于病后体虚、乳汁不足、乳腺炎、肺脓肿、痈疖疮疡。

艾

Artemisia argyi Lévl. et Vant.

【形态】多年生草本，高50～120cm。全株密被白色茸毛，中部以上或仅上部有开展及斜升的花序枝。叶互生，下部叶在花期枯萎；中部叶卵状三角形或椭圆形，长6～9cm，宽4～8cm，基部急狭或渐狭成短或稍长的柄，或稍扩大而成托叶状；叶片羽状或浅裂，侧裂片约2对，常楔形，中裂片常三对，裂片边缘有齿，上面被蛛丝状毛，有白色密或疏腺点，下面被白色或灰色密茸毛；上部叶渐小，三裂或不分裂，无柄。头状花序多数，排列成复总状，长约3mm，直径2～3mm，花后下倾；总苞卵形；总苞片4～5层，边缘膜质，背面被绵毛；花带红色，多数，外层雌性，内层两性。瘦果常几乎达1mm，无毛。花期8～9月，果期9～10月。

【分布】生于荒地林缘。分布于全国大部分地区。

【功效与主治】叶入药（药名“艾叶”），温经止血，散寒止痛，外用祛湿止痒。用于吐血、衄血、崩漏、月经过多、胎漏下血、少腹冷痛、经寒不调、宫冷不孕，外治皮肤瘙痒。醋艾炭温经止血，用于虚寒性出血。

艾为《中国药典》收录中药艾叶的基源。

薄雪火绒草

Leontopodium japonicum Miq.

【形态】多年生草本。根状茎分枝稍长，有数个簇生的花茎和幼茎。茎直立，高10～50cm，不分枝或有伞房状花序枝，稀有长分枝或基部有分枝，基部稍木质，上部被白色薄茸毛，下部不久脱毛。叶狭披针形，或下部叶倒卵圆状披针形，长2.5～5.5cm，宽0.5～1.3cm，上面有疏蛛丝状毛或脱毛，下面被银白色或灰白色薄层密茸毛，3～5基出脉和侧脉在上面显明；苞叶多数，较茎上部叶常短小，卵圆形或长圆形，两面被灰白色密茸毛或上面被珠丝状毛。头状花序径3.5～4.5mm，多数，较疏散；总苞钟形或半球形，被白色或灰白色密茸毛，长约4mm；花冠长约3mm；雄花花冠狭漏斗状，有披针形裂片；雌花花冠细管状。冠毛白色，基部稍浅红色；雄花冠毛稍粗厚，有锯齿；雌花冠毛细丝状，下部有锯齿。不育的子房有毛或无毛；瘦果常有乳头状突起或短粗毛。花期6～9月；果期9～10月。

【分布】生于山地灌丛、草坡和林下。海拔1000～2000m。产于甘肃南部和东部、陕西中部和南部、河南西部和南部、山西南部和东部、湖北西部、安徽南部，在秦岭、大巴山、金佛山、黄山等处常见，也分布于四川东部。

【功效与主治】花入药，润肺止咳，主肺燥咳嗽。

抱茎小苦荬

Ixeridium sonchifolium（Maxim.）Shih

【形态】多年生草本，高 15 ～ 60cm。根垂直直伸，不分枝或分枝。根状茎极短。茎单生，直立，上部伞房花序状或伞房圆锥花序状分枝。中下部茎叶长椭圆形、匙状椭圆形、倒披针形或披针形，羽状浅裂或半裂，极少大头羽状分裂，向基部扩大，心形或耳状抱茎；上部茎叶顶端渐尖，向基部心形或圆耳状扩大抱茎。头状花序多数或少数，在茎枝顶端排成伞房花序或伞房圆锥花序，含舌状小花约 17 枚。总苞圆柱形，长 5 ～ 6mm。舌状小花黄色。瘦果黑色，纺锤形，长 2mm，宽 0.5mm，有 10 条高起的钝肋，上部沿肋有上指的小刺毛，向上渐尖成细喙，喙细丝状，长 0.8mm。冠毛白色，微糙毛状，长 3mm。花果期 3 ～ 5 月。

【分布】生于山坡或平原路旁、林下、河滩地、岩石上或庭院中，海拔 100 ～ 2700m。分布于辽宁、河北、山西、内蒙古、陕西、甘肃、山东、江苏、浙江、河南、湖北、四川、贵州。

【功效与主治】全草入药，清热解毒，有凉血、活血之功效。

苍 耳

Xanthium sibiricum Patrin ex Widder

【形态】一年生草本，高 20 ～ 90cm。根纺锤状，分枝或不分枝。茎直立不分枝或少有分枝。叶互生；有长柄，长 3 ～ 11cm；叶片三角状卵形或心形，长 4 ～ 9cm，宽 5 ～ 10cm，全缘，或有 3 ～ 5 不明显浅裂，基出三脉。头状花序近于无柄，聚生，单性同株；雄花序球形，总苞片小，1 裂，花托柱状，托片倒披针形，小花管状，先端 5 齿裂，雄蕊 5，花药长圆状线形；雌花序卵形，总苞片 2 ～ 3 裂，外裂苞片小，内裂苞片大，结成囊状卵形，2 室的硬体，外面有倒刺毛，顶有 2 圆锥状的尖端，小花 2 朵，无花冠，子房在总苞内，每室有 1 花，花柱线形，突出在总苞外。成熟时具瘦果的总苞变坚硬，卵形或椭圆形，边同喙部长 12 ～ 15mm，宽 4 ～ 7mm，喙长 1.5 ～ 2.5mm；瘦果 2，倒卵形，瘦果内含 1 颗种子。花期 6 ～ 7 月，果期 7 ～ 10 月。

【分布】生于平原、丘陵、低山、荒野、路边、沟旁、田边、草地等处。分布于全国各地。

【功效与主治】成熟带总苞的果实入药（药名“苍耳子”），散风寒，通鼻窍，祛风湿。用于风寒头痛、鼻塞流涕、鼻鼽、鼻渊、风疹瘙痒、湿痹拘挛。

苍耳为《中国药典》收录中药苍耳子的基源。

苍 术

Atractylodes lancea (Thunb.) DC.

【形态】 多年生草本。根状茎横走，节状。茎多纵棱，高 30 ～ 100m，不分枝或上部稍分枝。叶互生，革质；叶片卵状披针形至椭圆形，长 3 ～ 8cm，宽 1 ～ 3cm，边缘有刺状锯齿或重刺齿，无柄，不裂，或下部叶常 2裂。头状花序生于茎枝先端，叶状苞片 1 裂，羽状深裂，裂片刺状；总苞圆柱形，总苞片 5 ～ 8 层，卵形至披针形，有纤毛；花多数，两性花或单性花多异株；花冠筒状，白色或稍带红色，长约 1cm，上部略膨大，先端 5 裂，裂片条形；两性花有多数羽状分裂的冠毛；单性花一般为雌花，具 5 枚线状退化雄蕊，先端略卷曲。瘦果倒卵圆形，被稠密的黄白色柔毛。花期 8 ～ 9 月，果期 10 月。

【分布】 生于山坡灌丛、草丛中。分布于山东、江苏、安徽、浙江、江西、河南、湖北、四川等地，各地多有栽培。

【功效与主治】 根茎入药（药名“苍术”），燥湿健脾，祛风散寒，明目。用于湿阻中焦、脘腹胀满、泄泻、水肿、脚气痿躄（bì）、风湿痹痛、风寒感冒、夜盲、眼目昏涩。

苍术与北苍术 *Atractylodes chinensis* (DC.) Koidz. 同为《中国药典》收录中药苍术的基源。

【鉴别】 本种有许多药材商品名称，如汉苍术和茅术（茅苍术），大体可以分为两大类，即北方产的北苍术和南方产的南苍术。

刺儿菜

Cirsium Setosum（Willd.）MB.

【形态】多年生草本。根状茎长。茎直立，高 30 ～ 80cm，茎无毛或被蛛丝状毛。基生叶花期枯萎；下部叶和中部叶椭圆形或椭圆状披针形，长 7 ～ 15cm，宽 1.5 ～ 10cm，先端钝或圆形，基部楔形，通常无叶柄，上部茎叶渐小，叶缘有细密的针刺或刺齿，全部茎叶两面同色，无毛。头状花序单生于茎端，雌雄异株；雄花序总苞长约 18mm，雌花序总苞长约 25mm；总苞片 6 层，外层甚短，长椭圆状披针形，内层披针形，先端长尖，具刺；雄花花冠长 17 ～ 20mm，裂片长 9 ～ 10mm，花药紫红色，长约 6mm；雌花花冠紫红色，长约 26mm，裂片长约 5mm，退化花药长约 2mm。瘦果椭圆形或长卵形，略扁平；冠毛羽状。花期 5 ～ 8 月，果期 9 ～ 10 月。

【分布】生于山坡、河旁或荒地、田间。分布于除广东、广西、云南、西藏外的全国各地。

【功效与主治】地上部分入药（药名“小蓟”），凉血止血，散瘀解毒消痈。用于衄血、吐血、尿血、血淋、便血、崩漏、外伤出血、痈肿疮毒。

刺儿菜为《中国药典》收录中药小蓟的基源。

鬼针草

Bidens pilosa Linnaeus

【形态】一年生草本，高 50 ～ 100 cm，茎中部叶和下部叶对生；柄长 2 ～ 6cm；叶片长 5 ～ 14cm，二回羽状深裂，裂片再次羽状分裂，小裂片三角状或鞭状披针形，先端尖或渐尖，边缘具不规则细齿或钝齿，两面略有短毛；上部叶互生，羽状分裂。头状花序直径 5 ～ 10cm；总苞片条状椭圆形，先端尖或钝，被细短毛；舌状花黄色，通常有 1 ～ 3 朵不发育；筒状花黄色，发育，长约 5mm，裂片 5。瘦果长 1 ～ 2cm，宽约 1mm，具 3 ～ 4 棱，有短毛。花期 4 ～ 9 月，果期 9 ～ 11 月。

【分布】生于路边、荒野或住宅附近。全国广泛分布。

【功效与主治】全草入药，清热解毒，祛风除湿，活血消肿。主治咽喉肿痛、泄泻、痢疾、黄疸、肠痈、疔疮肿毒、蛇虫咬伤、风湿痹痛、跌打损伤。

黄花蒿

Artemisia annua Linnaeus

【形态】一年生草本，高40～150cm。全株具较强挥发油气味。茎直立，具纵条纹，多分枝，光滑无毛。基生叶平铺地面，开花时凋谢；茎生叶互生，幼时绿色，老时变为黄褐色，无毛，有短柄，向上渐无柄；叶片通常为三回羽状全裂，裂片短细，有极小粉末状短柔毛，上面深绿色，下面淡绿色，具细小的毛或粉末状腺体斑点；叶轴两侧具窄翅；茎上部的叶向下渐细小呈条形。头状花序细小，球形，径约2mm，具细软短梗，多数组成圆锥状；总苞小，花全为管状花，黄色，外围为雌花，中央为两性花。瘦果椭圆形。花期8～10月，果期9～11月。

【分布】生于荒野、山坡、路边及河岸边。分布几乎遍及全国。

【功效与主治】地上部分入药（药名“青蒿”），清虚热，除骨蒸，解暑热，截疟，退黄。用于温邪伤阴、夜热早凉、阴虚发热、骨蒸劳热、暑邪发热、疟疾寒热、湿热黄疸。

黄花蒿为《中国药典》收录中药青蒿的基源。

蓟

Cirsium japonicum Fisch. ex DC.

【形态】 多年生草本，块根纺锤状或萝卜状，直径达 7mm。茎直立，30（100）～ 80（150）cm，分枝或不分枝。基生叶较大，全形卵形、长倒卵形、椭圆形或长椭圆形，长 8 ～ 20cm，宽 2.5 ～ 8cm，羽状深裂或几全裂；侧裂片 6 ～ 12 对，中部侧裂片较大，边缘有稀疏大小不等小锯齿。头状花序直立；总苞钟状，直径 3cm。瘦果压扁，偏斜楔状倒披针状，长 4mm，宽 2.5mm，顶端斜截形。小花红色或紫色，长 2.1cm，檐部长 1.2cm，不等 5 浅裂，细管部长 9mm。冠毛浅褐色，多层，基部联合成环，整体脱落；冠毛刚毛长羽毛状，长达 2cm，内层向顶端纺锤状扩大或渐细。花果期 4 ～ 11 月。

【分布】 生于山坡林中、林缘、灌丛中、草地、荒地、田间、路旁或溪旁，海拔 400 ～ 2100m。广布河北、山东、陕西、江苏、浙江、江西、湖南、湖北、四川、贵州、云南、广西、广东、福建和台湾。

【功效与主治】 地上部分入药（药名“大蓟”），凉血止血，散瘀解毒消痈。用于衄血、吐血、尿血、便血、崩漏、外伤出血、痈肿疮毒。

蓟为《中国药典》收录中药大蓟的基源。

金盏银盘

Bidens biternata（Lour.）Merr. et Sherff

【形态】一年生草本。茎直立，高 30～150cm，略具四棱。叶为一回羽状复叶，顶生小叶卵形至长圆状卵形或卵状披针形，长 2～7cm，宽 1～2.5cm，边缘具稍密且近于均匀的锯齿，有时一侧深裂为一小裂片；总叶柄长 1.5～5cm。头状花序直径 7～10mm，花序梗长 1.5～5.5cm，果时长 4.5～11cm。总苞基部有短柔毛，外层苞片 8～10 枚，条形，长 3～6.5mm，内层苞片长椭圆形或长圆状披针形，长 5～6mm。舌状花通常 3～5 朵，不育，舌片淡黄色，长椭圆形，长约 4mm，宽 2.5～3mm，先端 3 齿裂，或有时无舌状花；盘花筒状，长 4～5.5mm，冠檐 5 齿裂。瘦果条形，黑色，长 9～19mm，宽 1mm，具四棱，两端稍狭，多少被小刚毛，顶端芒刺 3～4 枚，长 3～4mm，具倒刺毛。

【分布】生于路边、村旁及荒地中。产于华南、华东、华中、西南及河北、山西、辽宁等地。

【功效与主治】全草入药，有清热解毒，散瘀活血的功效。主治上呼吸道感染、咽喉肿痛、急性阑尾炎、急性黄疸型肝炎、胃肠炎、风湿关节疼痛、疟疾；外用治疮疖、毒蛇咬伤、跌打肿痛。

孔雀草

Tagetes patula Linnaeus

【形态】一年生草本，高 30 ～ 100cm。茎直立，通常近基部分枝，分枝斜开。叶羽状分裂，长 2 ～ 9cm，宽 1.5 ～ 3cm，裂片线状披针形，边缘有锯齿，齿端常有细芒，齿的基部通常有一腺体。头状花序单生，径 3.5 ～ 4cm；花序梗长 5 ～ 13（15）cm，先端稍增粗；总苞片约 1.5cm，宽约 0.7cm，长椭圆形，上端具锐齿，有腺点；舌状花金黄色或橙色，带有红色斑；舌片近圆形，长 8 ～ 10mm，宽 6 ～ 7mm，先端微凹；管状花花冠黄色，长 10 ～ 14mm，与冠毛等长，具 5 齿裂。瘦果线形，基部缩小，长 8 ～ 12mm，黑色，被短柔毛；冠毛鳞片状，其中 1 ～ 2 个长芒状，2 ～ 3 个短而钝。花期 5 ～ 10 月。

【分布】生于海拔 750 ～ 1600m 的山坡草地、林中，或在庭园栽培。分布于四川、贵州、云南等地。

【功效与主治】全草入药，清热解毒，止咳。主治风热感冒、咳嗽、百日咳、痢疾、腮腺炎、乳痈、疖肿、牙痛、口腔炎、目赤肿痛。

苦苣菜

Sonchus oleraceus Linnaeus

【形态】一或二年生草本，高30～100cm。根纺锤状。茎直立，中空，不分枝或上部分枝，无毛或上部有腺毛，具乳汁。叶互生；下部叶叶柄有翅，基部扩大抱茎，中上部无柄，基部宽大戟耳形，羽状全裂或羽状半裂，顶裂片大或先端裂片与侧生裂片等大，少有不分裂叶，边缘有刺状尖齿，长10～18（22）cm，宽5～7（12）cm。头状花序，顶生，数枚，排列成伞房状；梗或总苞下部初期有蛛丝状毛，有时有疏腺毛；总苞钟状，长10～12mm，宽6～10（25）mm，总苞片2～3列；舌状花黄色，两性结实；雄蕊5；子房下位，花柱细长，柱头2深裂。瘦果，长椭圆状倒卵形，亮褐色、褐色或肉色，边缘有微齿，两面各有3条高起的纵肋，肋间有细皱纹；成熟后红褐色，冠毛白色。花期5～12月。

【分布】生于田边、山野、路旁等。分布于全国各地。

【功效与主治】全草入药，清热解毒，凉血止血。主治肠炎、痢疾、黄疸、淋证、咽喉肿痛、痈疮肿毒、乳腺炎、痔瘘、吐血、衄血、咯血、尿血、便血、崩漏。

苦荬菜

Ixeris polycephala Cassini ex Candolle

【形态】 多年生草本。高 30 ～ 70cm，无毛。茎直立，多分枝，紫红色。基生叶时枯萎，卵形、长圆形或披针形，长 5 ～ 10cm，宽 2 ～ 4cm，先端急尖，基部渐狭成柄，边缘波状齿裂或羽状分裂，裂片具细锯齿；茎生叶舌状卵形，长 3 ～ 9cm，宽 1.5 ～ 4cm，先端急尖，基部无柄，微抱茎，耳状，边缘有不规则的锯齿。头状花序在枝顶或上部叶腋排成伞房状，有细梗；总苞片外层的小，长 1mm，内层长 8mm，线状披针形；舌状花黄色，长 7 ～ 9mm，先端 5 齿裂。瘦果纺锤形，长 1 ～ 2mm，黑褐色，喙长约 0.8mm；冠毛白色。花果期 4 ～ 8 月。

【分布】 生于山坡林缘、灌丛、草地、田野路旁，海拔 300 ～ 2200m。分布陕西、江苏、浙江、福建、安徽、台湾、江西、湖南、广东、广西、贵州、四川、云南。

【功效与主治】 全草入药，清热解毒，消肿止痛。主治痈疖亲毒、乳痈、咽喉肿痛、黄疸、痢疾、淋证、带下、跌打损伤。

鳢（lǐ）肠

Eclipta prostrate（Linnaeus）Linnaeus

【形态】一年生草本，高10～60cm。全株被白色粗毛，折断后流出的汁液数分钟后即呈蓝黑色。茎直立或基部倾伏，着地生根，绿色或红褐色。叶对生；叶片线状椭圆形至披针形，长3～10cm，宽0.5～2.5cm，全缘或稍有细齿，两面均被白色粗毛。头状花序腋生或顶生，总苞钟状，总苞片5～6片，花托扁平，托上着生少数舌状花及多数管状花；舌状花雌性；花冠白色，发育或不发育；管状花两性，绿色，全发育。瘦果黄黑色，长约3mm，无冠毛。花期6～8月，果期9～10月。

【分布】生于路边、湿地、沟边或田间。分布于全国各地。

【功效与主治】全草入药，补益肝肾，凉血止血。主治肝肾不足、头晕目眩、须发早白、吐血、咯血、衄血、便血、血痢、崩漏、外伤出血。

林荫千里光

Senecio nemorensis Lorey & Duret

【形态】 多年生草本，根状茎短粗，具多数被绒毛的纤维状根。基生叶和下部茎叶在花期凋落；中部茎叶多数，近无柄，披针形或长圆状披针形，长 10 ～ 18cm，宽 2.5 ～ 4cm，边缘具密锯齿，稀粗齿，羽状脉，侧脉 7 ～ 9 对，上部叶渐小，线状披针形至线形，无柄。头状花序具舌状花，多数，在茎端或枝端或上部叶腋排成复伞房花序；总苞近圆柱形，长 6 ～ 7mm，宽 4 ～ 5mm；舌状花 8 ～ 10，管部长 5mm；舌片黄色，线状长圆形；管状花 15 ～ 16，花冠黄色，檐部漏斗状，裂片卵状三角形，长 1mm，尖，上端具乳头状毛。花药长约 3mm，基部具耳；附片卵状披针形；颈部略粗短，基部稍膨大；花柱分枝长 1.3mm，截形，被乳头状毛。瘦果圆柱形，长 4 ～ 5mm，无毛；冠毛白色，长 7 ～ 8mm。花期 6 ～ 12 月。

【分布】 生于林中开旷处、草地或溪边，海拔 770 ～ 3000m。产于新疆、吉林、河北、山西、山东、陕西、甘肃、湖北、四川、贵州、浙江、安徽、河南、福建、台湾等省区。

【功效与主治】 全草入药，清热解毒。主治热痢、眼肿、痈疽疔毒。

林泽兰

Eupatorium lindleyanum DC.

【形态】 多年生草本，高 30 ～ 150cm。根茎短，有多数细根。茎直立，下部及中部红色或淡紫红色，基部径达 2cm，常自基部分枝或不分枝而上部仅有伞房状花序分枝；全部茎枝被稠密的白色长或短柔毛。下部茎叶花期脱落；中部茎叶长椭圆状披针形或线状披针形，长 3 ～ 12cm，宽 0.5 ～ 3cm，不分裂或三全裂，质厚，基部楔形，顶端急尖，三出基脉，两面粗糙，被白色长或短粗毛及黄色腺点，上面及沿脉的毛密；自中部向上与向下的叶渐小，与中部茎叶同形同质；全部茎叶基出三脉，边缘有深或浅犬齿，无柄或几乎无柄。头状花序多数在茎顶或枝端排成紧密的伞房花序，花序径 2.5 ～ 6cm，或排成大型的复伞房花序，花序径达 20cm；花序枝及花梗紫红色或绿色，被白色密集的短柔毛。总苞钟状，含 5 个小花；总苞片覆瓦状排列，约 3 层；外层苞片短，长 1 ～ 2mm，披针形或宽披针形，中层及内层苞片渐长，长 5 ～ 6mm，长椭圆形或长椭圆状披针形；全部苞片绿色或紫红色，顶端急尖。花白色、粉红色或淡紫红色，花冠长 4.5mm，外面散生黄色腺点。瘦果黑褐色，长 3mm，椭圆状，5 棱，散生黄色腺点；冠毛白色，与花冠等长或稍长。花果期 5 ～ 12 月。

【分布】 生山谷阴处水湿地、林下湿地或草原上，海拔 200 ～ 2600m。除新疆未见记录外，遍布全国各地。

【功效与主治】 全草入药，清肺，止咳，平喘，降血压。用于支气管炎、高血压病。

马　兰

Kalimeris indica（L.）Sch.-Bep.

【形态】 多年生草本，高30～70cm。根茎有匍匐枝。茎直立，上部或从下部起有分枝。叶互生；基部渐狭成具翅的长柄；叶片倒披针形或倒卵状长圆形，长3～6cm，稀达10cm，宽0.8～2cm，稀达5cm，边缘从中部以上具有小尖头的钝或尖齿，或有羽状裂片；上面叶小，无柄，全缘。头状花序单生于枝端并排列成疏伞房状；总苞半球形，径6～9mm，长4～5mm；总苞片2～3层，覆瓦状排列；舌状花1层，15～20个，管部长1.5～1.7mm；舌片浅紫色，长达10mm，宽1.5～2mm；管状花长3.5mm，管部长约1.5mm，被短毛。瘦果倒卵状长圆形，极扁，长1.5～2mm，宽约1mm，褐色，边缘浅色而有厚肋，上部被腺毛及短柔毛，冠毛长0.1～0.8mm，易脱落，不等长。花期6～9月，果期8～10月。

【分布】 生于路边、田野、山坡上。分布于全国各地。

【功效与主治】 全草或根入药，凉血止血，清热利湿，解毒消肿。主治吐血、衄血、血痢、崩漏、创伤出血、黄疸、水肿、淋浊、感冒、咳嗽、咽痛喉痹、痔疮、痈肿、丹毒、小儿疳积。

牛膝菊

Galinsoga parviflora Cav.

【形态】一年生草本，高10～80cm。茎纤细，基部径不足1mm，或粗壮，基部径约4mm，不分枝或自基部分枝，分枝斜升，全部茎枝被疏散或上部稠密的贴伏短柔毛和少量腺毛，茎基部和中部花期脱毛或稀毛。叶对生，卵形或长椭圆状卵形，长(1.5)2.5～5.5cm，宽(0.6)1.2～3.5cm，基部圆形、宽或狭楔形，顶端渐尖或钝，基出三脉或不明显五出脉，在叶下面稍突起，在上面平，有叶柄，柄长1～2 cm；向上及花序下部的叶渐小，通常披针形；全部茎叶两面粗涩，被白色稀疏贴伏的短柔毛，沿脉和叶柄上的毛较密，边缘浅或钝锯齿或波状浅锯齿，在花序下部的叶有时全缘或近全缘。头状花序半球形，有长花梗，多数在茎枝顶端排成疏松的伞房花序，花序径约3cm。总苞半球形或宽钟状，宽3～6mm；总苞片1～2层，约5个，外层短，内层卵形或卵圆形，长3mm，顶端圆钝，白色，膜质。舌状花4～5个，舌片白色，顶端3齿裂，筒部细管状，外面被稠密白色短柔毛；管状花花冠长约1mm，黄色，下部被稠密的白色短柔毛。托片倒披针形或长倒披针形，纸质，顶端3裂或不裂或侧裂。瘦果长1～1.5mm，三棱或中央的瘦果4～5棱，黑色或黑褐色，常压扁，被白色微毛。舌状花冠毛毛状，脱落；管状花冠毛膜片状，白色，披针形，边缘流苏状，固结于冠毛环上，正体脱落。花果期7～10月。

【分布】生于林下、河谷地、荒野、河边、田间、溪边或市郊路旁。产于四川、云南、贵州、西藏等省区。

【功效与主治】全草入药，止血、消炎。用于外伤出血、扁桃体炎、咽喉炎、急性黄疸型肝炎等。

毛华菊

Chrysant hemum vestitum（Hemsl.）Ling

【形态】 多年生草本，高达60cm，有匍匐根状茎。茎直立，上部有长粗分枝或仅在茎顶有短伞房状花序分枝。全部茎枝被稠密厚实的贴伏短柔毛，后变稀毛。下部茎叶花期枯萎。中部茎叶卵形、宽卵形、卵状披针形或近圆形或匙形，长3.5～7cm，宽2～4cm，边缘自中部以上有浅波状疏钝锯齿，极少有2～3个浅钝裂的，叶片自中部向下楔形，叶柄长0.5～1cm，柄基偶有披针形叶耳。上部叶渐小，同形。全部叶下面灰白色，被稠密厚实贴伏的短柔毛，上面灰绿色，毛稀疏。中下部茎叶的叶腋常有发育的叶芽。头状花序直径2～3cm，3～13个在茎枝顶端排成疏松的伞房花序。总苞碟状，直径1～1.5cm。总苞片4层，外层三角形或三角状卵形，长3.5～4.5cm，中层披针状卵形，长约6.5mm，内层倒卵形或倒披针状椭圆形，长6～7mm。中外层外面被稠密短柔毛，向内层毛稀疏。全部苞片边缘褐色膜质。舌状花白色，舌片长1.2cm。瘦果长约1.5mm。花果期8～11月。

【分布】 生于低山山坡及丘陵地，海拔340～1500m。产于河南西部、湖北西部及安徽西部。

【功效与主治】 花序药用，清热解毒，清肝明目。

毛连菜

Picris hieracioides Linnaeus

【形态】二年生草本，高16～120cm。根垂直直伸，粗壮。基生叶花期枯萎脱落；下部茎叶长椭圆形或宽披针形；中部和上部茎叶披针形或线形，较下部茎叶小，无柄，基部半抱茎；最上部茎小，全缘。头状花序较多数，在茎枝顶端排成伞房花序或伞房圆锥花序，花序梗细长。总苞圆柱状钟形，长达1.2cm；全部总苞片外面被硬毛和短柔毛。舌状小花黄色，冠筒被白色短柔毛。瘦果纺锤形，长约3mm，棕褐色，有纵肋，肋上有横皱纹。冠毛白色，外层极短，糙毛状，内层长，羽毛状，长约6mm。花果期6～9月。

【分布】生于山坡草地、林下、沟边、田间、撂荒地或沙滩地，海拔560～3400m。分布于吉林、河北、山西、陕西、甘肃、青海、山东、河南、湖北、湖南、四川、云南、贵州、西藏。

【功效与主治】花入药，理肺止咳，化痰平喘，宽胸。主治咳嗽痰多、咳喘、嗳气、胞腹闷胀。

牛 蒡

Arctium lappa Linnaeus

【形态】 二年生草本，具粗大的肉质直根，长达15cm，径可达2cm，有分枝支根。茎直立，高达2m，粗壮。叶宽卵形，长达30cm，宽达21cm，基部心形，有长达32cm的叶柄，叶柄灰白色，被稠密的蛛丝状绒毛及黄色小腺点。头状花序多数或少数在茎枝顶端排成疏松的伞房花序或圆锥状伞房花序，花序梗粗壮。总苞卵形或卵球形，直径1.5～2cm。全部苞近等长，长约1.5cm，顶端有软骨质钩刺。小花紫红色，花冠长1.4cm，细管部长8mm，花冠裂片长约2mm。瘦果倒长卵形或偏斜倒长卵形，长5～7mm，宽2～3mm，两侧压扁，浅褐色，有多数细脉纹，有深褐色的色斑或无色斑。冠毛多层，浅褐色；冠毛刚毛糙毛状，不等长，长达3.8mm，基部不连合成环，分散脱落。花果期6～9月。

【分布】 生于山坡、山谷、林缘、林中、灌木丛中、河边潮湿地、村庄路旁或荒地，海拔750～3500m。全国各地普遍分布，各国各地亦有普遍栽培。

【功效与主治】 成熟果实入药（药名“牛蒡子”），疏散风热，宣肺透疹，解毒利咽，用于风热感冒、咳嗽痰多、麻疹、风疹、咽喉肿痛、痄腮（zhà sai）、丹毒、痈肿疮毒。根入药（药名“牛蒡根”），清热解毒，疏风利咽，用于风热感冒、咳嗽、咽喉肿痛、疮疖肿痛、脚癣、湿疹。

牛蒡为《中国药典》收录中药牛蒡子的基源。

千里光

Senesio scandens Buch.-Ham. ex D. Don

【形态】 多年生攀援草本，高 2 ～ 5m。根状茎木质，粗，径达 1.5cm。茎曲折，多分枝，初常被密柔毛，后脱毛，变木质，皮淡褐色。叶互生，具短柄；叶片披针形至长三角形，长 6 ～ 12cm，宽 2 ～ 4.5cm，先端渐尖，基部宽楔形、截形或心形，边缘有浅或深齿，或叶的下部 2 ～ 4 对深裂片，稀近全缘；羽状脉，叶脉明显。头状花序，多数，在茎及枝端排列成复总状伞房花序，总花梗常反折或开展，被密微毛，有细条形苞叶；总苞筒状，长 5 ～ 7mm，宽 3 ～ 6mm，基部有数个条形小苞片；总苞片 1 层，12 ～ 13 个，条状披针形，先端部渐尖；舌状花黄色，8 ～ 9 个，长约 10mm；筒状花多数。瘦果，圆柱形，有纵沟，长 3mm，被柔毛；冠毛白色，长 7.5mm，约与筒状花等长。花期 3 ～ 7 月，果期 8 ～ 12 月。

【分布】 生于路旁及旷野间。分布于华东、中南、西南及陕西、甘肃、广西、西藏等地。

【功效与主治】 地上部分入药（药名“千里光”），清热解毒，明目，利湿。用于痈肿疮毒，感冒发热，目赤肿痛，泄泻痢疾，皮肤湿疹。

千里光为《中国药典》收录中药千里光的基源。

青 蒿

Artemisia carvifolia Buch.-Ham.

【形态】一年生草本。茎直立，高 40 ～ 130cm，多分枝，具纵条纹，无毛。基部和下部叶椭圆形，二回羽状深裂，在花期凋落；中部叶长圆形，长 5 ～ 16cm，二回羽状深裂，裂片长圆状线形，先端渐尖，斜上或开展，2 次裂片条形，先端细尖，常有短尖齿，基部裂片常抱茎，两面无毛；上部叶小，羽状浅裂。头状花序多数，球形，花后下倾，直径 3.5 ～ 4mm，排列成总状或复总状，有短梗，苞叶线形；总苞无毛，；总苞片 3 层，外层较短，狭长圆形，灰绿色，内层较宽，先端圆形，边缘宽膜质，花序托球形；花筒状，外层雌性，长约 1.5mm，内层两性，长约 1.8mm。瘦果长圆形，长 1mm，无毛。花期 8 ～ 10 月，果期 9 ～ 11 月。

【分布】常星散生于低海拔、湿润的河岸边砂地、山谷、林缘、路旁等，也见于滨海地区。产于吉林、辽宁、河北、陕西、山东、江苏、安徽、浙江、江西、福建、河南、湖北、湖南、广东、广西、四川、贵州、云南等省区。

【功效与主治】地上部分入药，具有清热、凉血、退蒸、解暑、祛风、止痒、止盗汗、防中暑等功效。用于温邪伤阴、夜热早凉、阴虚发热、骨蒸劳热、暑邪发热、疟疾寒热、湿热黄疸等病症的治疗。

本种非中药“青蒿”正品的基源，不含“青蒿素”，无抗疟作用。

山莴苣（wō jù）

Lagedium sibiricum（L.）Sojak

【形态】二年生草本，高 90 ～ 120cm，或更高。茎无毛，上部有分枝。叶互生，无柄；叶形多变化，条形、长椭圆状条形或条状披针形，不分裂而基部扩大戟形半抱茎至羽状或倒向羽状深裂或全裂，裂片边缘缺刻状或具锯齿状针刺；上部叶花期枯萎；下部叶变小，条状披针形或条形；全部叶有狭窄膜片状长毛。头状花序在茎枝顶端排成宽或窄的圆锥花序；每个头状花序有小花 25 个，舌状花淡黄色或白色。瘦果黑色，边缘不明显，内弯，每面仅有 1 条纵肋，喙短而明显，长约 1mm，冠毛白色。花果期 9 ～ 11 月。

【分布】生田间、路边、灌丛或滨海处。除西北外，几乎广泛分布于全国各地。

【功效与主治】全草或根入药，清热解毒，活血祛瘀。用于阑尾炎、扁桃体炎、子宫颈炎、产后瘀血作痛、崩漏、痔疮下血；外用治疮疖肿毒。

鼠麴（qū）草

Gnaphalium affine D. Don

【形态】 一年生草本。茎直立或基部发出的枝下部斜升，高 10 ～ 40cm 或更高，基部径约 3mm，上部不分枝，有沟纹，被白色厚绵毛。叶无柄，匙状倒披针形或倒卵状匙形，长 5 ～ 7cm，宽 11 ～ 14mm。头状花序较多或较少数，径 2 ～ 3mm，近无柄，在枝顶密集成伞房花序，花黄色至淡黄色；总苞钟形，径约 2 ～ 3mm；总苞片 2 ～ 3 层，金黄色或柠檬黄色，膜质，有光泽；花托中央稍凹入。雌花多数，花冠细管状，长约 2mm，花冠顶端扩大，3 齿裂。两性花较少，管状，长约 3mm，向上渐扩大，檐部 5 浅裂，裂片三角状渐尖。瘦果倒卵形或倒卵状圆柱形，长约 0.5mm，有乳头状突起。冠毛粗糙，污白色，易脱落，长约 1.5mm，基部联合成 2 束。花期 1 ～ 4 月，果期 8 ～ 11 月。

【分布】 生于低海拔干地或湿润草地上，尤以稻田最常见。产于我国台湾、华东、华南、华中、华北、西北及西南各省区。

【功效与主治】 茎叶入药，为镇咳、祛痰、治气喘和支气管炎以及非传染性溃疡、创伤之寻常用药，内服有降血压疗效。

天名精

Carpesium abrotanoides Linnaeus

【形态】 多年生粗壮草本。茎高 60 ~ 100cm，多分枝。基叶于开花前凋萎，茎下部叶广椭圆形或长椭圆形，长 8 ~ 16cm，宽 4 ~ 7cm，边缘具不规整的钝齿，齿端有腺体状胼胝（pián zhī）体；叶柄长 5 ~ 15mm；茎上部节间长 1 ~ 2.5cm，叶较密，长椭圆形或椭圆状披针形，无柄或具短柄。头状花序多数，生茎端及沿茎、枝生于叶腋，近无梗，成穗状花序式排列，着生于茎端及枝端者具椭圆形或披针形长 6 ~ 15mm 的苞叶 2 ~ 4 枚，腋生头状花序无苞叶或有时具 1 ~ 2 枚甚小的苞叶。总苞钟球形，基部宽，上端稍收缩，成熟时开展成扁球形，直径 6 ~ 8mm。雌花狭筒状，长 1.5mm，两性花筒状，长 2 ~ 2.5mm，向上渐宽，冠檐 5 齿裂。瘦果长约 3.5mm。

【分布】 生于村旁、路边荒地、溪边及林缘，垂直分布可达海拔 2000m。产于华东、华南、华中、西南各省区及河北、陕西等地。

【功效与主治】 全草入药，清热，化痰，解毒，杀虫，破瘀，止血。主治乳蛾、喉痹、急慢惊风、牙痛、疔疮肿毒、痔瘘、皮肤痒疹、毒蛇咬伤、虫积、血瘕（jiǎ）、吐血、衄血、血淋、创伤出血。

兔儿伞

Syneilesis aconitifolia（Bunge）Maxim.

【形态】 多年生草本。几根状茎短，横走，具多数须根，茎直立，高70～120cm，具纵肋，不分枝。叶通常2，疏生；下部叶具长柄；叶片盾状圆形，直径20～30cm，掌状深裂；裂片7～9，每裂片再次2～3浅裂；小裂片宽4～8mm，线状披针形，边缘具不等长的锐齿，初时反折呈闭伞状，后开展成伞状；中部叶较小，裂片通常4～5；叶柄长2～6cm。其余的叶呈苞片状，披针形，向上渐小，无柄或具短柄。头状花序多数，在茎端密集成复伞房状，干时宽6～7mm；花序梗长5～16mm；总苞筒状，长9～12mm，宽5～7mm；总苞片1层，苞片5，长圆形，边缘膜质。小花8～10，花冠淡粉白色，长10mm，管部窄，长3.5～4mm，檐部窄钟状，5裂；花药变紫色，基部短箭形；花柱分枝伸长，扁，顶端钝。瘦果圆柱形，长5～6mm，无毛，具肋。花期6～7月，果期8～10月。

【分布】 生于山坡荒地林缘或路旁，海拔500～1800m。产于东北、华北、华中地区及陕西、甘肃、贵州等省地。

【功效与主治】 根及全草入药，具祛风湿、舒筋活血、止痛之功效，可治腰腿疼痛、跌打损伤等症。

万寿菊

Tagetes erecta Linnaeus

【形态】一年生草本，高 50 ～ 150cm。茎直立，粗壮，具纵细条棱，分枝向上平展。叶羽状分裂，长 5 ～ 10cm，宽 4 ～ 8cm，裂片长椭圆形或披针形，边缘具锐锯齿，上部叶裂片的齿端有长细芒；沿叶缘有少数腺体。头状花序单生，径 5 ～ 8cm，花序梗顶端棍棒状膨大；总苞长 1.8 ～ 2cm，宽 1 ～ 1.5cm，杯状，顶端具齿尖；舌状花黄色或暗橙色，长 2.9cm，舌片倒卵形，长 1.4cm，宽 1.2cm，基部收缩成长爪，顶端微弯缺；管状花花冠黄色，长约 9mm，顶端具 5 齿裂。瘦果线形，基部缩小，黑色或褐色，长 8 ～ 11mm；冠毛有 1 ～ 2 个长芒和 2 ～ 3 个短而钝的鳞片。花期 6 ～ 8 月，果期 8 ～ 10 月。

【分布】生于向阳温暖湿润环境。分布于全国各地（栽培）。

【功效与主治】花和根入药。花入药，清热解毒，化痰止咳；根入药，解毒消肿。用于上呼吸道感染、百日咳、支气管炎、眼角膜炎、咽炎、口腔炎、牙痛；外用治腮腺炎、乳腺炎、痈疮肿毒。

豨　莶

Sigesbeckia orientalis Linnaeus

【形态】一年生草本。茎直立，高约 30 ～ 100cm，分枝斜升，上部的分枝常成复二歧状；全部分枝被灰白色短柔毛。基部叶花期枯萎；中部叶三角状卵圆形或卵状披针形，长 4 ～ 10cm，宽 1.8 ～ 6.5cm，基部下延成具翼的柄，边缘有规则的浅裂或粗齿，三出基脉；上部叶渐小，卵状长圆形，边缘浅波状或全缘，近无柄。头状花序径 15 ～ 20mm，多数聚生于枝端，排列成具叶的圆锥花序；花梗长 1.5 ～ 4cm，密生短柔毛；总苞阔钟状；总苞片 2 层，叶质，背面被紫褐色头状具柄的腺毛。花黄色；雌花花冠的管部长 0.7mm；两性管状花上部钟状，上端有 4 ～ 5 卵圆形裂片。瘦果倒卵圆形，有 4 棱，顶端有灰褐色环状突起，长 3 ～ 3.5mm，宽 1 ～ 1.5mm。花期 4 ～ 9 月，果期 6 ～ 11 月。

【分布】生于山野、荒草地、灌丛、林缘及林下，也常见于耕地中，海拔 110 ～ 2700m。产于陕西、甘肃、江苏、浙江、安徽、江西、湖南、四川、贵州、福建、广东、海南、台湾、广西、云南等省区。

【功效与主治】地上部分入药（药名“豨莶草”），功效同毛梗豨莶。

豨莶与同科植物腺梗豨莶 *Siegesbeckia pubescens* Makino 或毛梗豨莶 *Siegesbeckia glabrescens* Makino 为《中国药典》收录中药豨莶草的基源。

香 青

Anaphalis sinica Hance

【形态】 根状茎细或粗壮，木质，有长达 8cm 的细匍枝。茎直立，疏散或密集丛生，高 20 ～ 50cm，细或粗壮，通常不分枝。下部叶在下花期枯萎。中部叶长圆形，倒披针长圆形或线形，长 2.5 ～ 9cm，宽 0.2 ～ 1.5cm，基部渐狭，沿茎下延成狭或稍宽的翅，全部叶上面被蛛丝状绵毛，或下面或两面被白色或黄白色厚绵毛，在绵毛下常杂有腺毛，有单脉或具侧脉向上渐消失的离基三出脉。头状花序多数或极多数，密集成复伞房状或多次复伞房状；花序梗细。总苞钟状或近倒圆锥状，长 4 ～ 5mm（稀达 6mm），宽 4 ～ 6mm。雌株头状花序有多层雌花，中央有 1 ～ 4 个雄花；雄株头状花托有繸状短毛。花序全部有雄花。花冠长 2.8 ～ 3mm。冠毛常较花冠稍长；雄花冠毛上部渐宽扁，有锯齿。瘦果长 0.7 ～ 1mm，被小腺点。花期 6 ～ 9 月，果期 8 ～ 10 月。

【分布】 生于低山或亚高山灌丛、草地、山坡和溪岸，海拔 400 ～ 2000m。

【功效与主治】 全草入药，祛风解表，宣肺止咳。主治感冒、气管炎、肠炎、痢疾。

小蓬草

Conyza canadensis（L.）Cronq.

【形态】 一年生草本，高 50 ～ 100cm。具锥形直根。茎直立，有细条纹及粗糙毛，上部多分枝，呈圆锥状，小枝柔弱。单叶互生；基部叶近匙形，长 7 ～ 10cm，宽 1 ～ 1.5cm，先端尖，基部狭，全缘或具微锯齿，边缘有长睫毛，无明显的叶柄；上部叶条形或条状披针形。头状花序多数，直径约 4mm，有短梗，密集成圆锥状或伞房圆锥状；总苞半球表，直径约 3mm；总苞片 2 ～ 3 层，条状披针形，边缘膜质，几乎无毛；舌状花直立，白色微紫，条形至披针形；两性花筒状，5 齿裂。瘦果矩圆形；冠毛乳白色，刚毛状。花期 5 ～ 9 月。

【分布】 生于山坡、草地或田野、路旁。分布于东北地区及内蒙古、山西、陕西、山东、浙江、江西、福建、台湾、河南、湖北、广西、四川及云南等地。

【功效与主治】 全草或鲜叶入药，清热利湿，散瘀消肿。用于肠炎、痢疾、传染性肝炎、胆囊炎；外用治牛皮癣、跌打损伤、疮疖肿毒、风湿骨痛、外伤出血；鲜叶捣汁治中耳炎、眼结膜炎。

旋覆花

Inula japonica Thunb.

【形态】 多年生草本，高 30 ~ 80cm。根状茎短，横走或斜升，具须根。茎单生或簇生，绿色或紫色，有细纵沟，被长伏毛。中部叶长圆形或长圆状披针形，长 4 ~ 13cm，宽 1.5 ~ 4.5cm，常有圆形半抱茎的小耳，无柄，全缘或有疏齿。头状花序，径 3 ~ 4cm，多数或少数排列成疏散的伞房花序；花序梗细长；总苞半球形，径 1.3 ~ 1.7cm；舌状花黄色，较总苞长 2 ~ 2.5 倍；舌片线形，长 10 ~ 13mm；管状花花冠长约 5mm，披针形裂片 3；冠毛白色，1 轮，有 20 余个粗糙毛。瘦果圆柱形，长 1 ~ 1.2mm，有 10 条纵沟，被疏短毛。花期 6 ~ 8 月，果期 8 ~ 9 月。

【分布】 生于海拔 150 ~ 2400m 的山坡路旁、湿润草地、河岸和田埂上。分布于东北、华北、华东、华中及广西等地。

【功效与主治】 头状花序入药（药名“旋覆花”），降气，消痰，行水，止呕。用于风寒咳嗽、痰饮蓄结、胸膈痞闷、喘咳痰多、呕吐噫气、心下痞硬。

旋覆花与同科植物欧亚旋覆花 *Inula Britannica* L. 同为《中国药典》收录中药旋覆花的基源。

烟管头草

Carpesium cernuum Linnaeus

【形态】 多年生草本，高 50 ～ 100cm。茎直立，分枝。下部叶匙状长圆形，长 9 ～ 20（25）cm，宽 4 ～ 6cm，先端锐尖或钝尖，基部楔状收缩成具翅的叶柄，边缘有不规则的锯齿；中部叶向上渐小，长圆形或长圆状披针形，叶柄短。头状花序在茎和枝的顶端单生，直径 15 ～ 18mm，下垂，基部有数个条状披针形不等长的苞片；总苞杯状，长 7 ～ 8mm；总苞片 4 层，外层卵状长圆形，有长柔毛，中层和内层干膜质，长圆形，钝尖，无毛；花黄色，外围的雌花筒状，3 ～ 5 齿裂，结实；中央的两性花有 5 个裂片。瘦果条形，长约 5mm，有细纵条，先端有短喙和腺点；无冠毛。花期 8 ～ 9 月，果期 9 ～ 10 月。

【分布】 生于路边荒地及山坡、沟边等处。分布于全国各地。

【功效与主治】 根入药，清热解毒。主治痢疾、牙痛、乳蛾、子宫脱垂、脱肛。

野　菊

Chrysanthemum indicum Linnaeus

【形态】多年生草本，高25～100cm。根茎粗厚，分枝，有长或短的地下匍匐枝。茎直立或基部铺展。基生叶脱落；茎生叶卵形或长圆状卵形，长6～7cm，宽1～2.5cm，羽状分裂或分裂不明显；顶裂片大；侧裂片常2对，卵形或长圆形，全部裂片边缘浅裂或有锯齿；上部叶渐小；全部叶上面有腺体及疏柔毛，下面灰绿色，毛较多，基部渐狭成具翅的叶柄；托叶具锯齿。头状花序直径2.5～4（5）cm，在茎枝顶端排成伞房状圆锥花序或不规则的伞房花序；总苞直径8～20mm，长5～6mm；总苞片边缘宽膜质；舌状花黄色，雌性；盘花两性，筒状。瘦果全部同形，有5条极细的纵肋，无冠毛。花期9～10月，果期10～11月。

【分布】生于山坡草地、灌丛、河边水湿地，海滨盐渍地及田边、路旁。分布于东北、华北、华东、华中及西南等地。

【功效与主治】头状花序入药（药名“野菊花”），清热解毒，泻火平肝。用于疔疮痈肿、目赤肿痛、头痛眩晕。

野菊为《中国药典》收录中药野菊花的基源。

野茼蒿

Crassocephalum crepidioides（Benth.）S. Moore

【形态】一年生草本，高 20 ～ 100cm。茎直立，有纵条纹，光滑无毛。单叶互生；叶柄长 2 ～ 2.5cm；叶片膜质，长圆状椭圆形，长 7 ～ 12cm，宽 4 ～ 5cm，先端渐尖，基部楔形，边缘有不规则锯齿、重锯齿或有时基部羽状分裂，两面无毛。头状花序直径约 2cm，少数，在枝顶排成圆锥状；总苞圆柱形；总苞片 2 层，条状披针形，长约 1cm，边缘膜质，先端小束毛，基部有小苞片数枚；花全为两性，管状，粉红色，花冠先端 5 齿裂，花柱基部小球状，分枝先端有线状的尖端。瘦果狭圆柱形，赤红色，有条纹，被毛；冠毛丰富，白色。花期 9 月。

【分布】生于山坡荒地、路旁及沟谷杂草丛中。分布于江西、福建、湖南、广东、广西、四川、云南及西藏等地。

【功效与主治】全草入药，清热解毒，调和脾胃。主治感冒、肠炎、痢疾、口腔炎、乳腺炎、消化不良。

一点红

Emilia sonchifolia（L.）DC.

【形态】一年生或多年生草本，高 10～40cm。茎直立或基部倾斜，紫红色或绿色，光滑无毛或被疏毛，多少分枝，枝条柔弱，粉绿色。叶互生；无柄；叶片稍肉质，生于茎下部的叶卵形，长 5～10cm，宽 4～5cm，琴状分裂，边缘具钝齿，茎上部叶小，通常全缘或有细齿，上面深绿色，下面常为紫红色，基部耳状，抱茎。头状花序直径 1～1.3cm，具长梗，为疏散的伞房花序，花枝常 2 歧分枝；花全为两性，筒状，花冠紫红色，5 齿裂；总苞圆柱形，苞片 1 层，与花冠等长。瘦果狭矩圆形，长约 3mm，有棱；冠毛白色，柔软，极丰富。花期 4～8 月，果期 9～10 月。

【分布】生于村旁、路边、田园和旷野草丛中。分布于陕西、江苏、浙江、江西、福建、湖北、湖南、广东、广西、四川、贵州及云南等地。

【功效与主治】全草入药，清热解毒，散瘀消肿。用于上呼吸道感染、咽喉肿痛、口腔溃疡、肺炎、急性肠炎、细菌性痢疾、泌尿系统感染、睾丸炎、乳腺炎、疖肿疮疡、皮肤湿疹、跌打扭伤。

一年蓬

Erigeron annuus（L.）Pers.

【形态】 一年生或两年生草本，高 30 ～ 100cm。茎直立，上部有分枝。基生叶长圆形或宽卵形，长 4 ～ 17cm，宽 1.5 ～ 4cm，边缘有粗齿，基部渐狭成具翅的叶柄；中部和上部叶较小，长圆状披针形或披针形，长 1 ～ 9cm，宽 0.2 ～ 2cm，边缘有不规则的齿裂，具短叶柄或无叶柄；最上部的叶通常条形，全缘，具睫毛。头状花序排成伞房状或圆锥状；总苞半球形；总苞片 3 层，革质，密被长的直节毛；舌状花 2 层，白色或淡蓝色，舌片条形；两性花筒状，黄色。瘦果披针形，压扁；冠毛异型，雌花的冠毛极短，膜片状连成小冠，两性花的冠毛 2 层，外层鳞片状，内层为 10 ～ 15 条长约 2mm 的刚毛，花期6～9月，果期8～10月。

【分布】 生于山坡、路边及田野中。分布于吉林、河北、山东、江苏、安徽、浙江、江西、福建、河南、湖北、湖南、四川及西藏等地。

【功效与主治】 全草入药，清热解毒，抗疟。用于急性胃肠炎、疟疾；外用治齿龈炎、蛇咬伤。

猪毛蒿

Artemisia scoparia Waldst. et Kit.

【形态】一或二年生草本。根纺锤形或圆锥形，多垂直。全株幼时被灰白色绢毛，成长后高45～100cm。茎常单一，偶2～4，基部常木质化。叶密集，下部叶与不育枝的叶同形，有长柄，叶长圆形，长1.5～5cm，2或3次羽状全裂，最终裂片披针形或线形；中部叶长1～2cm，2次羽状全裂，基部抱茎；上部叶无柄，3裂或不裂。头状花序极多数，有梗，在茎的侧枝上排列成复总状花序；总苞片卵形或近球形，直径1～2mm；花杂性，均为管状花；外层者为雌花5～15，以10～12个为多见，能育，柱头2裂，叉状，伸出花冠外，内层为两性花3～9，先端稍膨大，5裂，裂片三角形，下部收缩，倒卵状，子房退化，不育。瘦果小，长圆形或倒卵形，长约0.7mm，具纵条纹，无毛。花期8～9月，果期9～10月。

【分布】生于山坡、旷野、路旁及半干旱或阴湿润地区的山坡，林缘，路旁，草原，黄土高原和荒漠边缘地区。分布于全国各地。

【功效与主治】地上部分入药，清热利湿，退黄。主治黄疸、小便不利、湿疮瘙痒。

紫 菀

Aster tataricus L. f.

【形态】 多年生草本，高40～150cm。茎直立，粗壮，有疏糙毛。根茎短，必生多数须根。基生叶花期枯萎、脱落，长圆状或椭圆状匙形，长20～50cm，宽3～13cm，基部下延；茎生叶互生，无柄；叶片长椭圆形或披针形，长18～35cm，基部下延。头状花序多数，直径2.5～4.5cm，排列成复伞房状；总苞半球形，宽10～25mm；花序边缘为舌状花，约20多个，蓝紫色，舌片先端3齿裂，柱头2分叉；中央有多数筒状花，两性，黄色，先端5齿裂；雄蕊5；柱头2分叉。瘦果倒卵状长圆形，扁平，紫褐色，长2.5～3mm，两面各有1脉或少有3脉，上部具短伏毛，冠毛乳白色或带红色。花期7～9月，果期9～10月。

【分布】 生于低山坡阴湿地、山顶和低山草地及沼泽地。分布于东北、华北、陕西、甘肃南部及安徽北部、河南西部等地。

【功效与主治】 根和根茎入药（药名“紫菀”），润肺下气，消痰止咳。用于痰多喘咳、新久咳嗽、劳嗽咳血。

紫菀为《中国药典》收录中药紫菀的基源。

爵　床

Justicia procumbens L. ［*Rostellularia procumbens*（L.）Nees］

【形态】 草本。茎基部匍匐，通常有短硬毛，高 20 ～ 50cm。叶椭圆形至椭圆状长圆形，长 1.5 ～ 3.5cm，宽 1.3 ～ 2cm，先端锐尖或钝，基部宽楔形或近圆形，两面常被短硬毛；叶柄短，长 3 ～ 5mm，被短硬毛。穗状花序顶生或生于上部叶腋，长 1 ～ 3cm，宽 6 ～ 12mm；苞片 1，小苞片 2，均披针形，长 4 ～ 5mm，有缘毛；花萼裂片 4，线形，约与苞片等长，有膜质边缘和缘毛；花冠粉红色，长 7mm，2 唇形，下唇 3 浅裂；雄蕊 2，药室不等高，下方 1 室有距，蒴果长约 5mm，上部具 4 粒种子，下部实心似柄状。种子表面有瘤状皱纹。

【分布】 生于山坡林间草丛中，为习见野草。产于秦岭以南，东至江苏、台湾，南至广东，海拔 1500m 以下；西南至云南、西藏（吉隆），海拔 2200 ～ 2400m。

【功效与主治】 全草入药，清热解毒，利尿消肿，截疟。用于感冒发热、疟疾、咽喉肿痛、小儿疳积、痢疾、肠炎、肾炎水肿、泌尿系感染、乳糜尿；外用治痈疮疖肿、跌打损伤。

槲 栎

Quercus aliena Blume

【形态】落叶乔木，高达30m；树皮暗灰色，深纵裂。小枝灰褐色，近无毛，具圆形淡褐色皮孔；芽卵形，芽鳞具缘毛。叶片长椭圆状倒卵形至倒卵形，长10～20（30）cm，宽5～14（16）cm，顶端微钝或短渐尖，基部楔形或圆形，叶缘具波状钝齿，叶背被灰棕色细绒毛，侧脉每边10～15条，叶面中脉侧脉不凹陷；叶柄长1～1.3cm，无毛。雄花序长4～8cm，雄花单生或数朵簇生于花序轴，微有毛，花被6裂，雄蕊通常10枚；雌花序生于新枝叶腋，单生或2～3朵簇生。壳斗杯形，包着坚果约1/2，直径1.2～2cm，高1～1.5cm；小苞片卵状披针形，长约2mm，排列紧密，被灰白色短柔毛。坚果椭圆形至卵形，直径1.3～1.8cm，高1.7～2.5cm，果脐微突起。花期（3）4～5月，果期9～10月。

【分布】生于海拔100～2000m的向阳山坡，常与其他树种组成混交林或成小片纯林。产于陕西、山东、江苏、安徽、浙江、江西、河南、湖北、湖南、广东、广西、四川、贵州、云南。

【功效与主治】种子富含淀粉，壳斗、树皮富含单宁。

栗（板栗）

Castanea mollissima Blume

【形态】乔木，高达20m。小枝被灰色绒毛。叶纸质，椭圆形至长圆状披针形，长9～22cm，宽5～9cm，先端突渐尖，基部圆形或宽楔形，边缘疏生锯齿，齿有短刺毛状尖头，下面密被白色绒毛，或疏被毛，至少在脉上如此；叶柄长1～2cm，被短柔毛及疏长毛。总苞直径6～8cm，通常包含坚果2～3，总苞外刺常被柔毛；坚果直径2～3.5cm。花期5～6月，果成熟期9月。

【分布】生于平地至海拔2800m山地，多见栽培。除青海、宁夏、新疆、海南等少数省区外广布南北各地。

【功效与主治】果实、花序、壳斗、树皮、根皮、叶均可入药。果实入药，滋阴补肾，主治肾虚腰痛；花序入药，止泻，主治腹泻、红白痢疾、久泻不止、小儿消化不良、瘰疬瘿瘤；壳斗入药，治丹毒、红肿；树皮入药，主治疮毒漆疮；根皮入药，主治疝气；叶入药，主治百日咳。

麻 栎

Quercus acutissima Carruth.

【形态】落叶乔木，高达15m。小枝黄褐色，初被毛，皮孔多数。叶纸质，披针状长圆形，少数为卵形或倒卵形，长10～20cm，宽2.5～5cm，先端渐尖，基部圆形，边缘有刺毛状锯齿，两面初被毛，后无毛，或沿脉上稍有毛，侧脉13～20对，直达齿尖，下面网脉显著；叶柄长1～3cm，初被毛。果序轴短，长2～10mm，着生坚果1～3；总苞近球形，长5～15mm，直径2～3.5cm，鳞片线形，被毛，下部鳞片反卷；坚果椭圆形或近圆球形，长1.2～2.5cm，直径1.2～1.8cm。花期4～5月，果成熟期次年10月。

【分布】生于海拔60～2200m的山地阳坡，成小片纯林或混交林。产于辽宁、河北、山西、山东、江苏、安徽、浙江、江西、福建、河南、湖北、湖南、广东、海南、广西、四川、贵州、云南等省区。

【功效与主治】果实及树皮、叶入药。树皮、叶入药，收敛，止痢，用于久泻痢疾。果入药，解毒消肿，用于乳腺炎。

吊石苣苔

Lysionotus pauciflorus Maxim.

【形态】 小灌木。茎长 7 ～ 30cm。叶 3 枚轮生，具短柄或近无柄；叶片革质，形状变化大，线形、线状倒披针形、狭长圆形或倒卵状长圆形，长 1.5 ～ 5.8cm，宽 0.4 ～ 1.5（2）cm，边缘在中部以上或上部有少数牙齿或小齿，中脉上面下陷，侧脉每侧 3 ～ 5 条，不明显；叶柄长 1 ～ 4（9）mm。花序有 1 ～ 2（5）花；花序梗纤细，长 0.4 ～ 2.6（4）cm；苞片披针状线形，长 1 ～ 2mm；花梗长 3 ～ 10mm。花萼长 3 ～ 4（5）mm，5 裂达或近基部。花冠白色带淡紫色条纹或淡紫色，长 3.5 ～ 4.8cm，无毛；筒细漏斗状，长 2.5 ～ 3.5cm，口部直径 1.2 ～ 1.5cm；上唇长约 4mm，2 浅裂，下唇长 10mm，3 裂。花盘杯状，高 2.5 ～ 4mm，有尖齿。蒴果线形，长 5.5 ～ 9cm，宽 2 ～ 3mm，无毛。种子纺锤形，长 0.6 ～ 1mm，毛长 1.2 ～ 1.5mm。花期 7 ～ 10 月。

【分布】 生于丘陵或山地林中或阴处石崖上或树上，海拔 300 ～ 2000m。产于云南东部、广西、广东、福建、台湾、浙江、江苏南部、安徽、江西、湖南、湖北、贵州、四川、陕西南部。在越南及日本也有分布。

【功效与主治】 全草入药，清热利湿，祛痰止咳，活血调经。用于咳嗽、支气管炎、痢疾、钩端螺旋体病、风湿疼痛、跌打损伤、月经不调、白带。

臭 椿

Ailanthus altissima (Miller) Swinle

【形态】 乔木，高达 20m。幼枝又微柔毛，后变为深黄褐色。叶长 45 ～ 60cm，少数长达 90cm；小叶片 13 ～ 25，卵状披针形，长 7 ～ 12cm，宽 2 ～ 5.5cm，先端长渐尖，基部斜截形，边全缘，两面无毛，下面稍带灰绿色，近基部有 1 ～ 2 对粗锯齿，齿顶下面有 1 腺体，有细缘毛；小叶有柄。圆锥花序顶生，长 10 ～ 20cm；花杂性，白色带绿。翅果长 3 ～ 5cm。花期 6 ～ 7 月，果期 9 ～ 10 月。

【分布】 我国除黑龙江、吉林、新疆、青海、宁夏、甘肃和海南外，各地均有分布。

【功效与主治】 根皮入药，清热燥湿，解毒杀虫。主治痢疾、便血、崩漏、带下、疮痈。

地　肤

Kochia scoparia (Linn.) Schrad.

【形态】 一年生草本，高 50 ～ 100cm。茎直立，多分枝。分枝斜上，淡绿色或浅红色，生短柔毛。叶互生，披针形或条状披针形，长 2 ～ 5cm，宽 3 ～ 7mm，两面生短柔毛。花两性或雌性，通常单生或 2 个生于叶腋，集成稀疏的穗状花序；花被片 5，基部合生，果期自背部生三角状横突起或翅；雄蕊 5；花柱极短，柱头 2，线形。胞果扁球形，包于花被内；种子横生，扁平。

【分布】 多生于宅旁隙地、园圃边和荒废田间。全国各地均产。

【功效与主治】 成熟果实入药（药名“地肤子”），清热利湿，祛风止痒。用于小便涩痛、阴痒带下、风疹、湿疹、皮肤瘙痒。

地肤为《中国药典》收录中药地肤子的基源。

藜

Chenopodium album Linnaeus

【形态】一年生草本，高30～150cm。茎直立，粗壮，具条棱及绿色或紫红色色条，多分枝；枝条斜升或开展。叶片菱状卵形至宽披针形，长3～6cm，宽2.5～5cm，先端急尖或微钝，基部楔形至宽楔形，上面通常无粉，有时嫩叶的上面有紫红色粉，下面多少有粉，边缘具不整齐锯齿；叶柄与叶片近等长，或为叶片长度的1/2。花两性，花簇于枝上部排列成或大或小的穗状圆锥状或圆锥状花序；花被裂片5，宽卵形至椭圆形，背面具纵隆脊，有粉，先端或微凹，边缘膜质；雄蕊5，花药伸出花被，柱头2。果皮与种子贴生。种子横生，双凸镜状，直径1.2～1.5mm，边缘钝，黑色，有光泽，表面具浅沟纹；胚环形。花果期5～10月。

【分布】生于路旁、荒地及田间。湖北五峰县及我国各地均有分布。

【功效与主治】全草入药，清热祛湿，解毒消肿，杀虫止痒。用于发热、咳嗽、痢疾、腹泻腹痛、疝气、龋齿痛、湿疹、疥癣、白癜风、疮疡肿痛。

土荆芥

Chenopodium ambrosioides Linnaeus

【形态】一年生或多年生草本，高50～80cm，有强烈香味。茎直立，多分枝，有色条及钝条棱；枝通常细瘦，有短柔毛并兼有具节的长柔毛，有时近于无毛。叶片矩圆状披针形至披针形，先端急尖或渐尖，边缘具稀疏不整齐的大锯齿，基部渐狭具短柄，上面平滑无毛，下面有散生油点并沿叶脉稍有毛，下部的叶长达15cm，宽达5cm，上部叶逐渐狭小而近全缘。花两性及雌性，通常3～5个团集，生于上部叶腋；花被裂片5，较少为3，绿色，果时通常闭合；雄蕊5，花药长0.5mm；花柱不明显，柱头通常3，较少为4，丝形，伸出花被外。胞果扁球形，完全包于花被内。种子横生或斜生，黑色或暗红色，平滑，有光泽，边缘钝，直径约0.7mm。花期和果期的时间都很长。

【分布】原产热带美洲，现广布于世界热带及温带地区。我国广西、广东、福建、台湾、江苏、浙江、江西、湖南、四川等省有野生，喜生于村旁、路边、河岸等处。北方各省常有栽培。

【功效与主治】全草入药，治蛔虫病、钩虫病、蛲虫病，外用治皮肤湿疹、并能杀蛆虫。果实含挥发油（土荆芥油），油中所含驱蛔素是驱虫有效成分。

楝（liàn）

Melia azedarach Linnaeus

【形态】落叶乔木，高15～20m。树皮暗褐色，纵裂，老枝紫色，有多数细小皮孔。二至三回奇数羽状复叶互生；小叶卵形至椭圆形，长3～7cm，宽2～3cm，先端长尖，基部宽楔形或圆形，边缘有钝尖锯齿，上面深绿色，下面淡绿色，幼时有星状毛，稍后除叶脉上有白毛外，余均无毛。圆锥花序腋生或顶生；花淡紫色，长约1cm；花萼5裂，裂片披针形，两面均有毛；花瓣5，平展或反曲，倒披针形；雄蕊管通常暗紫色，长约7mm；子房上位。核果圆卵形或近球形，长1.5～2cm，淡黄色，4～5室，每室具1颗种子。花期4～5月，果熟期9～10月。

【分布】生于旷野或路旁，常栽培于屋前房后。分布于河北、广西、云南、四川等地。

【功效与主治】树皮和根皮入药（药名“苦楝皮”），杀虫，疗癣，用于蛔虫病、蛲虫病、虫积腹痛，外治疥癣瘙痒。花入药（药名“苦楝花”），清热祛湿，杀虫，止痒，主热痱、头癣。果实入药（药名“苦楝子”），行气止痛，杀虫，主治脘腹胁肋疼痛、疝痛、虫积腹痛、头癣、冻疮。叶入药（药名“苦楝叶”），清热燥湿，杀虫止痒，行气止痛，主治湿疹瘙痒、疮癣疥癞、蛇虫咬伤、滴虫性阴道炎、疝气疼痛、跌打肿痛。

楝与同科植物川楝 *Melia toosendan* Sieb. et Zucc. 同为《中国药典》收录中药苦楝皮的基源。

香　椿

Toona sinensis（A. Juss.）Roem.

【形态】乔木；树皮粗糙，深褐色，片状脱落。叶具长柄，偶数羽状复叶，长30～50cm或更长；小叶16～20，对生或互生，纸质，卵状披针形或卵状长椭圆形，长9～15cm，宽2.5～4cm，先端尾尖，基部一侧圆形，另一侧楔形，不对称，边全缘或有疏离的小锯齿，两面均无毛，无斑点，背面常呈粉绿色，侧脉每边18～24条，平展，与中脉几成直角开出，背面略凸起；小叶柄长5～10mm。圆锥花序与叶等长或更长，被稀疏的锈色短柔毛或有时近无毛，小聚伞花序生于短的小枝上，多花；花长4～5mm，具短花梗；花萼5齿裂或浅波状，外面被柔毛，且有睫毛；花瓣5，白色，长圆形，先端钝，长4～5mm，宽2～3mm，无毛；雄蕊10，其中5枚能育，5枚退化；花盘无毛，近念珠状；子房圆锥形，有5条细沟纹，无毛，每室有胚珠8颗，花柱比子房长，柱头盘状。蒴果狭椭圆形，长2～3.5cm，深褐色，有小而苍白色的皮孔，果瓣薄；种子基部通常钝，上端有膜质的长翅，下端无翅。花期6～8月，果期10～12月。

【分布】生于山地杂木林或疏林中，各地也广泛栽培。产于华北、华东、中部、南部和西南部各省区。

【功效与主治】根皮、叶、嫩枝及果入药，祛风利湿，止血止痛，根皮用于痢疾、肠炎、泌尿道感染、便血、血崩、白带、风湿腰腿痛；叶及嫩枝用于痢疾。

萹 蓄

Polygonum aviculare Linnaeus

【形态】一年生草本。茎平卧、上升或直立，高 10 ~ 40cm，自基部多分枝，具纵棱。叶椭圆形，狭椭圆形或披针形，长 1 ~ 4cm，宽 3 ~ 12mm，顶端钝圆或急尖，基部楔形，边缘全缘，两面无毛，下面侧脉明显；叶柄短或近无柄，基部具关节；托叶鞘膜质，下部褐色，上部白色，撕裂脉明显。花单生或数朵簇生于叶腋，遍布于植株；苞片薄膜质；花梗细，顶部具关节；花被 5 深裂，花被片椭圆形，长 2 ~ 2.5mm，绿色，边缘白色或淡红色；雄蕊 8，花丝基部扩展；花柱 3，柱头头状。瘦果卵形，具 3 棱，长 2.5 ~ 3mm，黑褐色，密被由小点组成的细条纹，无光泽，与宿存花被近等长或稍超过。花期 5 ~ 7 月，果期 6 ~ 8 月。

【分布】产全国各地。生于田边路、沟边湿地，海拔 10 ~ 4200m。北温带广泛分布。

【功效与主治】地上部分入药（药名“萹蓄”），利尿通淋，杀虫，止痒。用于热淋涩痛，小便短赤，虫积腹痛，皮肤湿疹，阴痒带下。

萹蓄为《中国药典》收录中药萹蓄的基源。

刺蓼（廊茵）

Polygonum senticosum（Meisn.）Franch. et Savat.

【形态】茎攀援，长 1 ～ 1.5m，多分枝，被短柔毛，四棱形，沿棱具倒生皮刺。叶片三角形或长三角形，长 4 ～ 8cm，宽 2 ～ 7cm，顶端急尖或渐尖，基部戟形，两面被短柔毛，下面沿叶脉具稀疏的倒生皮刺，边缘具缘毛；叶柄粗壮，长 2 ～ 7cm，具倒生皮刺；托叶鞘筒状，边缘具叶状翅，翅肾圆形，草质，绿色，具短缘毛。花序头状，顶生或腋生，花序梗分枝，密被短腺毛；苞片长卵形，淡绿色，边缘膜质，具短缘毛，每苞内具花 2 ～ 3 朵；花梗粗壮，比苞片短；花被 5 深裂，淡红色，花被片椭圆形，长 3 ～ 4mm；雄蕊 8，成 2 轮，比花被短；花柱 3，中下部合生；柱头头状。瘦果近球形，微具 3 棱，黑褐色，无光泽，长 2.5 ～ 3mm，包于宿存花被内。花期 6 ～ 7 月，果期 7 ～ 9 月。

【分布】生于山坡、山谷及林下，海拔 120 ～ 1500m。产于东北、河北、河南、山东、江苏、浙江、安徽、湖南、湖北、台湾、福建、广东、广西、贵州和云南。

【功效与主治】全草入药，解毒消肿，利湿止痒。用于湿疹、黄水疮、疔疮、痈疖、蛇咬伤。

杠板归

Polygonum perfoliatum Linnaeus

【形态】一年生草本。茎攀援，多分枝，长 1 ～ 2m，具纵棱，沿棱具稀疏的倒生皮刺。叶三角形，长 3 ～ 7cm，宽 2 ～ 5cm，顶端钝或微尖，基部截形或微心形，上面无毛，下面沿叶脉疏生皮刺；叶柄与叶片近等长，具倒生皮刺，盾状着生于叶片的近基部；托叶鞘叶状，绿色，圆形或近圆形，穿叶，直径 1.5 ～ 3cm。总状花序短穗状，不分枝顶生或腋生，长 1 ～ 3cm；苞片卵圆形，每苞片内具花 2 ～ 4；花被 5 深裂，白色或淡红色，裂片椭圆形，长约 3mm，果时增大，肉质，深蓝色；雄蕊 8，略短于花被；花柱 3，中上部合生。瘦果球形，直径 3 ～ 4mm，黑色，有光泽，包于宿存花被内。花期 6 ～ 8 月，果期 7 ～ 10 月。

【分布】生于海拔 80 ～ 2300m 的田边、路旁、山谷湿地。国内广布于东北、中南、华东、西南及河北、陕西、甘肃、台湾。

【功效与主治】地上部分入药（药名“杠板归”），清热解毒，利尿消肿。用于上呼吸道感染、气管炎、百日咳、急性扁桃体炎、肠炎、痢疾、肾炎水肿；外治带状疱疹、湿疹、痈疖肿毒、蛇虫咬伤。

杠板归为《中国药典》收录中药杠板归的基源。

何首乌

Fallopia multiflora（Thunb.）Harald.

【形态】多年生草本。块根肥厚，长椭圆形。茎缠绕，长2～4m，多分枝，具纵棱，微粗糙，下部木质化。叶卵形或长卵形，长3～7cm，宽2～5cm，顶端渐尖，基部心形或近心形，全缘；叶柄长1.5～3cm；托叶鞘膜质，偏斜，长3～5mm。花序圆锥状，顶生或腋生，长10～20cm，分枝开展，具细纵棱，沿棱密被小突起；苞片三角状卵形，顶端尖，每苞内具花2～4；花梗细弱，长2～3mm，下部具关节，果时延长；花被5深裂，白色或淡绿色，花被片椭圆形，外面3片较大，背部具翅，果时增大，花被果时近圆形，直径6～7mm；雄蕊8；花柱3，极短。瘦果卵形，具3棱，长2.5～3mm，黑褐色，有光泽，包于宿存花被内。花期8～9月，果期9～10月。

【分布】生于海拔100～3000m的山谷灌丛、山坡林下、沟边石隙。湖北五峰县各地分布；国内分布于陕西南部、甘肃南部、华东、华中、华南、西南。

【功效与主治】块根入药（药名“何首乌”），解毒，消痈，截疟，润肠通便，用于疮痈、瘰疬、风疹瘙痒、久疟体虚、肠燥便秘。制何首乌补肝肾，益精血，乌须发，壮筋骨，用于血虚头昏目眩、心悸失眠、肝肾阴虚之腰膝酸软、须发早白、耳鸣遗精、高脂血症。藤茎入药（药名“夜交藤”），养血安神，祛风通络。

何首乌（药典原植物：*Polygonum multijiorum* Thunb.）为《中国药典》收录中药何首乌的基源。

虎 杖

Reynoutria japonica Houtt.

【形态】多年生草本。根状茎粗壮，横走。茎直立，高1～2m，粗壮，空心，具明显的纵棱，具小突起，散生红色或紫红斑点。叶宽卵形或卵状椭圆形，长5～12cm，宽4～9cm，近革质，边缘全缘，疏生小突起；叶柄长1～2cm；托叶鞘膜质，偏斜，长3～5mm，褐色，具纵脉，无毛，顶端截形，无缘毛，常破裂，早落。花单性，雌雄异株，花序圆锥状，长3～8cm，腋生；苞片漏斗状，长1.5～2mm，每苞内具2～4花；花梗长2～4mm，中下部具关节；花被5深裂，淡绿色，雄花花被片具绿色中脉，无翅，雄蕊8，比花被长；雌花花被片外面3片背部具翅，果时增大，翅扩展下延，花柱3，柱头流苏状。瘦果卵形，具3棱，长4～5mm，黑褐色，有光泽，包于宿存花被内。花期8～9月，果期9～10月。

【分布】生于山坡灌丛、山谷、路旁、田边湿地，海拔140～2000m，产于陕西南部、甘肃南部、华东、华中、华南、四川、云南及贵州。朝鲜、日本也有。

【功效与主治】根茎和根入药（药名"虎杖"），利湿退黄，清热解毒，散瘀止痛，止咳化痰。用于湿热黄疸，淋浊，带下，风湿痹痛，痈肿疮毒，水火烫伤，经闭，癥瘕，跌打损伤，肺热咳嗽。

虎杖（药典原植物：*Polygonum cuspidatum* Sieb. et Zucc.）为《中国药典》收录中药虎杖的基源。

戟叶蓼

Polygonum thunbergii Sieb. et Zucc.

【形态】 一年生草本。茎直立或上升，具纵棱，沿棱具倒生皮刺，基部外倾，节部生根，高30～90cm。叶戟形，长4～8cm，宽2～4cm，顶端渐尖，基部截形或近心形，两面疏生刺毛，边缘具短缘毛，中部裂片卵形或宽卵形，侧生裂片较小，卵形，叶柄长2～5cm，具倒生皮刺，通常具狭翅；托叶鞘膜质，边缘具叶状翅，翅近全缘，具粗缘毛。花序头状，顶生或腋生，分枝，花序梗具腺毛及短柔毛；苞片披针形，边缘具缘毛，每苞内具2～3花；花梗无毛，比苞片短，花被5深裂，淡红色或白色，花被片椭圆形，长3～4mm；雄蕊8，成2轮，比花被短；花柱3，中下部合生，柱头头状。瘦果宽卵形，具3棱，黄褐色，无光泽，长3～3.5mm，包于宿存花被内。花期7～9月，果期8～10月。

【分布】 生于山谷湿地、山坡草丛，海拔90～2400m。产于东北、华北、华东、华中、华南地区及陕西、甘肃、四川、贵州、云南。

【功效与主治】 全草入药，祛风清热，活血止痛。主治风热头痛、咳嗽、痛症、痢疾、跌打伤痛、干血痨。

金线草

Antenoron filiforme（Thunb.）Rob. et Vaut.

【形态】多年生草本。根状茎粗壮。茎直立，高50～80cm，具糙伏毛，有纵沟，节部膨大。叶椭圆形或长椭圆形，长6～15cm，宽4～8cm，顶端短渐尖或急尖，基部楔形，全缘，两面均具糙伏毛；叶柄长1～1.5cm，具糙伏毛；托叶鞘筒状，膜质，褐色，长5～10mm，具短缘毛。总状花序呈穗状，通常数个，顶生或腋生，花序轴延伸，花排列稀疏；花梗长3～4mm；苞片漏斗状，绿色，边缘膜质，具缘毛；花被4深裂，红色，花被片卵形，果时稍增大；雄蕊5；花柱2，果时伸长，硬化，长3.5～4mm，顶端呈钩状，宿存，伸出花被之外。瘦果卵形，双凸镜状，褐色，有光泽，长约3mm，包于宿存花被内。花期7～8月，果期9～10月。

【分布】生于山坡林缘、山谷路旁，海拔100～2500m。产于陕西南部、甘肃南部、华东、华中、华南及西南地区。

【功效与主治】根或全草入药，凉血止血，祛瘀止痛。用于吐血、肺结核咯血、子宫出血、淋巴结结核、胃痛、痢疾、跌打损伤、骨折、风湿痹痛、腰痛。

毛 蓼

Polygonum barbatum Linnaeus

【形态】 一年生草本，茎直立，粗壮，高 40 ～ 100cm，无毛或生稀疏短柔毛。叶披针形，长 8 ～ 15cm，宽 1.5 ～ 4cm，先端渐尖，基部楔形，两面疏生短柔毛，边缘及中脉被毛较多，叶脉明显；叶柄粗壮，长 1 ～ 1.5cm，密生柔毛；托叶鞘筒状，厚膜质，长 1.5 ～ 2cm，密生长柔毛，顶端有粗壮硬缘毛，缘毛通常长于托叶鞘或等长。总状花序呈穗状，长 3 ～ 15cm，顶生及腋生，直立，花序梗疏生短柔毛或近无毛；苞片斜漏斗状，无毛或稍被短柔毛，有缘毛；萼片 5，白色或淡红色，长约 2.5mm，无腺点，雄蕊 5 ～ 8；花柱 3。瘦果三棱形，长约 2mm，黑色，有光泽，包在宿存萼片内。花期 4 ～ 8 月，果期 6 ～ 10 月。

【分布】 生于沟边湿地、水边，海拔 20 ～ 1300m。产于江西、湖北、湖南、台湾、福建、广东、海南、广西、四川、贵州及云南。

【功效与主治】 全草入药，清热解毒，排脓生肌，活血，透疹。主治外感发热、喉蛾、久疟、痢疾、泄泻、痈肿、疽、瘘、瘰疬溃破不敛、蛇虫咬伤、跌打损伤、风湿痹痛、麻疹不诱。

尼泊尔蓼

Polygonum nepalense Meisn.

【形态】一年生草本。茎外倾或斜上，自基部多分枝，高 20 ～ 40cm。茎下部叶卵形或三角状卵形，长 3 ～ 5cm，宽 2 ～ 4cm，顶端急尖，基部宽楔形，沿叶柄下延成翅，疏生黄色透明腺点，茎上部较小；叶柄长 1 ～ 3cm，或近无柄，抱茎；托叶鞘筒状，长 5 ～ 10mm，膜质，淡褐色，顶端斜截形，无缘毛，基部具刺毛。花序头状，顶生或腋生，基部常具 1 叶状总苞片，花序梗细长，上部具腺毛；苞片卵状椭圆形，每苞内具 1 花；花梗比苞片短；花被通常 4 裂，淡紫红色或白色，花被片长圆形，长 2 ～ 3mm；雄蕊 5 ～ 6, 与花被近等长，花药暗紫色；花柱 2，下部合生，柱头头状。瘦果宽卵形，双凸镜状，长 2 ～ 2.5mm，黑色，密生洼点。无光泽，包于宿存花被内。花期 5 ～ 8 月，果期 7 ～ 10 月。

【分布】生于山坡草地、山谷路旁，海拔 200 ～ 4000m。除新疆外，全国有分布。

【功效与主治】全草入药，收敛固肠。主治红白痢疾、大便失常、关节疼痛。

水　蓼

Polygonum hydropiper Linnaeus

【形态】一年生草本。茎直立或倾斜，高 30～100cm，多分枝，节部膨大。叶披针形，长 4～10cm，宽 1.5～2.5cm，全缘，有疏短缘毛，两面有黑褐色腺点，无毛或在中脉上有小刺毛；叶柄短或近无柄，基部扁宽；叶揉之有辛辣气味；托叶鞘筒状，长 3～15mm，有疏短刺毛，先端有缘毛。总状花序呈穗状，花稀疏，常间断；顶生和腋生，细弱下垂，花序梗无毛，有时有腺点；苞片漏斗状，长约 3mm，绿色，疏生小腺点和缘毛；每苞内生白色或淡红色小花 2～5 朵，花梗更细，伸出苞片外；萼片 4～5，卵形，散生腺状小点；雄蕊通常 6，略短于萼片；花柱 2～3。瘦果卵形，侧扁，一面平一面凸起，长 2～3mm，黑褐色，表面有小点，无光泽，包于宿存萼片内。花期 7～9 月，果期 9～11 月。

【分布】生于河滩、水沟边、山谷湿地，海拔 50～3500m。分布于我国南北各省区。

【功效与主治】全草入药，行滞化湿，散瘀止血，祛风止痒，解毒。主治湿滞内阻、脘闷腹痛、泄泻、痢疾、小儿疳积、崩漏、血滞经闭痛经、跌打损伤、风湿痹痛、便血、外伤出血、皮肤瘙痒、湿疹、风疹、足癣、痈肿、毒蛇咬伤。

酸模叶蓼

Polygonum lapathifolium Linnaeus

【形态】一年生草本，茎直立，高达 1m 以上，圆柱形，节部膨大。叶披针形，长 5 ～ 15cm，宽 1.5 ～ 4cm，全缘，有缘毛；中脉在下面凸起，侧脉明显，叶脉及边缘均有斜生紧贴粗刺毛；叶柄短，有伏刺毛；托叶鞘筒状，长 1.5 ～ 2cm，先端平，缘毛粗短或无，外部有多数脉纹。总状花序呈穗状，顶生和腋生，花序长 2 ～ 6cm，紧密，呈圆柱状，稍下垂，花序梗被稀疏短刺毛；苞片漏斗状，长约 2mm ；外部有多数脉纹，每苞片内密生数朵白色，淡红色或紫红色小花，花梗长约 2mm，无毛，萼片 4 ～ 5，卵形，长约 2mm，有脉纹；雄蕊 6；花柱 2，向外弯曲。瘦果卵圆形，长 1 ～ 2mm，扁平，黑褐色，有光泽，包在宿存萼片内。花期夏秋，果期秋季。

【分布】生于田边、路旁、水边、荒地或沟边湿地，海拔 30 ～ 3900m。广布于我国南北各省区。

【功效与主治】全草入药，解毒，健脾，化湿，活血，截疟。主治疮疡肿痛、暑湿腹泻、肠炎痢疾、小儿疳积、跌打伤疼、疟疾。

香蓼（粘毛蓼）

Polygonum viscosum Buchanan-Hamilton ex D. Don

【形态】一年生草本，全株密被灰白色开展的长毛和有柄的腺状毛，有黏性。茎直立，高达1m，基部紫红色，节部膨大。叶披针形或宽披针形，长4～10cm，宽2～3.5cm，顶端渐尖，基部楔形，沿叶柄向延伸，全缘，叶柄短或近无柄；托叶鞘筒状，膜质，长5～10cm，有长毛及缘毛。总状花序呈穗状，顶生或腋生，直立或稍下垂，花序长2～4cm，紧凑，圆柱状，花序梗被毛及腺毛；苞片卵形，有长毛及腺毛；小花粉红色或紫色；萼片5，倒卵形或长圆形，长2mm，无腺点；边雄蕊8，花柱3。瘦果三棱形，长约3mm，黑色，有光泽，长约2.5mm，易脱落。花期7～9月，果期8～11月。

【分布】生于路旁湿地、沟边草丛，海拔30～1900m。产于东北、陕西、华东、华中、华南、四川、云南、贵州。

【功效与主治】茎叶入药，理气除湿，健胃消食。主治胃气痛、消化不良、小儿疳积、风湿疼痛。

绵毛酸模叶蓼

Polygonum lapathifolium var. *salicifolium* Sibth.

【形态】一年生草本，高40～90cm。茎直立，具分枝，被绵毛，节稍膨大。叶互生，披针形或宽披针形，长5～15cm，宽1～3cm，顶端渐尖或急尖，基部楔形，上面绿色，常有一个大的黑褐色新月形斑点，两面沿中脉被短硬伏毛，全缘，边缘具粗缘毛，叶下面被灰白色绵毛；叶柄短，具短硬伏毛；托叶鞘筒状，长1.5～3cm，膜质，淡褐色，无毛，具多数脉，顶端截形，无缘毛，稀具短缘毛。总状花序呈穗状，顶生或腋生，近直立，花紧密，通常由数个花穗再组成圆锥状，花序梗被腺体；苞片漏斗状，边缘具稀疏短缘毛；花被淡红色或白色，4(5)深裂，花被片椭圆形，外面两面较大，脉粗壮，顶端叉分，外弯；雄蕊通常6。瘦果宽卵形，双凹，长2～3mm，黑褐色，有光泽，包于宿存花被内。花期6～8月，果期7～9月。

【分布】生于田边、路旁、水边、荒地或沟边湿地，海拔30～3900m。广布于我国南北各省区。

【功效与主治】全草入药，解毒，健脾，化湿，活血，截疟。用于疮疡肿痛、暑湿腹泻、肠炎痢疾、小儿疳积、跌打伤疼、疟疾等。

丁香蓼

Ludwigia prostrata Roxburgh

【形态】一年生草本；具须茎，茎高 30 ～ 60cm，直立或下部斜升，分枝多，有纵棱，略带紫色，无毛或被短毛。叶互生，披针形或长圆状披针形，长 2 ～ 6cm，宽 0.5 ～ 1.5cm，全缘，近无毛，先端渐尖，基部狭；叶柄长 3 ～ 10mm。花单生叶腋、无柄，基部有 2 小苞片；萼筒与子房合生，裂片 4，卵状披针形，长 2.5 ～ 3mm，外面略被短柔毛，宿存；花瓣 4，黄色，宽椭圆形，稍短于花萼裂片，先端圆钝，基部渐狭成爪；雄蕊 4；子房下位，花柱短。蒴果圆柱形，略具 4 棱，长 1.5 ～ 3cm，宽约 1.5mm，稍带紫色，室背果皮成不规则破裂，具多数细小的棕色种子。花果期 9 ～ 10 月。

【分布】生于稻田、河滩、溪谷旁湿处，海拔 100 ～ 700m。产于海南、广西与云南南部。

【功效与主治】全草入药，清热解毒，利尿通淋，化瘀止血。主治肺热咳嗽、咽喉肿痛、目赤肿痛、湿热泻痢、黄疸、淋痛、水肿、带下、吐血、尿血、肠风便血、疔肿、疥疮、跌打伤肿、外伤出血、蛇虫、狂犬咬伤。

柳叶菜

Epilobium hirsutum Linnaeus

【形态】 多年生粗壮草本，有时近基部木质化。茎高 25 ～ 120（250）cm，粗 3 ～ 12（22）mm，常在中上部多分枝。叶草质，对生，茎上部的互生，无柄，并多少抱茎；茎生叶披针状椭圆形至狭倒卵形或椭圆形，稀狭披针形，长 4 ～ 12（20）cm，宽 0.3 ～ 3.5（5）cm，边缘每侧具 20 ～ 50 枚细锯齿，侧脉常不明显，每侧 7 ～ 9 条。总状花序直立；花梗长 0.3 ～ 1.5cm；花管长 1.3 ～ 2mm，径 2 ～ 3mm，在喉部有一圈长白毛；萼片长圆状线形，长 6 ～ 12mm，宽 1 ～ 2mm；花瓣常玫瑰红色，或粉红、紫红色，宽倒心形，长 9 ～ 20mm，宽 7 ～ 15mm，先端凹缺，深 1 ～ 2mm。蒴果长 2.5 ～ 9cm；果梗长 0.5 ～ 2cm。种子倒卵状，长 0.8 ～ 1.2mm，径 0.35 ～ 0.6mm，顶端具很短的喙，表面具粗乳突；种缨长 7 ～ 10mm，黄褐色或灰白色，易脱落。花期 6 ～ 8 月，果期 7 ～ 9 月。

【分布】 生于溪流河床沙地或石砾地或沟边、湖边向阳湿处，也生于灌丛、荒坡、路旁，常成片生长。广布于我国温带与热带省区，吉林、辽宁、内蒙古、河北、山西、山东、河南、陕西、宁夏南部、青海东部、甘肃、新疆、安徽、江苏、浙江、江西、广东、湖南、湖北、四川、贵州、云南和西藏东部；在北京、南京、广州等许多城市有栽培。

【功效与主治】 根或全草入药，可消炎止痛，祛风除湿，跌打损伤，有活血止血、生肌之效。嫩苗嫩叶可作色拉凉菜。

【鉴别】 本种植株大小、叶形大小、花大小及毛被等在不同地域生境变异很大。

露珠草

Circaea cordata Royle

【形态】粗壮草本，高20～150cm，被平伸的长柔毛、镰状外弯的曲柔毛和顶端头状或棒状的腺毛，毛被通常较密；根状茎不具块茎。叶狭卵形至宽卵形，中部的长4～11（13）cm，宽2.3～7（11）cm，基部常心形，有时阔楔形至阔圆形或截形，先端短渐尖，边缘具锯齿至近全缘。单总状花序顶生，或基部具分枝，长约2～20cm；花梗长0.7～2mm，与花序轴垂直生或在花序顶端簇生，被毛，基部有一极小的刚毛状小苞片；花芽或多或少被直或微弯稀具钩的长毛；花管长0.6～1mm；萼片卵形至阔卵形，长2～3.7mm，宽1.4～2mm，白色或淡绿色，开花时反曲，先端钝圆形，花瓣白色，倒卵形至阔倒卵形，长1～2.4mm，宽1.2～3.1mm，先端倒心形，凹缺深至花瓣长度的1/2～2/3，花瓣裂片阔圆形；雄蕊伸展，略短于花柱或与花柱近等长；蜜腺不明显，全部藏于花管之内。果实斜倒卵形至透镜形，长3～3.9mm，径1.8～3.3mm，2室，具2种子，背面压扁，基部斜圆形或斜截形，边缘及子房室之间略显木栓质增厚，但不具明显的纵沟；成熟果实连果梗长4.4～7mm。花期6～8月，果期7～9月。

【分布】生于落叶阔叶林中，海拔0～2400m。产于我国东北部，经与北京相邻的沿海地区至华中和华南地区。

【功效与主治】全草入药，清热解毒，生肌。外用治疥疮、脓疮、刀伤。有小毒。

獐牙菜

Swertia bimaculata（Sieb. et Zucc.）Hook. f. et Thoms. ex C. B. Clarke

【形态】一年生草本，高 0.3 ～ 1.4（2）m。茎直立，圆形，中空，基部直径 2 ～ 6mm，中部以上分枝。基生叶在花期枯萎；茎生叶无柄或具短柄，叶片椭圆形至卵状披针形，长 3.5 ～ 9cm，宽 1 ～ 4cm，叶脉 3 ～ 5 条，弧形，最上部叶苞叶状。大型圆锥状复聚伞花序疏松，开展，长达 50cm，多花；花梗较粗，直立或斜伸，不等长，长 6 ～ 40mm；花 5 数，直径达 2.5cm；花萼绿色，长为花冠的 1/4 ～ 1/2，裂片狭倒披针形或狭椭圆形，长 3 ～ 6mm；花冠黄色，上部具多数紫色小斑点，裂片椭圆形或长圆形，长 1 ～ 1.5cm，中部具 2 个黄绿色、半圆形的大腺斑；花丝线形，长 5 ～ 6.5mm，花药长圆形，长约 2.5mm；子房无柄，披针形，长约 8mm，花柱短，柱头小，头状，2 裂。蒴果无柄，狭卵形，长至 2.3cm；种子褐色，圆形，表面具瘤状突起。花果期 6 ～ 11 月。

【分布】生于河滩、山坡草地、林下、灌丛中、沼泽地，海拔 250 ～ 3000m。产于西藏、云南、贵州、四川、甘肃、陕西、山西、河北、河南、湖北、湖南、江西、安徽、江苏、浙江、福建、广东、广西。

【功效与主治】全草入药，清热解毒，利湿，疏肝利胆。主治急慢性肝炎、胆囊炎、感冒发热、咽喉肿痛、牙龈肿痛、尿路感染、肠胃炎、痢疾、火眼、小儿口疮。

华萝藦

Metaplexis hemsleyana Oliv.

【形态】 多年生草质藤本，长 5m，具乳汁；枝条具单列短柔毛，节上更密，直径 3mm。叶膜质，卵状心形，长 5 ～ 11cm，宽 2.5 ～ 10cm ；侧脉每边约 5 条；具长叶柄，长 4.5 ～ 5cm，顶端具丛生小腺体。总状式聚伞花序腋生，一至三歧，着花 6 ～ 16 朵；总花梗长 4 ～ 6cm ；花梗长 5 ～ 10mm ；花白色，芳香，长 5mm，直径 9 ～ 12mm ；花萼裂片卵状披针形至长圆状披针形，与花冠等长；花冠近辐状，花冠筒短，裂片宽长圆形，长约 5mm ；副花冠环状，着生于合蕊冠基部，5 深裂，裂片兜状；花药近方形，顶端具圆形膜片；心皮离生，胚珠每心皮多个；柱头延伸成 1 长喙，高出花药顶端膜片之上，顶端 2 裂。蓇葖叉生，长圆形，长 7 ～ 8cm，直径 2cm ；种子宽长圆形，长 6mm，宽 4mm，有膜质边缘，顶端具白色绢质种毛；种毛长 3cm。花期 7 ～ 9 月，果期 9 ～ 12 月。

【分布】 生长于山地林谷、路旁或山脚湿润地灌木丛中。分布于陕西、四川、云南、贵州、广西、湖北和江西等省区。模式标本采自湖北宜昌。

【功效与主治】 全株入药，有补肾强壮作用。可治肾亏遗精、乳汁不足、脱力劳伤等。

萝 藦

Metaplexis japonica (Thunberg) Makino

【形态】 多年生草质藤本，长达8m，茎圆，下部木质，上部缠绕，幼时密生短柔毛，老时柔毛短渐尖，叶膜质，卵状心形，长4～10cm，宽4～6cm，顶端短渐尖，基部心形，两面无毛，或幼时有微毛，侧脉10～12对，叶柄长3～6cm，顶部有丛生腺体。花序腋生或腋外生，花序梗长6～12cm，有短柔毛；着花13～15朵；花梗长8mm，有短柔毛；花蕾圆锥状，顶端尖；花萼裂片披针形，长5～7mm，外面有微毛；花冠白色，有淡紫色斑纹，近辐状，筒部短，裂片披针形，展开，顶端反折，内面有柔毛；子房无毛，柱头顶端2裂。蓇葖纺锤形，长8～10cm，粗2cm，平滑无毛；种子扁卵形，长5mm，有膜质边缘，种毛长1.5cm。花期5～8月，果期8～9月。

【分布】 生长于林边荒地、山脚、河边、路旁灌木丛中。分布于东北、华北、华东和甘肃、陕西、贵州、河南和湖北等省区。

【功效与主治】 全草或根入药，补精益气，通乳，解毒。主治虎损劳伤、阳痿、遗精白带、乳汁不足、丹毒、瘰疬、疔疮、蛇虫咬伤。

牛皮消

Cynanchum auriculatum Royle ex Wight

【形态】蔓性半灌木；宿根肥厚，呈块状；茎圆形，被微柔毛。叶对生，膜质，被微毛，宽卵形至卵状长圆形，长4～12cm，宽4～10cm，顶端短渐尖，基部心形。聚伞花序伞房状，着花30朵；花萼裂片卵状长圆形；花冠白色，辐状，裂片反折，内面具疏柔毛；副花冠浅杯状，裂片椭圆形，肉质，钝头，在每裂片内面的中部有1个三角形的舌状鳞片；花粉块每室1个，下垂；柱头圆锥状，顶端2裂。蓇葖双生，披针形，长8cm，直径1cm；种子卵状椭圆形；种毛白色绢质。花期6～9月，果期7～11月。

【分布】生长于从低海拔的沿海地区到3500m高的山坡林缘及路旁灌木丛中或河流、水沟边潮湿地。产于山东、河北、河南、陕西、甘肃、西藏、安徽、江苏、浙江、福建、台湾、江西、湖南、湖北、广东、广西、贵州、四川、云南等。

【功效与主治】块根入药，养阴清热，润肺止咳。可治神经衰弱、胃及十二指肠溃疡、肾炎、水肿等。

青蛇藤

Periploca calophylla (Woght) Falc.

【形态】藤状灌木，具乳汁；幼枝灰白色，干时具纵条纹，老枝黄褐色，密被皮孔；除花外，全株无毛。叶近革质，椭圆状披针形，长 4.5～6cm，宽 1.5cm，顶端渐尖，基部楔形，叶面深绿色，叶背淡绿色；中脉在叶面微凹，在叶背凸起，侧脉纤细，密生，两面扁平，叶缘具一边脉；叶柄长 1～2mm。聚伞花序腋生，长 2cm，着花达 10 朵；苞片卵圆形，具缘毛，长 1mm；花蕾卵圆形，顶端钝；花萼裂片卵圆形，长 1.5mm，宽 1mm，具缘毛，花萼内面基部有 5 个小腺体；花冠深紫色，辐状，直径约 8mm，外面无毛，内面被白色柔毛，花冠筒短，裂片长圆形，中间不加厚，不反折；副花冠环状，着生在花冠的基部，5～10 裂，其中 5 裂延伸为丝状，被长柔毛；雄蕊着生在花冠的基部，花丝离生，背部与副花冠合生，花药卵圆形，渐尖，背部被长柔毛，花药彼此相连并贴生在柱头上；花粉器匙形，四合花粉藏在载粉器内，基部粘盘卵圆形，粘生柱头上；子房无毛，心皮离生，胚珠多个，花柱短，柱头短圆锥状，顶端 2 裂。蓇葖双生，长箸状；种子长圆形，黑褐色，顶端具白色绢质种毛；种毛长 3～4cm。花期 4～5 月，果期 8～9 月。

【分布】生于海拔 1000m 以下的山谷杂树林中。产于西藏、四川、贵州、云南、广西及湖北等省区。

【功效与主治】以茎入药，祛风散寒，活血散瘀，用于风湿麻木、腰痛、跌打损伤、月经不调。

大 青

Clerodendrum cyrtophyllum Turcz.

【形态】 灌木或小乔木，高 1 ～ 10m。叶片纸质，椭圆形、卵状椭圆形、长圆形或长圆状披针形，长 6 ～ 20cm，宽 3 ～ 9cm，通常全缘，背面常有腺点，侧脉 6 ～ 10 对；叶柄长 1 ～ 8cm。伞房状聚伞花序，生于枝顶或叶腋，长 10 ～ 16cm，宽 20 ～ 25cm；苞片线形，长 3 ～ 7mm；花小，有桔香味；萼杯状，外面被黄褐色短绒毛和不明显的腺点，长 3 ～ 4mm，顶端 5 裂，裂片三角状卵形，长约 1mm；花冠白色，外面疏生细毛和腺点，花冠管细长，长约 1cm，顶端 5 裂，裂片卵形，长约 5mm；雄蕊 4，花丝长约 1.6cm，与花柱同伸出花冠外；子房 4 室，每室 1 胚珠，常不完全发育；柱头 2 浅裂。果实球形或倒卵形，径 5 ～ 10mm，绿色，成熟时蓝紫色，为红色的宿萼所托。花果期 6 月至次年 2 月。

【分布】 生于海拔 1700m 以下的平原、丘陵、山地林下或溪谷旁。产于我国华东、中南、西南（四川除外）各省区。

【功效与主治】 茎、叶入药，清热解毒，凉血止血。主治外感热病、热盛烦渴、咽喉肿痛、口疮、黄疸、热毒痢、急性肠炎、痈疽肿毒、衄血、血淋、外伤出血。

黄 荆

Vitex negundo Linnaeus

【形态】 灌木，高 1 ～ 2.5m。幼枝、叶及花序密被灰白色短柔毛，叶为 3 ～ 5 小叶组成的掌状复叶；叶柄长 2 ～ 5cm；小叶椭圆状披针形至披针形，中间小叶最大，两侧依次渐小，先端楔形，全缘或在上部每边有少数粗齿，上面绿色，下面密被灰白色绒毛，无柄或具长约 1cm 的小柄，圆锥花序顶生；花萼钟状，5 齿裂，外面被灰白色柔毛；花冠淡紫蓝色，外有柔毛，顶端 5 裂，2 唇形；核果球形，直径约 2mm。花期 5 ～ 10 月。

【分布】 生于山坡路旁或灌木丛中。主要产自长江以南各省，北达秦岭淮河。

【功效与主治】 果实（药名“黄荆子”）及根、茎、叶入药。根、茎入药，清热止咳，化痰截疟，用于支气管炎、疟疾、肝炎；叶入药，化湿截疟，用于感冒、肠炎、痢疾、疟疾、泌尿系感染，外用治湿疹、皮炎、脚癣、煎汤外洗；果实入药，止咳平喘，理气止痛，用于咳嗽哮喘、胃痛、消化不良、肠炎、痢疾；鲜叶捣烂敷，治虫、蛇咬伤，灭蚊；鲜全株入药，灭蛆。

马鞭草

Verbena officinalis Linnaeus

【形态】 多年生草本，高 30 ～ 120cm。茎四方形，近基部可为圆形，节和棱上有硬毛。叶片卵圆形至倒卵形或长圆状披针形，长 2 ～ 8cm，宽 1 ～ 5cm，基生叶的边缘通常有粗锯齿和缺刻，茎生叶多数 3 深裂，裂片边缘有不整齐锯齿，两面均有硬毛，背面脉上尤多。穗状花序顶生和腋生，细弱，结果时长达 25cm，花小，无柄，最初密集，结果时疏离；苞片稍短于花萼，具硬毛；花萼长约 2mm，有硬毛，有 5 脉，脉间凹穴处质薄而色淡；花冠淡紫至蓝色，长 4 ～ 8mm，外面有微毛，裂片 5；雄蕊 4，着生于花冠管的中部，花丝短；子房无毛。果长圆形，长约 2mm，外果皮薄，成熟时 4 瓣裂。 花期 6 ～ 8 月，果期 7 ～ 10 月。

【分布】 常生长在低至高海拔的路边、山坡、溪边或林旁。产于山西、陕西、甘肃、江苏、安徽、浙江、福建、江西、湖北、湖南、广东、广西、四川、贵州、云南、新疆、西藏。

【功效与主治】 地上部分入药（药名“马鞭草”），活血散瘀，解毒，利水，退黄，截疟。用于癥瘕积聚、痛经经闭、喉痹、痈肿、水肿、黄疸、疟疾。

马鞭草为《中国药典》收录中药马鞭草的基源。

牡　荆

Vitex negundo L. var. *cannabifolia*（Sieb. et Zucc.）Hand.-Mazz.

【形态】 落叶灌木或小乔木；小枝四棱形。叶对生，掌状复叶，小叶5，少有3；小叶片披针形或椭圆状披针形，顶端渐尖，基部楔形，边缘有粗锯齿，表面绿色，背面淡绿色，通常被柔毛。圆锥花序顶生，长10～20cm；花冠淡紫色。果实近球形，黑色。花期6～7月，果期8～11月。

【分布】 生于山坡路边灌丛中。产于华东各省及河北、湖南、湖北、广东、广西、四川、贵州、云南。

【功效与主治】 叶入药（药名"牡荆叶"），祛痰，止咳，平喘，用于咳嗽痰多。叶供提取中药牡荆油用。种子为清凉性镇静、镇痛药；根可以驱蛲虫；花和枝叶可提取芳香油。

牡荆为《中国药典》收录中药牡荆叶、牡荆油的基源。

紫　珠

Callicarpa bodinieri Levl.

【形态】灌木，高约2m；小枝、叶柄和花序均被粗糠状星状毛。叶片卵状长椭圆形至椭圆形，长7～18cm，宽4～7cm，顶端长渐尖至短尖，基部楔形，边缘有细锯齿，表面干后暗棕褐色，有短柔毛，背面灰棕色，密被星状柔毛，两面密生暗红色或红色细粒状腺点；叶柄长0.5～1cm。聚伞花序宽3～4.5cm，4～5次分歧，花序梗长不超过1cm；苞片细小，线形；花柄长约1mm；花萼长约1mm，外被星状毛和暗红色腺点，萼齿钝三角形；花冠紫色，长约3mm，被星状柔毛和暗红色腺点；雄蕊长约6mm，花药椭圆形，细小，长约1mm，药隔有暗红色腺点，药室纵裂；子房有毛。果实球形，熟时紫色，无毛，径约2mm。花期6～7月，果期8～11月。

【分布】生于海拔200～2300m的林中、林缘及灌丛中。产于河南（南部）、江苏（南部）、安徽、浙江、江西、湖南、湖北、广东、广西、四川、贵州、云南。

【功效与主治】根或全株入药，能通经和血。主治月经不调、虚劳、白带、产后血气痛、感冒风寒；调麻油外用，治缠蛇丹毒。

马齿苋

Portulaca oleracea Linnaeus

【形态】 一年生肉质草本，全株光滑无毛。茎平卧地面或向上斜升，基部多分枝，高 10 ～ 40cm，有时略带淡红色。叶对生，倒卵形，扁宽，长 1 ～ 2cm，宽 5 ～ 15mm，先端钝圆或平截，有时微凹，基部宽楔形，叶柄很短。花小，顶生或腋生，单生 3 ～ 5 朵簇生，无花梗；苞片 4 ～ 5，膜质，萼片 2，对生，花瓣 5，倒卵状长圆形，顶端稍微凹陷，较萼片为长，黄色；雄蕊 7 ～ 12，常为 8，基部合生；子房半下位，1 室，柱头 4 ～ 6 裂，线形，伸出雄蕊之上。蒴果微扁，直径约 5mm，盖裂；种子小，黑色，扁球形，直径不到 1mm，表面有小点凸起。花期 6 ～ 8 月，果期 7 ～ 9 月。

【分布】 性喜肥沃土壤，耐旱亦耐涝，生命力强，生于菜园、农田、路旁，为田间常见杂草。我国南北各地均产。

【功效与主治】 地上部分入药（药名“马齿苋”），清热解毒，凉血止血，止痢。用于热毒血痢、痈肿疔疮、湿疹、丹毒、蛇虫咬伤、便血、痔血、崩漏下血。

马齿苋为《中国药典》收录中药马齿苋的基源。

土人参

Talinum paniculatum（Jacq.）Gaertn.

【形态】一年生或多年生草本，全株无毛，高 30 ～ 100cm。主根粗壮，圆锥形，有少数分枝，皮黑褐色，断面乳白色。茎直立，肉质，基部近木质。叶互生或近对生，具短柄或近无柄，叶片稍肉质，倒卵形或倒卵状长椭圆形，长 5 ～ 10cm，宽 2.5 ～ 5cm，全缘。圆锥花序顶生或腋生，较大形，常二叉状分枝，具长花序梗；花小，直径约 6mm；总苞片绿色或近红色，圆形，长 3 ～ 4mm；苞片 2，膜质，披针形，长约 1mm；花梗长 5 ～ 10mm；萼片卵形，紫红色，早落；花瓣粉红色或淡紫红色，长椭圆形、倒卵形或椭圆形，长 6 ～ 12mm；雄蕊（10）15 ～ 20，比花瓣短；花柱线形，长约 2mm，基部具关节；柱头 3 裂，稍开展；子房卵球形，长约 2mm。蒴果近球形，直径约 4mm，3 瓣裂，坚纸质；种子多数，扁圆形，直径约 1mm，黑褐色或黑色，有光泽。花期 6 ～ 8 月，果期 9 ～ 11 月。

【分布】原产热带美洲。我国中部和南部均有栽植，有的逸为野生，生于阴湿地。

【功效与主治】根、叶可入药。根入药，滋补强壮药，补中益气，润肺生津。叶入药，消肿解毒，治疗疮疖肿。

马兜铃

Aristolochia debilis Siebold & Zuccarini

【形态】 多年生攀援草本；根长圆柱形，茎光滑无毛，叶互生，长圆状心形，长3～6cm，宽2～4cm，先端钝而有短尖头，基部心形，两耳圆形，中部以上渐狭，两面无毛，掌状叶脉在下面凸起；叶柄细长。花单生于叶腋；花梗细弱，长约1cm，花萼管呈喇叭状漏斗形，下部带绿色，内部有倒生细柔毛；雄蕊6，花药2室，外向纵裂；子房室6。蒴果椭圆形至近球形，长约2.5～4cm，直径约2～3cm，成熟时淡灰褐色，室间裂开；种子近三棱形，扁平，膜质。花期6～7月，果期7～9月。

【分布】 生于海拔200～1500m的山谷、沟边、路旁阴湿处及山坡灌丛中。分布于长江流域以南各省区以及山东、河南等；广东、广西常有栽培。

【功效与主治】 成熟果实入药（药名“马兜铃”），清肺降气，止咳平喘，清肠消痔。用于肺热咳喘、痰中带血、肠热痔血、痔疮肿痛。

马兜铃与同科植物北马兜铃 *Aristolochia contorta* Bge. 同为《中国药典》收录中药马兜铃的基源。

细辛（华细辛）

Asarum sieboldii Miq.

【形态】多年生草本；根状茎直立或横走，直径2～3mm，节间长1～2cm，有多条须根。叶通常2枚，叶片心形或卵状心形，长4～11cm，宽4.5～13.5cm，先端渐尖或急尖，基部深心形，两侧裂片长1.5～4cm，宽2～5.5cm，顶端圆形，叶面疏生短毛，脉上较密，叶背仅脉上被毛；叶柄长8～18cm，光滑无毛；芽苞叶肾圆形，长与宽各约13mm，边缘疏被柔毛。花紫黑色；花梗长2～4cm；花被管钟状，直径1～1.5cm，内壁有疏离纵行脊皱；花被裂片三角状卵形，长约7mm，宽约10mm，直立或近平展；雄蕊着生子房中部，花丝与花药近等长或稍长，药隔突出，短锥形；子房半下位或几近上位，球状，花柱6，较短，顶端2裂，柱头侧生。果近球状，直径约1.5cm，棕黄色。花期4～5月。

【分布】生于海拔1200～2100m林下阴湿腐殖土中。产于山东、安徽、浙江、江西、河南、湖北、陕西、四川。

【功效与主治】根和根茎入药（药名“细辛”），解表散寒，祛风止痛，通窍，温肺化饮。用于风寒感冒、头痛、牙痛、鼻塞流涕、鼻鼽（qiú）、鼻渊、风湿痹痛、痰饮喘咳。

细辛（药典原植物：华细辛）与同科植物北细辛 *Asarum heterotropoides* Fr. Schmidt var. *mandshuricum*（Maxim.）Kitag.、汉城细辛 *Asarum sieboldii* Miq. var. *seoulense* Nakai 同为《中国药典》收录中药细辛的基源。

密蒙花

Buddleja officinalis Maxim.

【形态】 灌木，高 1 ～ 4m。小枝略呈四棱形。叶对生，叶片纸质，狭椭圆形、长卵形、卵状披针形或长圆状披针形，长 4 ～ 19cm，宽 2 ～ 8cm，通常全缘，稀有疏锯齿；侧脉每边 8 ～ 14 条，网脉明显；叶柄长 2 ～ 20mm ；托叶在两叶柄基部之间缢缩成一横线。花多而密集，组成顶生聚伞圆锥花序，花序长 5 ～ 15（30）cm，宽 2 ～ 10cm ；花梗极短；花萼钟状，长 2.5 ～ 4.5mm ；花冠紫堇色，后变白色或淡黄白色，喉部橘黄色，长 1 ～ 1.3cm，张开直径 2 ～ 3mm，花冠管圆筒形，长 8 ～ 11mm，直径 1.5 ～ 2.2mm，内面黄色，花冠裂片卵形，长 1.5 ～ 3mm，宽 1.5 ～ 2.8mm。蒴果椭圆状，长 4 ～ 8mm，宽 2 ～ 3mm，2 瓣裂，外果皮被星状毛，基部有宿存花被；种子多颗，狭椭圆形，长 1 ～ 1.2mm，宽 0.3 ～ 0.5mm，两端具翅。花期 3 ～ 4 月，果期 5 ～ 8 月。

【分布】 生于海拔 200 ～ 2800m 向阳山坡、河边、村旁的灌木丛中或林缘。产于山西、陕西、甘肃、江苏、安徽、福建、河南、湖北、湖南、广东、广西、四川、贵州、云南和西藏等省区。

【功效与主治】 花蕾和花序入药（药名“密蒙花”），清热泻火，养肝明目，退翳。用于目赤肿痛、多泪羞明、目生翳膜、肝虚目暗、视物昏花。根可清热解毒。兽医用枝叶治牛和马的红白痢。

密蒙花为《中国药典》收录中药密蒙花的基源。

马　桑

Coriaria nepalensis Wall.

【形态】灌木，高 1.5 ～ 2.5m。小枝四棱形或成四狭翅，具显著圆形突起的皮孔。叶对生，纸质至薄革质，椭圆形或阔椭圆形，长 2.5 ～ 8cm，宽 1.5 ～ 4cm，全缘，基出 3 脉，弧形伸端；叶短柄，长 2 ～ 3mm。花序生于二年生的枝条上，雄花序先叶开放，长 1.5 ～ 2.5cm，多花密集，序轴被腺柔毛；花梗长约 1mm；萼片卵形，长 1.5 ～ 2mm，宽 1 ～ 1.5mm，边缘半透明，上部具流苏状细齿；花瓣极小，卵形，长约 0.3mm，里面龙骨状；雄蕊 10，花丝线形，长约 1mm，开花时伸长，长 3 ～ 3.5mm，花药长圆形，长约 2mm；不育雌蕊存在；雌花序与叶同出，长 4 ～ 6cm，序轴被腺状微柔毛；花梗长 1.5 ～ 2.5mm；萼片与雄花同；花瓣肉质，较小，龙骨状；雄蕊较短，花丝长约 0.5mm，花药长约 0.8mm，花柱长约 1mm。果球形，果期花瓣肉质增大包于果外，成熟时由红色变紫黑色，径 4 ～ 6mm；种子卵状长圆形。

【分布】生于海拔 400 ～ 3200m 的灌丛中。产于云南、贵州、四川、湖北、陕西、甘肃、西藏。

【功效与主治】根、叶入药，祛风除湿，镇痛，杀虫。根入药，用于淋巴结结核、跌打损伤、狂犬咬伤、风湿关节痛；叶入药，外用治烧烫伤、头癣、湿疹、疮疡肿毒。全株含马桑碱，有剧毒，可作土农药。

老鹳草

Geranium wilfordii Maxim.

【形态】 多年生草本，高30～50cm。茎直立，单生，具棱槽。叶基生和茎生叶对生；基生叶和茎下部叶具长柄，柄长为叶片的2～3倍，茎上部叶柄渐短或近无柄；基生叶片圆肾形，长3～5cm，宽4～9cm，5深裂达2/3处，裂片倒卵状楔形，下部全缘，上部不规则状齿裂，茎生叶3裂至3/5处，裂片长卵形或宽楔形，上部齿状浅裂。花序腋生和顶生，稍长于叶，总花梗每梗具2花；花梗与总花梗相似，长为花的2～4倍，花、果期通常直立；萼片长卵形或卵状椭圆形，长5～6mm，宽2～3mm；花瓣白色或淡红色，倒卵形，与萼片近等长；雄蕊稍短于萼片，花丝淡棕色，下部扩展；雌蕊被短糙状毛，花柱分枝紫红色。蒴果长约2cm，被短柔毛和长糙毛。花期6～8月，果期8～9月。

【分布】 生于海拔1800m以下的低山林下、草甸。分布于东北、华北、华东、华中、陕西、甘肃和四川。俄罗斯远东、朝鲜和日本也有分布。

【功效与主治】 地上部分入药（药名“老鹳草”），祛风湿，通经络，止泻痢。用于风湿痹痛、麻木拘挛、筋骨酸痛、泄泻痢疾。

老鹳草与同科植物牻牛儿苗 *Erodium stephanianum* Willd.、野老鹳草 *Geranium carolinianum* L. 同为《中国药典》收录中药老鹳草的基源。

毛蕊铁线莲（丝瓜花）

Clematis lasiandra Maximowicz

【形态】藤本。茎近无毛，叶对生，为二回羽状复叶，长10～15cm，羽叶通常2对，最下部的有3小叶；小叶卵形至披针形，长3～6cm，先端渐尖至长渐尖，边缘有锯齿；叶柄长4～5cm，聚伞花序含1～3花，花序梗长1.4～4.5cm，苞片披针形；花萼钟状，紫红色，萼片4，狭卵形，长约1.5cm，顶端急尖，外面无毛，边缘有短绒毛；无花瓣；雄蕊多数，与萼片等长，花丝条形，密生长柔毛，花药无毛。瘦果扁，椭圆形，长约3mm，有紧贴的短毛，羽状花柱长达2.5cm，被羽状毛。花期8～10月，果期9～11月。

【分布】生于沟边、山坡荒地及灌丛中。在我国分布于云南、四川、甘肃、陕西、贵州、湖南、广西、广东、浙江、江西、安徽；南起珠江流域北达黄河流域各省均有生长，是我国铁线莲属分布最广的种类之一。

【功效与主治】茎藤和根入药，舒筋活络，清热利尿。主治风湿关节疼痛、跌打损伤、水肿、热淋、小便不利、痈疡肿毒。

威灵仙

Clematis chinensis Osbeck

【形态】 藤本。干时变黑。茎近无毛。叶对生，长达20cm，为一回羽状复叶；小叶5，纸质，狭卵形或三角状卵形，长1.2～6cm，宽1.3～3.2cm，先端钝或渐尖，基部圆形或宽楔形，几乎无毛；叶柄长4.5～6.5cm，花序圆锥状，腋生或顶生；有多数花，花直径1～2cm；萼片4，白色，开展，长圆形或倒卵形，长0.5～1cm，顶端常凸尖，外面边缘密生短柔毛，无花瓣；雄蕊多数，无毛，花药线形；心皮多数。瘦果扁狭卵形，扁，长约3mm，疏生紧贴的柔毛，羽状花柱长达1.8cm。花期5～7月，果期6～9月。

【分布】 生于山坡、山谷灌丛中或沟边、路旁草丛中。分布于云南南部、贵州、四川、陕西南部、广西、广东、湖南、湖北、河南、福建、台湾、江西、浙江、江苏南部、安徽淮河以南。

【功效与主治】 根及根茎入药（药名“威灵仙”），祛风湿，通经络。用于风湿痹痛、肢体麻木、筋脉拘挛、屈伸不利。

威灵仙为同科植物棉团铁线莲 *Clematis hexapetala* Pall. 或东北铁线莲 *Clematis manshurica* Rupr. 同为《中国药典》收录中药威灵仙的基源。

小木通

Clematis armandii Franchet

【形态】常绿藤本，长达 5m。叶对生，为三出复叶；小叶革质，狭卵形至披针形，长 8～12cm，宽达 4.8cm，先端渐尖，基部圆形或浅心形，无毛，脉在上面隆起；叶柄长 5～7.5cm。花序圆锥状，顶生或腋生，与叶近等长，腋生花序基部具多数鳞片；总花梗长 3.5～7cm；下部苞片长圆形，常 3 裂，上部苞片小，钻形；花直径 3～4cm；萼片 4，白色，展开，长圆状倒卵形，外面边缘有短绒毛；无花瓣；雄蕊多数，无毛，花药长圆形；心皮多数。瘦果扁，椭圆形，长 3mm，疏生伸展的柔毛，羽状花柱长达 5cm。花期 4～5 月，果期 5～6 月。

【分布】生于山坡、山谷、路边灌丛中、林边或水沟旁。在我国分布于西藏东部、云南、贵州、四川、甘肃和陕西南部、湖北、湖南、广东、广西、福建西南部。

【功效与主治】藤茎入药，利尿通淋，清心除烦，通经下乳。用于淋证、水肿、心烦尿赤、口舌生疮、经闭乳少、湿热痹痛。

扬子毛茛

Ranunculus sieboldii Miq.

【形态】 多年生草本。须根伸长簇生。茎铺散，密生开展的白色或淡黄色柔毛。基生叶与茎生叶相似，为三出复叶；叶片圆肾形至宽卵形，长 2 ～ 5cm，宽 3 ～ 6cm，基部心形，中央小叶宽卵形或菱状卵形，3 浅裂至较深裂，边缘有锯齿，小叶柄长 1 ～ 5mm ；侧生小叶不等地 2 裂；叶柄长 2 ～ 5cm。花与叶对生，直径 1.2 ～ 1.8cm ；花梗长 3 ～ 8cm ；萼片狭卵形，长 4 ～ 6mm，为宽的 2 倍，花期向下反折；花瓣 5，黄色或上面变白色，狭倒卵形至椭圆形，长 6 ～ 10mm，宽 3 ～ 5mm，有 5 ～ 9 条或深色脉纹，下部渐窄成长爪，蜜槽小鳞片位于爪的基部；雄蕊 20 余枚，花药长约 2mm。聚合果圆球形，直径约 1cm；瘦果扁平，长 3 ～ 4（5）m，宽 3 ～ 3.5mm，为厚的 5 倍以上，边缘有宽约 0.4mm 的宽棱，喙长约 1mm，成锥状外弯。花果期 5 月至 10 月。

【分布】 生于海拔 300 ～ 2500m 的山坡林边及平原湿地。在我国分布于四川、云南东部、贵州、广西、湖南、湖北、江西、江苏、浙江、福建及陕西、甘肃等省。

【功效与主治】 全草入药，除痰截疟，解毒消肿。主治疟疾、瘿肿、毒疮、跌打损伤。

【鉴别】 本种花萼向下反折，花瓣狭椭圆形，有长爪，瘦果宽大，长约 4mm，边缘有宽棱以及茎偃卧，节上生根，花与叶对生而易于识别。

中华猕猴桃

Actinidia chinensis Planch.

【形态】大型落叶藤本；叶纸质，倒阔卵形至倒卵形或阔卵形至近圆形，长6～17cm，宽7～15cm，顶端截平形并中间凹入或具突尖、急尖至短渐尖，基部钝圆形、截平形至浅心形，边缘具脉出的直伸的睫状小齿，侧脉5～8对；叶柄长3～6（10）cm。聚伞花序1～3花，花序柄长7～15mm，花柄长9～15mm；花初放时白色，放后变淡黄色，有香气，直径1.8～3.5cm；萼片3～7片，通常5片，阔卵形至卵状长圆形，长6～10mm；花瓣5片，有时少至3～4片或多至6～7片，阔倒卵形，有短距，长10～20mm，宽6～17mm；雄蕊极多，花丝狭条形，长5～10mm，花药黄色，长圆形，长1.5～2mm；子房球形，径约5mm，花柱狭条形。果黄褐色，近球形、圆柱形、倒卵形或椭圆形，长4～6cm，被茸毛、长硬毛或刺毛状长硬毛，成熟时秃净或不秃净；宿存萼片反折；种子纵径2.5mm。

【分布】生于海拔200～600m低山区的山林中，一般多出现于高草灌丛、灌木林或次生疏林中，喜欢腐殖质丰富、排水良好的土壤；分布于较北的地区者喜生于温暖湿润，背风向阳环境。产于陕西（南端）、湖北、湖南、河南、安徽、江苏、浙江、江西、福建、广东（北部）和广西（北部）等省区。

【功效与主治】果、根或根皮、藤或藤汁、枝叶可入药。果入药，调中理气，生津润燥，解热除烦，用于消化不良、食欲不振、呕吐、烧烫伤；根、根皮入药，清热解毒，活血消肿，祛风利湿，用于风湿性关节炎、跌打损伤、丝虫病、肝炎、痢疾、淋巴结结核、痈疖肿毒、癌症；藤或藤中的汁液入药，和中开胃，清热利湿，主治消化不良、反胃呕吐、黄疸、石淋；枝叶入药，清热解毒，散瘀，止血，主治痈肿疮疡、烫伤、风湿关节痛、外伤出血。

凹叶厚朴

Magnolia officinalis subsp. *biloba* （Rehd. et Wils.） Law

【形态】落叶乔木，高达20m。叶大，近革质，7～9片聚生于枝端，长圆状倒卵形，长22～45cm，宽10～24cm，叶先端凹缺，成2钝圆的浅裂片，基部楔形，全缘而微波状，下面有白粉；叶柄粗壮，长2.5～4cm。花白色，径10～15cm，芳香；花梗粗短，离花被片下1cm处具包片脱落痕，花被片9～12（17），厚肉质，外轮3片淡绿色，长圆状倒卵形，长8～10cm，宽4～5cm，盛开时常向外反卷，内两轮白色，倒卵状匙形，长8～8.5cm，宽3～4.5cm，基部具爪，最内轮7～8.5cm，花盛开时中内轮直立；雄蕊约72枚，长2～3cm，花药长1.2～1.5cm，内向开裂，花丝长4～12mm，红色；雌蕊群椭圆状卵圆形，长2.5～3cm。聚合果长圆状卵圆形，长9～15cm；蓇葖具长3～4mm的喙；种子三角状倒卵形，长约1cm。花期5～6月，果期8～10月。

【分布】生于海拔300～1400m的林中。多栽培于山麓和村舍附近。产于安徽、浙江西部、江西（庐山）、福建、湖南南部、广东北部、广西北部和东北部。

【功效与主治】树皮入药（药名“厚朴”），燥湿消痰，下气除满。用于湿滞伤中、脘痞吐泻、食积气滞、腹胀便秘、痰饮喘咳。花芽、种子亦供药用。

凹叶厚朴与同科植物厚朴 *Magnolia officinalis* Rehd. et Wils. 同为《中国药典》收录中药厚朴的基源。

鹅掌楸

Liriodendron chinense（Hemsl.）Sarg.

【形态】落叶大乔木，高达20m。小枝灰色，树皮黑褐色，纵裂。叶互生，叶柄长4～8cm；叶片近方形，长4～18cm，宽5～19cm（幼树叶长达25cm，宽33cm），3裂，中部裂片近方形，先端部平截而常渐向中脉斜凹，两侧裂片宽截形，叶基圆形或略心形，在近基部有时又有一对小裂片，叶下面密生白粉状的乳头状突起。花单生于枝顶，直径5～8cm；花被9片，外面3片萼状，绿色，内面6片黄色，长3～4cm；雄蕊和心皮多数，螺旋状排列，雄蕊花丝约占全长1/2。聚合果纺锤形，长7～9cm，由具翅的小坚果组成，每一小坚果内有种子1～2粒。花期5～6月，果熟期9～10月。

【分布】生于山谷杂木林内，或向阳山坡沟边。湖北五峰县有分布；国内分布于长江以南各省区。

【功效与主治】根、树皮入药，祛风除湿，止咳。用于风湿关节痛、风寒咳嗽。

荷花玉兰

Magnolia grandiflora Linnaeus

【形态】常绿乔木，高达 10m；树皮灰褐色；小枝和芽均密被锈褐色或黄灰色细绒毛。叶厚革质，倒卵状长圆形或长椭圆形，长 10 ～ 20cm，宽 4 ～ 8cm，先端钝圆或钝尖，基部楔形，上面深绿色，有光泽；下面密被锈色绒毛，中脉在下面明显凸起；叶柄粗壮，长 2 ～ 3cm，有锈色绒毛，无托叶痕。花单生枝顶，白色，有芳香，大，直径可达 20cm；花梗粗壮，有锈褐色绒毛；萼片 3, 呈花瓣状；花瓣 6，少数 9 ～ 12，倒卵形，质厚，长 6 ～ 10cm，花丝紫色；心皮密被长绒毛。聚合果圆柱形，长 7 ～ 10cm，直径 4 ～ 5cm，密被锈色或淡黄灰色绒毛；花柱呈卷曲状。聚合果圆柱状长圆形或卵圆形，长 7 ～ 10cm，直径 4 ～ 5cm，密被褐色或淡灰黄色绒毛；蓇葖卵圆形，顶端有喙。花期 5 ～ 8 月，果期 8 ～ 10 月。

【分布】我国长江流域以南各城市有栽培。

【功效与主治】花和树皮药用，祛风散寒，行气止痛。主治外感风寒、头痛鼻塞、脘腹胀痛、呕吐腹泻、高血压、偏头痛。

厚　朴

Magnolia officinalis Rehd. et Wils.

【形态】 落叶乔木，高达20m。叶大，近革质，7～9片聚生于枝端，长圆状倒卵形，长22～45cm，宽10～24cm，先端具短急尖或圆钝，基部楔形，全缘而微波状，上面绿色，无毛，下面灰绿色，被灰色柔毛，有白粉；叶柄粗壮，长2.5～4cm，托叶痕长为叶柄的2/3。花白色，径10～15cm，芳香；花梗粗短，离花被片下1cm处具包片脱落痕，花被片9～12（17），厚肉质，外轮3片淡绿色，长圆状倒卵形，长8～10cm，宽4～5cm，盛开时常向外反卷，内两轮白色，倒卵状匙形，长8～8.5cm，宽3～4.5cm，基部具爪，最内轮7～8.5cm，花盛开时中内轮直立；雄蕊约72枚，长2～3cm，花药长1.2～1.5cm，内向开裂，花丝长4～12mm，红色；雌蕊群椭圆状卵圆形，长2.5～3cm。聚合果长圆状卵圆形，长9～15cm；蓇葖具长3～4mm的喙；种子三角状倒卵形，长约1cm。花期5～6月，果期8～10月。

【分布】 生于海拔300～1500m的山地林间。产于陕西南部、甘肃东南部、河南东南部（商城、新县）、湖北西部、湖南西南部、四川（中部、东部）、贵州东北部。

【功效与主治】 干皮、根皮及枝皮入药（药名“厚朴”），燥湿消痰，下气除满。用于湿滞伤中、脘痞吐泻、食积气滞、腹胀便秘、痰饮喘咳。

厚朴与凹叶厚朴 *Magnolia officinalis* Rehd. et Wils. var. *biloba* Rehd. et Wils. 同为《中国药典》收录中药厚朴的基源。种子可榨油，含油量35%，可制肥皂。

华中五味子

Schisandra sphenanthera Rehd. et Wils.

【形态】 落叶木质藤本，全株无毛。小枝红褐色。叶纸质，倒卵形、宽倒卵形，或倒卵状长椭圆形，有时圆形，很少椭圆形，长（3）5～11cm，宽（1.5）3～7cm，1/2～2/3以上边缘具疏离、胼胝质齿尖的波状齿，侧脉每边4～5条，网脉密致；叶柄红色，长1～3cm。花生于近基部叶腋，花梗纤细，长2～4.5cm，花被片5～9，橙黄色，椭圆形或长圆状倒卵形，中轮的长6～12mm，宽4～8mm。雄花：雄蕊群倒卵圆形，径4～6mm；花托圆柱形，顶端伸长，无盾状附属物；雄蕊11～19（23），基部的长1.6～2.5mm，药室内侧向开裂，花丝长约1mm。雌花：雌蕊群卵球形，直径5～5.5mm，雌蕊30～60，子房近镰刀状椭圆形，长2～2.5mm，柱头冠狭窄。聚合果果托长6～17cm，径约4mm，聚合果梗长3～10cm，成熟小桨红色，长8～12mm，宽6～9mm，具短柄；种子长圆体形或肾形，长约4mm，宽3～3.8mm；种皮褐色光滑，或仅背面微皱。花期4～7月，果期7～9月。

【分布】 生于海拔600～3000m的湿润山坡边或灌丛中。产于山西、陕西、甘肃、山东、江苏、安徽、浙江、江西、福建、河南、湖北、湖南、四川、贵州、云南东北部。

【功效与主治】 成熟果实入药（药名“南五味子”），收敛固涩，益气生津，补肾宁心。用于久嗽虚喘、梦遗滑精、遗尿尿频、久泻不止、自汗盗汗、津伤口渴、内热消渴、心悸失眠。

华中五叶子为《中国药典》收录中药南五味子的基源。

紫玉兰

Magnolia liliiflora Desr.

【形态】落叶灌木，高达3.5m，小枝紫褐色，光滑无毛，或近顶端稍有细绒毛。芽卵状椭圆形，有绒毛。叶倒卵形或长圆状倒卵形，少数为卵形，长8～20cm，宽4～12cm，先端急尖或短渐尖，基部狭楔形或楔形，上面深绿色，疏生细柔毛，下面淡绿色，沿脉上有细柔毛；叶柄长1～2cm，疏生细柔毛。花单生枝顶，在叶前开放，直径约10cm，花梗短而粗壮；萼片3，淡绿色，披针形，长约2～3cm，早落；花瓣6，外部紫色，内部白色，长圆状倒卵形，长8～10cm，先端圆钝。聚合果长圆形，淡褐色，长约7～10cm，果柄无毛。花期3～5月，果期6～8月。

【分布】生于海拔300～1600m的山坡林缘。产于福建、湖北、四川、云南西北部。

【功效与主治】花和树皮入药，散风寒，通鼻窍。用于风寒头痛、鼻塞流涕、鼻鼽、鼻渊。

大血藤

Sargentodoxa cuneata (Oliv.) Rehd. et Wils.

【形态】 落叶木质藤本，长达到十余米。三出复叶，或兼具单叶，稀全部为单叶；叶柄长与 3 ～ 12cm ；小叶革质，顶生小叶近棱状倒卵圆形，长 4 ～ 12.5cm，宽 3 ～ 9cm，基部渐狭成 6 ～ 15mm 的短柄，全缘，侧生小叶斜卵形，比顶生小叶略大，无小叶柄。总状花序长 6 ～ 12cm，雄花与雌花同序或异序，同序时，雄花生于基部；花梗细，长 2 ～ 5cm ；萼片 6，花瓣状，长圆形，长 0.5 ～ 1cm，宽 0.2 ～ 0.4cm ；花瓣 6，小，圆形，长约 1mm，蜜腺性；雄蕊长 3 ～ 4mm ；退化雄蕊长约 2mm，先端较突出，不开裂；雌蕊多数，螺旋状生于卵状突起的花托上，子房瓶形，长约 2mm，花柱线形，柱头斜；退化雌蕊线形，长 1mm。每一浆果近球形，直径约 1cm，成熟时黑蓝色，小果柄长 0.6 ～ 1.2cm。种子卵球形，长约 5mm ；种皮黑色，光亮，平滑；种脐显著。花期 4 ～ 5 月，果期 6 ～ 9 月。

【分布】 常见于山坡灌丛、疏林和林缘等，海拔常为数百米。产于陕西、四川、贵州、湖北、湖南、云南、广西、广东、海南、江西、浙江、安徽。中南半岛北部（老挝、越南北部）有分布。

【功效与主治】 藤茎入药（药名“大血藤”），清热解毒，活血，祛风止痛。用于肠痈腹痛、热毒疮疡、经闭、痛经、跌打肿痛、风湿痹痛。

大血藤为《中国药典》收录中药大血藤的基源。

木　通

Akebia quinata（Houtt.）Decne.

【形态】 落叶木质藤本。掌状复叶互生或在短枝上的簇生，通常有小叶5片，偶有3～4片或6～7片；叶柄纤细，长4.5～10cm；小叶纸质，倒卵形或倒卵状椭圆形，长2～5cm，宽1.5～2.5cm，下面青白色；侧脉每边5～7条，与网脉均在两面凸起。伞房花序式的总状花序腋生，长6～12cm，疏花，基部有雌花1～2朵，以上4～10朵为雄花；总花梗长2～5cm；花略芳香。雄花：花梗纤细，长7～10mm；萼片通常3有时4片或5片，淡紫色，兜状阔卵形，长6～8mm，宽4～6mm；雄蕊6（7），离生，初时直立，后内弯，花丝极短，花药长圆形；退化心皮3～6枚，小。雌花：花梗细长，长2～4（5）cm；萼片暗紫色，阔椭圆形至近圆形，长1～2cm，宽8～15mm；心皮3～6(9)枚，离生，圆柱形，柱头盾状；退化雄蕊6～9枚。果孪生或单生，长圆形或椭圆形，长5～8cm，直径3～4cm，成熟时紫色，腹缝开裂；种子多数，卵状长圆形，略扁平，不规则的多行排列，着生于白色、多汁的果肉中，种皮褐色或黑色，有光泽。花期4～5月，果期6～8月。

【分布】 生于海拔300～1500m的山地灌木丛、林缘和沟谷中。产于长江流域各省区。

【功效与主治】 藤茎入药（药名“木通”），利尿通淋，清心除烦，通经下乳。用于淋证、水肿、心烦尿赤、口舌生疮、经闭乳少、湿热痹痛。

木通［药典原植物：*Akebia quinata*（Thunb.）Decne.］与同科植物三叶木通 *Akebia trifoliata*（Thunb.）Koidz.、白木通 *Akebia trifoliata*（Thunb.）Koidz. var. *australis*（Diels）Rehd. 同为《中国药典》收录中药木通的基源。

三叶木通

Akebia trifoliata（Thunberg）Koidzumi

【形态】 落叶木质藤本。长数米，光滑无毛。小叶3片，卵形或宽卵形，长4～7cm，宽3～4.5cm，中央小叶通常较大，先端钝圆或凹缺，中央有小尖头，基部通常圆形，少数为宽楔形，边缘明显波状浅圆齿，侧脉通常5～7对，在下面突起；中央小叶柄长2～5cm，两侧2小叶柄长仅6～15mm。雄花淡紫色，生在花序上部，较小；雌花红褐色，心皮分离。浆果长椭圆形，长可达10cm，稍弯曲，肉质，果皮厚，成熟时略带紫色。花期4～6月，果期7～9月。

【分布】 生于海拔250～2000m的山地沟谷边疏林或丘陵灌丛中。产于河北、山西、山东、河南、陕西南部、甘肃东南部至长江流域各省区。

【功效与主治】 藤茎入药（药名“木通”），功效同木通。

三叶木通与同科植物木通 *Akebia quinata*（Houtt.）Decne.、白木通 *Akebia trifoliata*（Thunb.）Koidz. var. *australis*（Diels）Rehd. 同为《中国药典》收录中药木通的基源。

齿缘苦枥木

Fraxinus insularis Hemsl. var. *henryana*（Oliv.） Z. Wei

【形态】 落叶大乔木，高 20 ～ 30m。羽状复叶长 10 ～ 30cm；叶柄长 5 ～ 8cm；小叶（3）5 ～ 7 枚，嫩时纸质，后期变硬纸质或革质，长圆形或椭圆状披针形，长 6 ～ 9（13）cm，宽 2 ～ 3.5（4.5）cm，叶缘具浅锯齿，或中部以下近全缘，侧脉 7 ～ 11 对，细脉网结甚明显；小叶柄纤细，长（0.5）1 ～ 1.5cm。圆锥花序生于当年生枝端，顶生及侧生叶腋，长 20 ～ 30cm；花梗丝状，长约 3mm；花芳香；花萼钟状，齿截平，上方膜质，长 1mm，宽 1.5mm；花冠白色，裂片匙形，长约 2mm，宽 1mm；雄蕊伸出花冠外，花药长 1.5mm，顶端钝，花丝细长；雌蕊长约 2mm，花柱与柱头近等长，柱头 2 裂。翅果红色至褐色，长匙形，长 2 ～ 4cm，宽 3.5 ～ 4（5）mm，翅下延至坚果上部，坚果近扁平；花萼宿存。花期 4 ～ 5 月，果期 7 ～ 9 月。

【分布】 生于山坡杂木林中及沟谷溪边，海拔 1200 ～ 1600m。产于陕西、甘肃、安徽、湖北、湖南、四川、广西、贵州等省区。

【鉴别】 与原变种（苦枥木）的区别在于本变种的小叶为披针形，叶缘具整齐锯齿。

红柄木犀

Osmanthus armatus Diels

【形态】常绿灌木或乔木，高2～6m。叶片厚革质，长圆状披针形至椭圆形，长6～8cm，最长可达15cm，宽2～1.5（4.5）cm，先端渐尖，有锐尖头，基部近圆形至浅心形，叶缘具硬而尖的刺状牙齿6～10对，稀可至17对，中脉在上面凸起，侧脉（6）8～10（15）对，与细脉呈网状在两面均明显凸起；叶柄短，长2～5mm，稀长达8mm。聚伞花序簇生于叶腋，每腋内有花4～12朵；苞片宽卵形，背部隆起，先端尖锐；花梗细弱，长6～10mm；花芳香；花冠白色，长4～5mm，花冠管与裂片等长；雄蕊着生于花冠管中部，花丝长0.5～0.8mm，花药长1.5～2mm，药隔在花药先端延伸成一明显小尖头；雄花中不育雌蕊为狭圆锥形，长约1.5mm。果长约1.5cm，径约1cm，呈黑色。花期9～10月，果期翌年4～6月。

【分布】生海拔1400m左右的山坡灌木林中。产于四川、湖北等地。主要用于盆栽观赏。

【功效与主治】根可药用，有清热解毒之效。

连　翘

Forsythia suspensa（Thunb.）Vahl

【形态】落叶灌木。小枝土黄色或灰褐色，略呈四棱形，疏生皮孔，节间中空，节部具实心髓。叶通常为单叶，或3裂至三出复叶，叶片卵形、宽卵形或椭圆状卵形至椭圆形，长2～10cm，宽1.5～5cm，叶缘除基部外具锐锯齿或粗锯齿；叶柄长0.8～1.5cm。花通常单生或2至数朵着生于叶腋，先于叶开放；花梗长5～6mm；花萼绿色，裂片长圆形或长圆状椭圆形，长（5）6～7mm，先端钝或锐尖，边缘具睫毛，与花冠管近等长；花冠黄色，裂片倒卵状长圆形或长圆形，长1.2～2cm，宽6～10mm；在雌蕊长5～7mm花中，雄蕊长3～5mm；在雄蕊长6～7mm的花中，雌蕊长约3mm。果卵球形、卵状椭圆形或长椭圆形，长1.2～2.5cm，宽0.6～1.2cm，先端喙状渐尖，表面疏生皮孔；果梗长0.7～1.5cm。花期3～4月，果期7～9月。

【分布】生山坡灌丛、林下或草丛中，或山谷、山沟疏林中，海拔250～2200m。产于河北、山西、陕西、山东、安徽西部、河南、湖北、四川。我国除华南地区外，其他各地均有栽培。

【功效与主治】果实入药（药名“连翘”），清热解毒，消肿散结，疏散风热。用于痈疽、瘰疬、乳痈、丹毒、风热感冒、温病初起、温热入营、高热烦渴、神昏发斑、热淋涩痛。

连翘为《中国药典》收录中药连翘的基源。

木犀（桂花）

Osmanthus fragrans Loureiro

【形态】常绿乔木或灌木，高 12m。叶对生，革质，椭圆形至椭圆状披针形，长 4 ～ 12cm，宽 2 ～ 4cm，先端急尖或渐尖，基部楔形，全缘或上半部疏生细锯齿，侧脉每边 6 ～ 10 条，网脉不甚明显，上面下凹，下面隆起；叶柄半圆形，有沟，无毛，长约 2cm。花序簇生于叶腋；花梗纤细，长 3 ～ 10mm，花萼 4 裂，裂片齿状；花冠 4 裂，裂片卵圆形，钝头，白色或黄色，极芳香，筒部无毛；雄蕊 2，花丝极短，着生于花冠筒近顶部；花柱圆柱形，花柱头状。核果椭圆形，长 1 ～ 1.5cm。花期 5 ～ 6 月上旬，果期 9 ～ 10 月。

【分布】原产我国西南部。现各地广泛栽培。

【功效与主治】花、果实及根入药。花入药，散寒破结，化痰止咳，用于牙痛、咳喘痰多、经闭腹痛；果入药，暖胃，平肝，散寒，用于虚寒胃痛；根入药，祛风湿，散寒，用于风湿筋骨疼痛、腰痛、肾虚牙痛。

女 贞

Ligustrum lucidum Ait.

【形态】 灌木或乔木，高可达25m。叶片常绿，革质，卵形、长卵形或椭圆形至宽椭圆形，长6～17cm，宽3～8cm，上面光亮，两面无毛，侧脉4～9对，两面稍凸起或有时不明显；叶柄长1～3cm。圆锥花序顶生，长8～20cm，宽8～25cm；花序梗长0～3cm；花序基部苞片常与叶同型，小苞片披针形或线形，长0.5～6cm，宽0.2～1.5cm，凋落；花无梗或近无梗；花萼长1.5～2mm，齿不明显或近截形；花冠长4～5mm，花冠管长1.5～3mm，裂片长2～2.5mm，反折；花丝长1.5～3mm，花药长圆形，长1～1.5mm；花柱长1.5～2mm，柱头棒状。果肾形或近肾形，长7～10mm，径4～6mm，深蓝黑色，成熟时呈红黑色，被白粉；果梗长0～5mm。花期5～7月，果期7月至翌年5月。

【分布】 生海拔2900m以下疏、密林中。产于长江以南至华南、西南各省区，向西北分布至陕西、甘肃。朝鲜也有分布，印度、尼泊尔有栽培。

【功效与主治】 果入药（药名“女贞子”），为强壮剂，叶药用，具有解热镇痛的功效。种子油可制肥皂；花可提取芳香油；枝、叶上放养白蜡虫，能生产白蜡，蜡可供工业及医药用。

小　蜡

Ligustrum sinense Lour.

【形态】 落叶灌木或小乔木，高 2 ～ 4（7）m。叶片纸质或薄革质，卵形、椭圆状卵形、长圆形、长圆状椭圆形至披针形，或近圆形，长 2 ～ 7（9）cm，宽 1 ～ 3（3.5）cm，侧脉 4 ～ 8 对，上面微凹入，下面略凸起；叶柄长 28mm。圆锥花序顶生或腋生，塔形，长 4 ～ 11cm，宽 3 ～ 8cm；花序轴被较密淡黄色短柔毛或柔毛以至近无毛；花梗长 1 ～ 3mm，被短柔毛或无毛；花萼无毛，长 1 ～ 1.5mm，先端呈截形或呈浅波状齿；花冠长 3.5 ～ 5.5mm，花冠管长 1.5 ～ 2.5mm，裂片长圆状椭圆形或卵状椭圆形，长 2 ～ 4mm；花丝与裂片近等长或长于裂片，花药长圆形，长约 1mm。果近球形，径 5 ～ 8mm。花期 3 ～ 6 月，果期 9 ～ 12 月。

【分布】 生于山坡、山谷、溪边、河旁、路边的密林、疏林或混交林中，海拔 200 ～ 2600m。各地普遍栽培作绿篱。产于江苏、浙江、安徽、江西、福建、台湾、湖北、湖南、广东、广西、贵州、四川、云南。

【功效与主治】 树皮和叶入药，具清热降火等功效，治吐血、牙痛、口疮、咽喉痛等。果实可酿酒；种子榨油供制肥皂。

白蔹

Ampelopsis japonica（Thunberg）Makino

【形态】木质藤本，有卷须。叶为掌状复叶，近革质，长6～12cm，宽7～13cm，小叶5，少有为3片，一部分羽状分裂，一部分羽状缺刻，裂片卵形至披针形，中间裂片最长，两侧的很小，常不分裂，叶轴有宽翅，裂片基部有关节，两面无毛；叶柄较叶片短，无毛。聚伞花序小，总梗长3～8cm，与叶对生；花淡黄绿色，小。浆果球形，直径5～7mm，白紫色或淡青色，有斑点；种子1～2颗。花期7～8月，果9～10月。

【分布】生于山坡地边、灌丛或草地，海拔100～900m。产于辽宁、吉林、河北、山西、陕西、江苏、浙江、江西、河南、湖北、湖南、广东、广西、四川。

【功效与主治】块根入药（药名“白蔹”），清热解毒，消痈散结，敛疮生肌。用于痈疽发背、疔疮、瘰疬、烧烫伤。

白蔹为《中国药典》收录中药白蔹的基源。

地锦（爬山虎）

Parthenocissus tricuspidata（S. et Z.）Planch.

【形态】木质藤本。卷须 5 ～ 9 分枝，相隔 2 节间断与叶对生。卷须顶端嫩时膨大呈圆珠形，后遇附着物扩大成吸盘。叶为单叶，通常着生在短枝上为 3 浅裂，叶片通常倒卵圆形，长 4.5 ～ 17cm，宽 4 ～ 16cm，顶端裂片急尖，基部心形，边缘有粗锯齿，基出脉 5，中央脉有侧脉 3 ～ 5 对；叶柄长 4 ～ 12cm。花序着生在短枝上，基部分枝，形成多歧聚伞花序，长 2.5 ～ 12.5cm，主轴不明显；花序梗长 1 ～ 3.5cm；花梗长 2 ～ 3mm；花蕾倒卵椭圆形，高 2 ～ 3mm，顶端圆形；萼碟形，边缘全缘或呈波状；花瓣 5，长椭圆形，高 1.8 ～ 2.7mm；雄蕊 5，花丝长约 1.5 ～ 2.4mm，花药长椭圆卵形，长 0.7 ～ 1.4mm，花盘不明显；子房椭球形，花柱明显，基部粗，柱头不扩大。果实球形，直径 1 ～ 1.5cm，有种子 1 ～ 3 颗；种子倒卵圆形，顶端圆形，基部急尖成短喙，种脐在背面中部呈圆形。花期 5 ～ 8 月，果期 9 ～ 10 月。

【分布】生于山坡崖石壁或灌丛，海拔 150 ～ 1200m。产于吉林、辽宁、河北、河南、山东、安徽、江苏、浙江、福建、台湾。

【功效与主治】根和茎入药，祛风通络，活血解毒。用于风湿关节痛，外用治跌打损伤、痈疖肿毒。

葛藟（lěi）葡萄

Vitis flexuosa Thunberg

【形态】木质藤本。枝条幼时有灰白色柔毛。叶宽卵形或三角状卵形，长 3.5 ～ 11cm，宽 2.5 ～ 9.5cm，先端渐尖，基部宽心形或近截形，边缘有不等的波状牙齿，上面无毛，下面多少有毛，主脉和脉腋有柔毛；叶柄长 3 ～ 7cm，有灰白色蛛丝状绒毛。圆锥花序细长，长 6 ～ 12cm，宽 2 ～ 3cm，花序轴有白色丝状毛；花小，直径 2mm，黄绿色。果球形，蓝黑色，直径 6 ～ 8mm。花期 5 ～ 6 月，果期 7 ～ 11 月。

【分布】生于山坡或沟谷田边、草地、灌丛或林中，海拔 100 ～ 2300m。产于陕西、甘肃、山东、河南、安徽、江苏、浙江、江西、福建、湖北、湖南、广东、广西、四川、贵州、云南。

【功效与主治】根、藤汁、果实可入药。根或根皮入药，利湿退黄，活血通络，解毒消肿，主治黄疸型肝炎、风湿痹痛、跌打损伤、痈肿；藤汁入药，益气生津，活血舒筋，主治乏力、口渴、哕逆、跌打损伤；果实入药，润肺止咳，凉血止血，消食，主治肺燥咳嗽、吐血、食积、泻痢。

蓝果蛇葡萄

Ampelopsis bodinieri（Levl. et Vant.）Rehd.

【形态】木质藤本。小枝圆柱形，有纵棱纹。卷须2叉分枝，相隔2节间断与叶对生。叶片卵圆形或卵椭圆形，不分裂或上部微3浅裂，长7～12.5cm，宽5～12cm，顶端急尖或渐尖，基部心形或微心形，边缘每侧有9～19个急尖锯齿；基出脉5，中脉有侧脉4～6对；叶柄长2～6cm。花序为复二歧聚伞花序，疏散，花序梗长2.5～6cm；花梗长2.5～3mm；花蕾椭圆形，高2.5～3mm，萼浅碟形，萼齿不明显，边缘呈波状；花瓣5，长椭圆形，高2～2.5mm；雄蕊5，花丝丝状，花药黄色，椭圆形；花盘明显，5浅裂；子房圆锥形，花柱明显，基部略粗，柱头不明显扩大。果实近球圆形，直径0.6～0.8cm，有种子3～4颗，种子倒卵椭圆形，顶端圆钝，基部有短喙，急尖，背腹微侧扁。花期4～6月，果期7～8月。

【分布】生于山谷林中或山坡灌丛荫处，海拔200～3000m。产于陕西、河南、湖北、湖南、福建、广东、广西、海南、四川、贵州、云南。

【功效与主治】根皮入药，消肿解毒，止血，止痛，排脓生肌，祛风湿。主治跌打损伤、骨折、风湿腿痛、便血崩漏、白带。

三裂蛇葡萄

Ampelopsis delavayana Planch. ex Franch.

【形态】 木质藤本。卷须2～3叉分枝，相隔2节间断与叶对生。叶为3小叶，中央小叶披针形或椭圆披针形，长5～13cm，宽2～4cm，侧生小叶卵椭圆形或卵披针形，长4.5～11.5cm，宽2～4cm，基部不对称，边缘有粗锯齿，侧脉5～7对；叶柄长3～10cm，中央小叶有柄或无柄，侧生小叶无柄。多歧聚伞花序与叶对生，花序梗长2～4cm；花梗长1～2.5mm；花蕾卵形，高1.5～2.5mm，顶端圆形；萼碟形，边缘呈波状浅裂；花瓣5，卵椭圆形，高1.3～2.3mm，雄蕊5，花药卵圆形，长宽近相等，花盘明显，5浅裂；子房下部与花盘合生，花柱明显，柱头不明显扩大。果实近球形，直径0.8cm，有种子2～3颗；种子倒卵圆形，顶端近圆形，基部有短喙。花期6～8月，果期9～11月。

【分布】 生于山谷林中或山坡灌丛或林中，海拔50～2200m。产于福建、广东、广西、海南、四川、贵州、云南。

【功效与主治】 根或茎藤入药，清热利湿，活血通络，止血生肌，解毒消肿。主治淋证、白浊、疝气、偏坠、风湿痹痛、跌打瘀肿、创伤出血、烫伤、疮痈。

乌蔹莓

Cayratia japonica（Thunberg）Gagnepain

【形态】 蔓性草本。茎伸长，有棱角，分枝；卷须与叶对生，两歧分枝。叶互生，鸟趾状复叶，有柄；小叶5枚，中间小叶狭卵形至长椭圆形，长4～8cm，宽2～4.5cm，先端短渐尖，基部渐狭，小叶柄长1～3cm；侧小叶较小，柄短，边缘有疏锯齿，两面中脉上生短毛；叶柄长4～6cm，上面有沟。聚伞花序与叶对生，初为三歧，后为两歧，总梗较叶柄长；花黄绿色，有短梗；花瓣4；雄蕊花药长方形。浆果黑色。花期7～8月，果期8～9月。

【分布】 生于山谷林中或山坡灌丛，海拔300～2500m。产于陕西、河南、山东、安徽、江苏、浙江、湖北、湖南、福建、台湾、广东、广西、海南、四川、贵州、云南。

【功效与主治】 全草入药，清热利湿，解毒消肿。主治热毒痈肿、疔疮、丹毒、咽喉肿痛、蛇虫咬伤、水火烫伤、风湿痹痛、黄疸、泻痢、白浊、尿血。

天师栗

Aesculus wilsonii Rehd.

【形态】 落叶乔木，常高15～20m。掌状复叶对生，有长10～15cm的叶柄；小叶5～7枚，稀9枚，长圆倒卵形、长圆形或长圆倒披针形，边缘有很密的、微内弯的、骨质硬头的小锯齿，长10～25cm，宽4～8cm，侧脉20～25对，小叶柄长1.5～2.5cm。花序顶生，直立，圆筒形，长20～30cm，基部的直径10～12cm，总花梗长8～10cm，基部的小花序长约3～4cm，稀达6cm；花梗长约5～8mm。雄花与两性花同株，雄花多生于花序上段，两性花生于其下段，不整齐；花萼管状，长6～7mm，浅五裂，裂片大小不等，长1～2mm；花瓣4，倒卵形，长1.2～1.4cm，白色，前面的2枚花瓣匙状长圆形，有黄色斑块，基部狭窄成爪状；雄蕊7，伸出花外，最长者长3cm，花丝扁形，花药卵圆形，长1.3mm。蒴果黄褐色，卵圆形或近于梨形，长3～4cm，壳薄，干时仅厚1.5～2mm，成熟时常3裂；种子常仅1枚，稀2枚，发育良好，近于球形，直径3～3.5cm。花期4～5月，果期9～10月。

【分布】 生于海拔1000～1800m的阔叶林中。产于河南西南部、湖北西部、湖南、江西西部、广东北部、四川、贵州和云南东北部。

【功效与主治】 成熟种子入药（药名“娑罗子”），疏肝理气，和胃止痛。用于肝胃气滞、胸腹胀闷、胃脘疼痛。

天师栗与同科植物七叶树 *Aesculus chinensis* Bge.、浙江七叶树 *esculus chinensis* Bge. var. *chekiangensis*（Hu et Fang）Fang 为《中国药典》收录中药娑罗子的基源。

毛黄栌

Cotinus coggygria var. *pubescens* Engler

【形态】灌木，高1～4m。枝褐色，无毛。叶宽椭圆形至倒卵状宽椭圆形，长5～12cm，宽4～8cm，先端圆，有时稍微缺或短突尖，基部圆楔形，边全缘，上面无毛，下面脉上被疏长柔毛，至少在脉腋处被棕色须状毛；叶柄长2～5cm，无毛。果序圆锥状，长20cm，宽相若，有多数不孕花的羽毛状细长花梗宿存；果小，少数，肾形，有网纹，长4mm。花期4～6月，果期5～7月。

【分布】生于海拔800～1500m的山坡林中。产于贵州、四川、甘肃、陕西、山西、山东、河南、湖北、江苏、浙江。

【功效与主治】根、树枝及叶入药，清热解毒，散瘀止痛。根、茎入药，用于急性黄疸型肝炎、慢性肝炎、无黄疸肝炎、麻疹不出；叶入药，用于丹毒、漆疮。

盐肤木

Rhus chinensis Mill.

【形态】落叶小乔木或灌木，高2～10m。奇数羽状复叶有小叶（2）3～6对，叶轴具宽的叶状翅；小叶多形，卵形或椭圆状卵形或长圆形，长6～12cm，宽3～7cm，边缘具粗锯齿或圆齿，叶背被白粉；小叶无柄。圆锥花序宽大，多分枝，雄花序长30～40cm，雌花序较短；花白色，花梗长约1mm。雄花：花萼裂片长卵形，长约1mm，边缘具细睫毛；花瓣倒卵状长圆形，长约2mm，开花时外卷；雄蕊伸出，花丝线形，长约2mm，花药卵形，长约0.7mm；子房不育。雌花：花萼裂片较短，长约0.6mm，边缘具细睫毛；花瓣椭圆状卵形，长约1.6mm，边缘具细睫毛；雄蕊极短；子房卵形，长约1mm，花柱3，柱头头状。核果球形，略压扁，径4～5mm，被具节柔毛和腺毛，成熟时红色，果核径3～4mm。花期8～9月，果期10月。

【分布】生于海拔170～2700m的向阳山坡、沟谷、溪边的疏林或灌丛中。我国除东北、内蒙古和新疆外，其余省区均有分布。

【功效与主治】根、叶入药，清热解毒，散瘀止血。根入药，用于感冒发热、支气管炎、咳嗽咯血、肠炎、痢疾、痔疮出血；根、叶外用，治跌打损伤、毒蛇咬伤、漆疮。

本种为五倍子蚜虫寄主植物，在幼枝和叶上形成虫瘿，即五倍子，可供鞣革、医药、塑料和墨水等工业上用。

千屈菜

Lythrum salicaria Linnaeus

【形态】多年生草本，根茎横卧于地下，粗壮；茎直立，多分枝，高 30 ～ 100cm，全株青绿色，略被粗毛或密被绒毛，枝通常具 4 棱。叶对生或三叶轮生，披针形或阔披针形，长 4 ～ 6（10）cm，宽 8 ～ 15mm，顶端钝形或短尖，基部圆形或心形，有时略抱茎，全缘，无柄。花组成小聚伞花序，簇生，因花梗及总梗极短，因此花枝全形似一大型穗状花序；苞片阔披针形至三角状卵形，长 5 ～ 12mm；萼筒长 5 ～ 8mm，有纵棱 12 条，稍被粗毛，裂片 6，三角形；附属体针状，直立，长 1.5 ～ 2mm；花瓣 6，红紫色或淡紫色，倒披针状长椭圆形，基部楔形，长 7 ～ 8mm，着生于萼筒上部，有短爪，稍皱缩；雄蕊 12，6 长 6 短，伸出萼筒之外；子房 2 室，花柱长短不一。蒴果扁圆形。

【分布】生于河岸、湖畔、溪沟边和潮湿草地。产于全国各地。本种为花卉植物，华北、华东常栽培于水边或作盆栽，供观赏，亦称水枝锦、水芝锦或水柳。分布于亚洲、欧洲、非洲的阿尔及利亚、北美和澳大利亚东南部。

【功效与主治】全草入药，治肠炎、痢疾、便血；外用于外伤出血。

紫　薇

Lagerstroemia indica Linnaeus

【形态】 落叶灌木或小乔木，高可达 7m；树皮平滑；枝干多扭曲，小枝纤细，具 4 棱，略成翅状。叶互生或有时对生，纸质，椭圆形、阔矩圆形或倒卵形，长 2.5 ～ 7cm，宽 1.5 ～ 4cm，侧脉 3 ～ 7 对；无柄或叶柄很短。花淡红色或紫色、白色，直径 3 ～ 4cm，常组成 7 ～ 20cm 的顶生圆锥花序；花梗长 3 ～ 15mm，中轴及花梗均被柔毛；花萼长 7 ～ 10mm，外面平滑无棱，但鲜时萼筒有微突起短棱，两面无毛，裂片 6，三角形，直立，无附属体；花瓣 6，皱缩，长 12 ～ 20mm，具长爪；雄蕊 36 ～ 42，外面 6 枚着生于花萼上，比其余的长得多；子房 3 ～ 6 室，无毛。蒴果椭圆状球形或阔椭圆形，长 1 ～ 1.3cm，幼时绿色至黄色，成熟时或干燥时呈紫黑色，室背开裂；种子有翅，长约 8mm。花期 6 ～ 9 月，果期 9 ～ 12 月。

【分布】 半阴生，喜生于肥沃湿润的土壤上，也能耐旱，不论钙质土或酸性土都生长良好。我国广东、广西、湖南、福建、江西、浙江、江苏、湖北、河南、河北、山东、安徽、陕西、四川、云南、贵州及吉林均有生长或栽培。

【功效与主治】 树皮、叶及花为强泻剂；根和树皮煎剂可治咯血、吐血、便血。

白马骨

Serissa serissoides (DC.) Druce

【形态】 小灌木，高达 1m；枝灰色，被短毛，后脱落变无毛，嫩枝被微柔毛。叶对生，排列较疏松，常聚生于茎枝上部；叶片倒卵形或倒披针形，长 1.5 ～ 4cm，宽 0.7 ～ 1.3cm，顶端短尖或近短尖，基部收狭成一短柄，除下面被疏毛外，其余无毛；侧脉每边 2 ～ 3 条，上举，在叶片两面均凸起；托叶具锥形裂片，长 2mm，基部宽，膜质，被疏毛。花无梗，生于小枝顶部，有苞片；苞片膜质，斜方状椭圆形，长渐尖，长约 6mm，具疏散小缘毛；花托无毛；萼檐裂片 5，坚挺延伸呈披针状锥形，极尖锐，长 4mm，具缘毛；花冠管长 4mm，喉部被毛，裂片 5，长圆状披针形，长 2.5mm；花药内藏，长 1.3mm；花柱柔弱，长约 7mm，2 裂。花期 5 ～ 8 月，果期 9 ～ 11 月。

【分布】 生于海拔 90 ～ 1350m 的荒地或草坪。国内分布于华东及台湾、湖北、广东、香港、广西等省区。

【功效与主治】 全株入药，祛风利湿，清热解毒。用于感冒、黄疸型肝炎、肾炎水肿、咳嗽、角膜炎、肠炎、痢疾、咳血、尿血、风火牙痛、痈疽肿毒、跌打损伤。

鸡矢藤

Paederia foetida Linnaeus

【形态】 草质藤本，茎长3～5m。叶对生，纸质或近革质，形状变化很大，卵形、卵状长圆形至披针形，长5～9（15）cm，宽1～4（6）cm，有时下面脉腋内有束毛；侧脉每边4～6条，纤细；叶柄长1.5～7cm；托叶长3～5mm。圆锥花序式的聚伞花序腋生和顶生，扩展，分枝对生，末次分枝上着生的花常呈蝎尾状排列；小苞片披针形，长约2mm；花具短梗或无；萼管陀螺形，长1～1.2mm，萼檐裂片5，裂片三角形，长0.8～1mm；花冠浅紫色，管长7～10mm，外面被粉末状柔毛，里面被绒毛，顶部5裂，裂片长1～2mm，顶端急尖而直，花药背着，花丝长短不齐。果球形，成熟时近黄色，有光泽，平滑，直径5～7mm，顶冠以宿存的萼檐裂片和花盘；小坚果无翅，浅黑色。花期5～7月。

【分布】 生于海拔200～2000m的山坡、林中、林缘、沟谷边灌丛中或缠绕在灌木上。国内分布于华东、中南、西南及陕西、甘肃、台湾、香港等地。

【功效与主治】 全草入药，祛风除湿，消食化积，解毒消肿，活血止痛。用于风湿痹痛、食积腹胀、小儿疳积、腹泻、痢疾、中暑、黄疸、肝炎、肝脾肿大、咳嗽、瘰疬、肠痈、无名肿毒、脚湿肿烂、烫火伤、湿疹、皮炎、跌打损伤、蛇咬蝎螫。

六月雪

Serissa japonica（Thunberg）Thunberg

【形态】灌木，高 1 ～ 1.5m。茎分枝较疏，小枝被柔毛。叶对生，排列较疏松，通常聚生于茎枝上部；叶片长圆状卵形、卵形至倒披针形，长 1 ～ 3cm，宽 3 ～ 12mm，先端急尖或稍钝，有小突尖，基部渐狭至柄，两面无毛或仅下面被疏柔毛，全缘；有短叶柄，托叶膜质，基部宽，顶端分裂呈刺毛状。花白色，数朵簇生于枝顶，近无梗；花萼 5 裂，裂片披针状，长约 2mm，边缘有睫毛；花冠漏斗状，长约 7mm，冠管与萼裂片近等长，先端 5 裂，内面喉部有柔毛；雄蕊 5，着生于花冠内；子房下位，2 室；花柱细长，柱头 2 裂。核果近球形。花期 7 ～ 8 月，果期 9 ～ 11 月。

【分布】生于河溪边或丘陵的杂木林内。产于江苏、安徽、江西、浙江、福建、广东、香港、广西、四川、云南。

【功效与主治】全草入药，祛风，利湿，清热，解毒。主治感冒、黄疸型肝炎、肾炎水肿、咳嗽、喉痛、角膜炎、肠炎、痢疾、腰腿疼痛、咳血、尿血、妇女闭经、白带、小儿疳积、惊风、风火牙痛、痈疽肿毒、跌打损伤。

茜 草

Rubia cordifolia Linnaeus

【形态】 攀援草本。根紫红色或橙红色；小枝有明显的 4 棱角，棱上有倒生小刺。叶 4 片轮生，纸质，卵形或卵状披针形，长 2 ～ 9cm，顶端渐尖，基部圆形至心形，上面粗糙，下面脉上和叶柄常有倒生小刺，基出脉 3 条或 5 条；叶柄长短不齐，长的达 10cm，短的仅 1cm。聚伞花序通常排成大而疏松的圆锥花序状，腋生和顶生；花小，黄白色，5 数，有短梗；花冠辐状。浆果近球形，直径 5 ～ 6mm，黑色或紫黑色，种子 1 颗。花期 6 ～ 7 月，果期 7 ～ 10 月。

【分布】 生灌丛中。湖北五峰县各地分布；我国大部分地区有分布。

【功效与主治】 根和根茎入药（药名“茜草”），凉血，祛瘀，止血，通经。用于吐血、衄血、崩漏、外伤出血、瘀阻经闭、关节痹痛、跌扑肿痛。

茜草为《中国药典》收录中药茜草的基源。

细叶水团花（水杨梅）

Adina rubella Hance

【形态】 落叶小灌木，高1～3m；小枝延长，具赤褐色微毛，后无毛；顶芽不明显，被开展的托叶包裹。叶对生，近无柄，薄革质，卵状披针形或卵状椭圆形，全缘，长2.5～4cm，宽8～12mm，顶端渐尖或短尖，基部阔楔形或近圆形；侧脉5～7对，被稀疏或稠密短柔毛；托叶小，早落。头状花序不计，花冠直径4～5mm，单生，顶生或兼有腋生，总花梗略被柔毛；小苞片线形或线状棒形；花萼管疏被短柔毛，萼裂片匙形或匙状棒形；花冠管长2～3mm，5裂，花冠裂片三角状，紫红色。果序直径8～12mm；小蒴果长卵状楔形，长3mm。花、果期5～12月。

【分布】 生于溪边、河边、沙滩等湿润地区。产于广东、广西、福建、江苏、浙江、湖南、江西和陕西（秦岭南坡）。

【功效与主治】 根入药，清热解表，活血解毒。用于感冒发热、咳嗽、腮腺炎、咽喉肿痛、肝炎、风湿关节痛、创伤出血。

栀　子

Gardenia jasminoides Ellis

【形态】常绿灌木，高达1m多。枝上常具灰褐色毛茸。叶对生或3叶轮生，革质，椭圆形、长圆状倒披针形或长圆状倒卵形，基部渐狭，全缘，上面光亮无毛，下面脉腋间簇生短毛，有短叶柄；托叶鞘状。花单生，有短梗；花筒长1～2cm，先端5～7裂，裂片线状披针形，与鄂筒近等长或稍长；花冠白色，芳香，高脚碟状，花冠管长3～4cm，先端5～7裂，裂片倒卵形或倒披针形，长2.5～3cm，覆瓦状排列；雄蕊与花冠裂片同数。花丝极短，花药线形，稍露出于花冠管外；子房下位，1室。蒴果倒卵形或椭圆形，长2～4cm，黄色或橘红色，有5～9条翅状纵棱，萼片宿存；种子多数，嵌生在肉质胎座上。花期4～6月，果期7～8月。

【分布】生于海拔10～1500m处的旷野、丘陵、山谷、山坡、溪边的灌丛或林中。产于山东、江苏、安徽、浙江、江西、福建、台湾、湖北、湖南、广东、香港、广西、海南、四川、贵州和云南，河北、陕西和甘肃有栽培。

【功效与主治】成熟果实入药（药名“栀子”），泻火除烦，清热利湿，凉血解毒，外用消肿止痛。用于热病心烦、湿热黄疸、淋证涩痛、血热吐衄、目赤肿痛、火毒疮疡；外治扭挫伤痛。

栀子为《中国药典》收录中药栀子的基源。

猪殃殃

Galium aparine Linn. var. *tenerum*（Gren. et Godr.）Rchb.

【形态】 多枝、蔓生或攀援状草本；茎有 4 棱角，棱上、叶缘及叶下面中脉上均有倒生小刺毛。叶 4 ～ 8 片轮生，近无柄；叶片纸质或近膜质，条状倒披针形，长 1 ～ 3cm，顶端有凸尖头，1 脉，干时常卷缩。聚伞花序腋生或顶生，单生或 2 ～ 3 个簇生，有花数朵；花小，黄绿色，4 数，有纤细梗；花萼被钩毛，檐近截平；花冠辐状，裂片矩圆形，长不及 1mm，镊合状排列。果干燥，有 1 个或 2 个近球状的分果爿，密被钩毛，果梗直，每一爿有 1 颗平凸的种子。

【分布】 生于路边或草地上。自华南、西南至东北广布。

【功效与主治】 全草入药，清热解毒，利尿消肿。用于感冒、牙龈出血、急慢性阑尾炎、泌尿系感染、水肿、痛经、崩漏、白带、癌症、白血病；外用治乳腺炎初起、痈疖肿毒、跌打损伤。

插田泡

Rubus coreanus Miquel

【形态】灌木。枝有弯而扁的刺。小叶 5 ～ 7 枚，倒小叶卵形、长 3 ～ 5cm，宽 2 ～ 4cm，先端急尖，基部楔形，顶部小叶菱状卵形，长 4 ～ 6cm，宽 3 ～ 6cm，先端急尖，基部圆楔形，有时 3 裂，边缘有不整齐粗锯齿，两面无毛或下面脉上有毛；叶柄长 2 ～ 3cm，有刺，托叶线形。伞房花序顶生或腋生；密生短毛，花少数；花萼宽披针形，先端尾状，里面有白色绒毛，外面有短毛；花瓣倒卵形，长 5mm，白色。果卵形，直径 5mm，红色。花期 4 ～ 5 月，果期 7 ～ 8 月。

【分布】生于海拔 100 ～ 1700m 的山坡灌丛或山谷、河边、路旁。产于陕西、甘肃、河南、江西、湖北、湖南、江苏、浙江、福建、安徽、四川、贵州、新疆。

【功效与主治】果实、根及茎入药。果入药，补肾固精，用于阳痿、遗精、遗尿、白带；根、不定根入药，调经活血，止血止痛，用于跌打损伤、骨折、月经不调；外用治外伤出血。

长叶地榆

Sanguisorba officinalis L. var. *longifolia*（Bertol.）Yü et Li

【形态】多年生草本，高 30 ～ 120cm。根粗壮，多呈纺锤形，稀圆柱形，表面棕褐色或紫褐色，有纵皱及横裂纹，横切面黄白或紫红色，较平正。茎直立，有棱。基生叶为羽状复叶，有小叶 4 ～ 6 对；小叶片有短柄，小叶带状长圆形至带状披针形，茎生叶较多，与基生叶相似，但更长而狭窄。花穗长圆柱形，长 2 ～ 6cm，直径通常 0.5 ～ 1cm，从花序顶端向下开放；苞片膜质，披针形，比萼片短或近等长；萼片 4 枚，紫红色，椭圆形至宽卵形，背面被疏柔毛，中央微有纵棱脊，顶端常具短尖头；雄蕊 4 枚，花丝丝状，不扩大，与萼片近等长；子房外面无毛或基部微被毛，柱头顶端扩大，盘形，边缘具流苏状乳头。果实包藏在宿存萼筒内，外面有斗棱。花果期 8 ～ 11 月。

【分布】生于山坡草地、溪边、灌丛、湿草地及疏林中，海拔 100 ～ 3000m。产于黑龙江、辽宁、河北、山西、甘肃、河南、山东、湖北、安徽、江苏、浙江、江西、四川、湖南、贵州、云南、广西、广东、台湾。

【功效与主治】根入药（药名“地榆”），功效同地榆。

长叶地榆与同科植物地榆 *Sanguisorba officinalis* L. 同为《中国药典》收录中药地榆的基源。

地 榆

Sanguisorba officinalis Linnaeus

【形态】 多年生草本，高30～120cm。根粗壮，多纺锤形，表面棕褐色或紫褐色，有纵皱及横裂纹，横切面黄白或紫红色。茎直立，有棱。基生叶为羽状复叶，有小叶4～6对；小叶片有短柄，卵形或长圆状卵形，长1～7cm，宽0.5～3cm，边缘有多数粗大圆钝稀急尖的锯齿；茎生叶较少，小叶片有短柄至几无柄，长圆形至长圆披针形，狭长。穗状花序椭圆形，圆柱形或卵球形，直立，通常长1～3（4）cm，横径0.5～1cm，从花序顶端向下开放；苞片膜质，披针形，比萼片短或近等长；萼片4枚，紫红色，椭圆形至宽卵形，中央微有纵棱脊；雄蕊4枚，花丝丝状，不扩大，与萼片近等长或稍短；子房外面无毛或基部微被毛，柱头顶端扩大，盘形，边缘具流苏状乳头。果实包藏在宿存萼筒内，外面有斗棱。花果期7～10月。

【分布】 生于草原、草甸、山坡草地、灌丛中、疏林下，海拔30～3000m。产于黑龙江、吉林、辽宁、内蒙古、河北、山西、陕西、甘肃、青海、新疆、山东、河南、江西、江苏、浙江、安徽、湖南、湖北、广西、四川、贵州、云南、西藏。广布于欧洲、亚洲北温带。

【功效与主治】 根入药（药名“地榆”），凉血止血，解毒敛疮。用于便血、痔血、血痢、崩漏、水火烫伤、痈肿疮毒。

地榆与同科植物长叶地榆 *Sanguisorba officinalis* L. var. *longifolia*（Bert.）Yü et Li 同为《中国药典》收录中药地榆的基源。

灰白毛莓

Rubus tephrodes Hance

【形态】 半灌木状，枝条圆，与叶柄、总梗均密被灰白色状伏毛，密被腺状刚毛，刺疏生，下弯。叶近圆形，长宽各 5 ～ 6cm，基部心形，掌状 5 裂，中央裂片短急尖，上面疏被长柔毛，下面密被白色绒毛，网脉明显；托叶小，流苏状细裂，脱落；叶柄长 1.5 ～ 3cm，聚伞圆锥花序疏生，有多花，顶生，被腺状绒毛；苞片卵形，羽状流苏状，脱落；花小，有梗；萼外面被白色绒毛。果大，黑色。花期 6 ～ 7 月，果期 9 月。

【分布】 生于山坡、路旁或灌丛中，海拔达 1500m。产于湖北、湖南、江西、安徽、福建、台湾、广东、广西、贵州。

【功效与主治】 根、叶及种子入药，活血散瘀，祛风通络。主治经闭、腰痛、腹痛、筋骨疼痛、跌打损伤、感冒、痢疾。

火　棘

Pyracantha fortuneana （Maxim.）Li

【形态】常绿灌木，高达 3m；侧枝短，先端成刺状，嫩枝外被锈色短柔毛，老枝暗褐色，无毛；芽小，外被短柔毛。叶片倒卵形或倒卵状长圆形，长 1.5 ～ 6cm，宽 0.5 ～ 2cm，先端圆钝或微凹，有时具短尖头，基部楔形，下延连于叶柄，边缘有钝锯齿，齿尖向内弯，近基部全缘，两面皆无毛；叶柄短，无毛或嫩时有柔毛。花集成复伞房花序，直径 3 ～ 4cm，花梗和总花梗近于无毛，花梗长约 1cm；花直径约 1cm；萼筒钟状，无毛；萼片三角卵形，先端钝；花瓣白色，近圆形，长约 4mm，宽约 3mm；雄蕊 20，花丝长 3 ～ 4mm，药黄色；花柱 5，离生，与雄蕊等长，子房上部密生白色柔毛。果实近球形，直径约 5mm，橘红色或深红色。花期 3 ～ 5 月，果期 8 ～ 11 月。

【分布】生于山地、丘陵地、阳坡、灌丛、草地及河沟路旁，海拔 500 ～ 2800m。产于陕西、河南、江苏、浙江、福建、湖北、湖南、广西、贵州、云南、四川、西藏。我国西南各省区田边习见栽培作绿篱。

【功效与主治】果实、根及叶入药。果入药，消积止痢，活血止血，用于消化不良、肠炎、痢疾、小儿疳积、崩漏、白带、产后腹痛；根入药，清热凉血，用于虚劳骨蒸潮热、肝炎、跌打损伤、筋骨疼痛、腰痛、崩漏、白带、月经不调、吐血、便血；叶入药，清热解毒，外敷治疮疡肿毒。

金樱子

Rosa laevigata Michx.

【形态】常绿攀援灌木，高可达5m；小枝粗壮，散生扁弯皮刺，幼时被腺毛，老时逐渐脱落减少。小叶革质，通常3，稀5，连叶柄长5～10cm；小叶片椭圆状卵形、倒卵形或披针状卵形，长2～6cm，宽1.2～3.5cm，边缘有锐锯齿，下面幼时沿中肋有腺毛，老时逐渐脱落无毛；小叶柄和叶轴有皮刺和腺毛；托叶离生或基部与叶柄合生，披针形，边缘有细齿，齿尖有腺体，早落。花单生于叶腋，直径5～7cm；花梗长1.8～2.5cm，花梗和萼筒密被腺毛，随果实成长变为针刺；萼片卵状披针形，先端呈叶状，边缘羽状浅裂或全缘，常有刺毛和腺毛，比花瓣稍短；花瓣白色，宽倒卵形，先端微凹；雄蕊多数；心皮多数，花柱离生，比雄蕊短很多。果梨形、倒卵形，稀近球形，紫褐色，外面密被刺毛，果梗长约3cm，萼片宿存。花期4～6月，果期7～11月。

【分布】喜生于向阳的山野、田边、溪畔、灌木丛中，海拔200～1600m。产于陕西、安徽、江西、江苏、浙江、湖北、湖南、广东、广西、台湾、福建、四川、云南、贵州等省区。

【功效与主治】成熟果实入药（药名“金樱子”），固精缩尿，固崩止带，涩肠止泻。用于遗精滑精、遗尿尿频、崩漏带下、久泻久痢。

金樱子为《中国药典》收录中药金樱子的基源。

龙芽草（仙鹤草）

Agrimonia pilosa Ledeb.

【形态】多年生草本。茎高30～120cm，被疏柔毛及短柔毛。叶为间断奇数羽状复叶，通常有小叶3～4对，稀2对，向上减少至3小叶；小叶片无柄或有短柄，倒卵形，倒卵椭圆形或倒卵披针形，长1.5～5cm，宽1～2.5cm，边缘有急尖到圆钝锯齿，下面有显著腺点；托叶草质，绿色，镰形，稀卵形，边缘有尖锐锯齿或裂片，稀全缘，茎下部托叶有时卵状披针形，常全缘。花序穗状总状顶生，分枝或不分枝，花梗长1～5mm；苞片通常深3裂，裂片带形，小苞片对生，卵形，全缘或边缘分裂；花直径6～9mm；萼片5，三角卵形；花瓣黄色，长圆形；雄蕊5～8（15）枚；花柱2，丝状，柱头头状。果实倒卵圆锥形，外面有10条肋，顶端有数层钩刺，幼时直立，成熟时靠合，连钩刺长7～8mm，最宽处直径3～4mm。花果期5～12月。

【分布】常生于溪边、路旁、草地、灌丛、林缘及疏林下，海拔100～3800m。我国南北各省区均有分布。

【功效与主治】地下冬芽入药（药名“仙鹤草”），收敛止血，截疟，止痢，解毒，补虚。用于咯血、吐血、崩漏下血、疟疾、血痢、痈肿疮毒、阴痒带下、脱力劳伤。

龙牙草（仙鹤草）为《中国药典》收录中药仙鹤草的基源。

路边青

Geum aleppicum Jacq.

【形态】多年生草本，高60～100cm；全体被直立开展的长硬毛或近无毛。根生叶有柄，羽状全裂，侧小叶稍小，各2～5对，各对间常有附属小叶片，顶小叶菱状卵形至圆形，长5～10cm，宽3～7cm，先端圆至急尖，基部楔形至心形，茎生叶有短柄，由3～5个小叶组成；托叶倒卵形，有缺刻。花单生枝顶，有长梗，梗上被微柔毛及长硬毛；花黄色，直径15mm；心皮多数，花柱宿存，先端有沟刺。花期6～9月。

【分布】生于山坡草地、沟边、地边、河滩、林间隙地及林缘，海拔200～3500m。产于黑龙江、吉林、辽宁、内蒙古、山西、陕西、甘肃、新疆、山东、河南、湖北、四川、贵州、云南、西藏。

【功效与主治】全草或根入药，清热解毒，活血止痛，调经止带。主治疮痈肿痛、口疮咽痛、跌打伤痛、风湿痹痛、泻痢腹痛、月经不调、崩漏带下、脚气水肿、小儿惊风。

枇 杷

Eriobotrya japonica (Thunb.) Lindl.

【形态】 常绿小乔木，高可达 10m；叶片革质，披针形、倒披针形、倒卵形或椭圆长圆形，长 12 ～ 30cm，宽 3 ～ 9cm，上部边缘有疏锯齿，基部全缘，上面光亮，多皱，下面密生灰棕色绒毛，侧脉 11 ～ 21 对；叶柄短或几无柄，长 6 ～ 10mm。圆锥花序顶生，长 10 ～ 19cm，具多花；花梗长 2 ～ 8mm；花直径 12 ～ 20mm；萼筒浅杯状，长 4 ～ 5mm，萼片三角卵形，长 2 ～ 3mm；花瓣白色，长圆形或卵形，长 5 ～ 9mm，宽 4 ～ 6mm，基部具爪；雄蕊 20，远短于花瓣，花丝基部扩展；花柱 5，离生，柱头头状，子房顶端有锈色柔毛，5 室，每室有 2 胚珠。果实球形或长圆形，直径 2 ～ 5cm，黄色或橘黄色，外有锈色柔毛，不久脱落；种子 1 ～ 5 颗，球形或扁球形，直径 1 ～ 1.5cm，褐色，种皮纸质。花期 10 ～ 12 月，果期 5 ～ 6 月。

【分布】 各地广行栽培，四川、湖北有野生者。产于甘肃、陕西、河南、江苏、安徽、浙江、江西、湖北、湖南、四川、云南、贵州、广西、广东、福建、台湾。

【功效与主治】 叶入药（药名“枇杷叶”），清肺止咳，降逆止呕。用于肺热咳嗽、气逆喘急、胃热呕逆、烦热口渴。

枇杷为《中国药典》收录中药枇杷叶的基源。

山　莓

Rubus corchorifolius L. f.

【形态】 灌木，刺多，茎、叶柄及少数叶下面均有小刺。叶长圆形，长4～10cm，宽2～4cm，基部心形，两侧有时有浅裂，先端渐尖，叶上面脉上被短毛，下面无毛，边有不整齐的锯齿。花单生，白色，梗长7～12mm，密被短柔毛；萼长7～10mm，有伏毛，筒浅杯形，萼片宽披针形，里面有伏毛；花瓣长10mm。果球形，直径10～12mm，红色。花期4～5月。

【分布】 普遍生于向阳山坡、溪边、山谷、荒地和疏密灌丛中潮湿处，海拔200～2200m。除东北、甘肃、青海、新疆、西藏外，全国均有分布。

【功效与主治】 根入药，活血，止血，祛风利湿，用于吐血、便血、肠炎、痢疾、风湿关节痛、跌打损伤、月经不调、白带。叶入药，消肿解毒，外用治痈疖、肿毒。

蛇含委陵菜

Potentilla kleiniana Wight et Arn.

【形态】一年生、二年生或多年生宿根草本。多须根。基生叶为近于鸟足状5小叶，连叶柄长3～20cm；小叶几无柄稀有短柄，小叶片倒卵形或长圆倒卵形，长0.5～4cm，宽0.4～2cm，边缘有多数急尖或圆钝锯齿，下部茎生叶有5小叶，上部茎生叶有3小叶，小叶与基生小叶相似，唯叶柄较短；基生叶托叶膜质，茎生叶托叶草质，卵形至卵状披针形，全缘，稀有1～2齿。聚伞花序密集枝顶如假伞形，花梗长1～1.5cm，下有茎生叶如苞片状；花直径0.8～1cm；萼片三角卵圆形，副萼片披针形或椭圆披针形，花时比萼片短，果时略长或近等长；花瓣黄色，倒卵形，顶端微凹，长于萼片；花柱近顶生，圆锥形，基部膨大，柱头扩大。瘦果近圆形，一面稍平，直径约0.5mm，具皱纹。花果期4～9月。

【分布】生于田边、水旁、草甸及山坡草地，海拔400～3000m。产于辽宁、陕西、山东、河南、安徽、江苏、浙江、湖北、湖南、江西、福建、广东、广西、四川、贵州、云南、西藏。

【功效与主治】全草药用，有清热，解毒，止咳，化痰之效，捣烂外敷治疮毒、痈肿及蛇虫咬伤。

【鉴别】本种广泛分布我国南北各省，生北方干旱地带，水湿条件较好地区植株多高大直立，花茎、叶柄和叶片下面密被开展长柔毛，花序顶生着多花如假伞形，而生在华南潮湿温暖地区多为匍匐小草，每节生不定根，花茎、叶柄及叶片毛多脱落，聚伞花序着花减少，成为两个不同的生态变异，但这种情况在我国南方两个类型很不固定，很难再加以划分。

蛇　莓

Duchesnea indica（Andrews）Focke

【形态】长匍匐茎铺地生，有柔毛。三出复叶，小叶卵形至椭圆形，长 2 ～ 3.5cm，宽 1 ～ 3cm，先端钝，基部楔形，叶两面尤以下面有毛散生，侧小叶有时有 2 浅裂；叶柄短，被斜展的长柔毛；托叶狭卵形至宽披针形，有时有三裂。花黄色，单生叶腋，宽 1 ～ 1.5cm，花梗长 3 ～ 6cm，被柔毛；花托扁平，果期膨大成半圆形，红色；副萼片 5，先端 3 ～ 5 裂；萼片狭卵，长 5 ～ 8mm，比副萼片小，均有柔毛；花瓣长圆形或倒卵形，长约 5 ～ 10mm。果球形，直径 10mm，瘦果小，长约 1.5mm。花期 4 ～ 6 月。

【分布】生于山坡、河岸、草地、潮湿的地方，海拔 1800m 以下。产于辽宁以南各省区。

【功效与主治】全草入药，清热解毒，散瘀消肿。用于感冒发热、咳嗽、小儿高热惊风、咽喉肿痛、白喉、黄疸型肝炎、细菌性痢疾、阿米巴痢疾、月经过多；外用治腮腺炎、毒蛇咬伤、眼结膜炎、疔疮肿毒、带状疱疹、湿疹。亦可试治癌症，并可用于杀灭孑孓、蝇蛆。

石 楠

Photinia serratifolia（Desfontaines）Kalkman

【形态】常绿乔木或灌木，高10m，无毛。小枝灰褐灰。叶革质，长椭圆形、长倒卵形或倒卵状椭圆形，长9～20cm，宽3～6.5cm，先端渐尖，基部圆形或宽楔形，边缘有疏生带腺体的细锯齿，叶上面暗绿色，叶下面黄绿色。无毛；叶柄长2～4cm，被柔毛。复伞房花序顶生，宽10～16cm，花梗长3～5mm；花白色，直径6～8mm。果球形，直径5～6mm，红色。花期5～7月，果期10月。

【分布】生于杂木林中，海拔1000～2500m。产于湖南、湖北、福建、台湾、广东、广西、四川、云南、贵州。

【功效与主治】根入药，祛风除湿，活血解毒。主治风痹、历节痛风、外感咳嗽、疮痈肿痛、跌打损伤。

小果蔷薇

Rosa cymosa Tratt.

【形态】 攀援灌木，高 2 ～ 5m；小枝圆柱形，有钩状皮刺。小叶 3 ～ 5，稀 7；连叶柄长 5 ～ 10cm；小叶片卵状披针形或椭圆形，稀长圆披针形，长 2.5 ～ 6cm，宽 8 ～ 25mm，边缘有紧贴或尖锐细锯齿；小叶柄和叶轴有稀疏皮刺和腺毛；托叶膜质，离生，线形，早落。花多朵成复伞房花序；花直径 2 ～ 2.5cm，花梗长约 1.5cm，幼时密被长柔毛，老时逐渐脱落近于无毛；萼片卵形，先端渐尖，常有羽状裂片，外面近无毛，稀有刺毛，内面被稀疏白色绒毛，沿边缘较密；花瓣白色，倒卵形，先端凹，基部楔形；花柱离生，稍伸出花托口外，与雄蕊近等长，密被白色柔毛。果球形，直径 4 ～ 7mm，红色至黑褐色，萼片脱落。花期 5 ～ 6 月，果期 7 ～ 11 月。

【分布】 多生于向阳山坡、路旁、溪边或丘陵地，海拔 250 ～ 1300m。产于江西、江苏、浙江、安徽、湖南、四川、云南、贵州、福建、广东、广西、台湾等省区。

【功效与主治】 根和叶可入药。根入药，祛风除湿，收敛固脱，用于风湿关节痛、跌打损伤、腹泻、脱肛、子宫脱垂；叶入药，解毒消肿，用于治痈疖疮疡、烧烫伤。

【鉴别】 本种与单瓣的木香花 *R. banksiae* Ait. 均有 3 ～ 5 小叶，夏季盛开白色芳香的花朵，秋后结红色球形果实，两者极为近似，但本种花序为复伞房状花序，外萼片常有羽状裂片，雌蕊花柱被毛，突出花托口外，是其特点。叶形大小以及小枝、花梗上密被短柔毛或完全无毛变异甚大，中间类型很多不易划分。

野山楂

Crataegus cuneata Siebold & Zuccarini

【形态】 落叶灌木，有刺。小枝幼时被毛。叶宽倒卵形至倒卵状长圆形，长2～6cm，宽1～4cm，先端钝，上部有3裂，有不整齐的牙齿及缺刻，下部全缘，基部楔形，上面被疏柔毛，下面被长柔毛；叶柄长达3cm。伞房花序有2～6花，顶生短枝，总梗及花梗被柔毛；花直径1.8cm；萼片卵圆状披针形，渐尖；花瓣近圆形，白色；花柱5裂。梨果稍球形，成熟后红色，宽10～12mm，核4～5，花期4～5月，果期5月。

【分布】 生于山谷、多石湿地或山地灌木丛中，海拔250～2000m。产于河南、湖北、江西、湖南、安徽、江苏、浙江、云南、贵州、广东、广西、福建。

【功效与主治】 果实药用，有消食健胃，行气散瘀之功效。

中华绣线菊

Spiraea chinensis Maximowicz

【形态】灌木，高 1.5m；枝条弯曲，幼时有黄色绒毛。叶片菱状卵形或倒卵形，长 3 ～ 5cm，宽 1.5 ～ 3.5cm，先端急尖或圆形，基部圆形或宽楔形，边缘有缺刻状锯齿，有时呈三裂，叶上面深绿色，有微柔毛，下面有黄色柔毛；叶柄长 4 ～ 10mm。花白色，直径 3 ～ 4mm，排成多花的伞形花序，有柔毛；萼片卵状披针形，蓇葖有柔毛，花柱稍外弯。花期 5 月。

【分布】生于山坡灌木丛中、山谷溪边、田野路旁，海拔 500 ～ 2040m。产于内蒙古、河北、河南、陕西、湖北、湖南、安徽、江西、江苏、浙江、贵州、四川、云南、福建、广东、广西。

【功效与主治】根入药，利咽消肿，祛风止痛。主治咽喉肿痛、风湿痹痛。

白　英

Solanum lyratum Thunb.

【形态】 草质藤本，长 0.5 ～ 1m；茎及小枝密生具节的长柔毛。叶多为琴形，长 3.5 ～ 5.5cm，宽 2.5 ～ 4.8cm，顶端渐尖，基部常 3 ～ 5 深裂或少数全缘，裂片全缘，侧裂片顶端圆钝，中裂片较大，卵形，两面均被长柔毛；叶柄长 1 ～ 3cm。聚伞花序顶生或腋外生，疏花；花梗长 8 ～ 15mm；花萼杯状，直径约 3mm，萼齿 5；花冠蓝紫色或白色，直径 1.1cm，5 深裂；雄蕊 5；子房卵形。浆果球形，成熟时黑红色，直径 8mm。花期 7 ～ 9 月，果期 9 ～ 11 月。

【分布】 喜生于山谷草地或路旁、田边。湖北五峰县各地分布；国内分布于甘肃、陕西、河南、山东以及长江以南各省区。

【功效与主治】 全草入药，清热解毒，利湿消肿，抗肿瘤，用于癌症、感冒发热、乳痈、恶疮、湿热黄疸、腹水、白带、肾炎水肿；外用治痈疖肿毒。根入药，用于风湿痹痛。果实入药，用于风火牙痛。

假酸浆

Nicandra physalodes （L.）Gaertner

【形态】一年生直立草本，高0.4～1.5m，主根长锥形。茎粗壮，有棱沟，上部交互不等的二歧分枝。叶互生，卵形或椭圆形，草质，长4～12cm，宽2～8cm，先端急尖或短渐尖，基部楔形，边缘有具圆缺的粗齿或浅裂，两面有疏毛。花单生于枝腋而与叶对生，淡紫色，通常具较叶柄长的花梗，俯垂；花萼5深裂，果时膀胱状膨大，裂片顶端锐尖，基部心形，有2尖锐的耳片；花冠钟形，5浅裂。雄蕊5，子房3～5室。浆果球形，直径1.5～2cm，黄色，被膨大的宿萼所包围；种子淡褐色，花果期5～7月。

【分布】生于田边、荒地或住宅区。我国南北均有作药用或观赏栽培，河北、甘肃、四川、贵州、云南、西藏等省区有逸为野生。

【功效与主治】全草、果实和花药用，清热解毒，利尿镇静。主治感冒发热、鼻渊、热淋、痈肿疮疖、癫痫、狂犬病。

江南散血丹

Physaliastrum heterophyllum (Hemsl.) Migo

【形态】 体高 30 ～ 60cm；根多条簇生，近肉质。茎直立，茎节略膨大；枝条较粗壮，平展。叶连叶柄长 7 ～ 19cm，宽 2 ～ 7cm，阔椭圆形、卵形或椭圆状披针形，顶端短渐尖或急尖，基部歪斜，变狭而成 1 ～ 6cm 长的叶柄，全缘而略波状，侧脉 5 ～ 7 对。花单生或成双生，花梗细瘦，有稀柔毛，长 1 ～ 1.5cm，果时伸长至 3 ～ 5cm，变无毛。花萼短钟状，长为花冠长的 1/3，长 5 ～ 7mm，直径 6 ～ 10mm，外面生疏柔毛，5 深中裂，裂片直立，狭三角形，渐尖，或多或少不等长，有缘毛，花后增大成近球状，直径约 2cm；花冠阔钟状，白色，长约 1.2 ～ 1.5cm，直径 1.5 ～ 2cm，檐部 5 浅裂，裂片扁三角形，有细缘毛；雄蕊长为花冠之半，长 6 ～ 8mm，花丝有稀疏柔毛。浆果直径约 1.8cm。5 月开花，8 月果熟。

【分布】 常生于海拔 450 ～ 1100m 的山坡或山谷林下潮湿地。产于河南、湖北、湖南、江西、浙江和江苏。

【功效与主治】 根入药，补气，主治虚劳气怯。

苦蘵（zhī）

Physalis angulata Linnaeus

【形态】一年生草本，被疏短柔毛或近无毛，高常30～50cm；茎多分枝，分枝纤细。叶柄长1～5cm，叶片卵形至卵状椭圆形，先端渐尖或急尖，基部阔楔形或楔形，全缘或有不等大的牙齿，两面近无毛，长3～6cm，宽2～4cm。花梗长约5～12mm，纤细，和花萼一样生短柔毛，长4～5mm，5中裂，裂片披针形，生缘毛；花冠淡黄色，喉部常有紫色斑纹，长4～6mm，直径6～8mm；花药蓝紫色或有时黄色，长约1.5mm。果萼卵球状，直径1.5～2.5cm，薄纸质，浆果直径约1.2cm；种子圆盘状，长约2mm。花果期5～11月。

【分布】常生于海拔500～1500m的山谷林下及村边路旁。分布于我国华东、华中、华南及西南。

【功效与主治】果、根或全草入药，清热解毒，消肿利尿。用于咽喉肿痛、腮腺炎、急慢性气管炎、肺脓肿、痢疾、睾丸炎、小便不利；外用治脓疱疮。

龙 葵

Solanum nigrum Linnaeus

【形态】 一年生直立草本，高 0.25 ～ 1m。叶卵形，长 2.5 ～ 10cm，宽 1.5 ～ 5.5cm，先端短尖，基部楔形至阔楔形而下延至叶柄，全缘或每边具不规则的波状粗齿，叶脉每边 5 ～ 6 条，叶柄长约 1 ～ 2cm。蝎尾状花序腋外生，由 3 ～ 6（10）花组成，总花梗长约 1 ～ 2.5cm，花梗长约 5mm；萼小，浅杯状，直径约 1.5 ～ 2mm，齿卵圆形，先端圆，基部两齿间连接处成角度；花冠白色，筒部隐于萼内，长不及 1mm，冠檐长约 2.5mm，5 深裂，裂片卵圆形，长约 2mm；花丝短，花药黄色，长约 1.2mm，约为花丝长度的 4 倍，顶孔向内；子房卵形，直径约 0.5mm，花柱长约 1.5mm，中部以下被白色绒毛，柱头小，头状。浆果球形，直径约 8mm，熟时黑色。种子多数，近卵形，直径约 1.5 ～ 2mm，两侧压扁。

【分布】 喜生于田边，荒地及村庄附近。我国几乎全国均有分布。广泛分布于欧、亚、美洲的温带至热带地区。

【功效与主治】 全株入药，清热解毒，利水消肿。用于感冒发烧、牙痛、慢性支气管炎、痢疾、泌尿系感染、乳腺炎、白带、癌症；外用治痈疖疔疮、天疱疮、蛇咬伤。有小毒。

珊瑚樱

Solanum pseudocapsicum Linnaeus

【形态】直立分枝小灌木，高达2m，全体无毛。叶狭矩圆形或披针形，长1～6cm，宽5～15mm，顶端钝或尖，基部狭楔形而下延至叶柄，全缘或波状；叶柄长2～5mm。花常单生或稀成蝎尾状花序，腋外生或近对叶生；花梗长3～4mm；花白色，直径8～10mm；花萼5裂；花冠檐部5裂；雄蕊5，着生于花冠筒喉部。浆果橙红色，直径1～1.5cm，果梗长约1cm，顶端膨大；种子盘状，扁平。

【分布】多见于田边、路旁、丛林中或水沟边，海拔1350～2800m地区常见，600m地区也有分布。在我国栽培，有时归化为野生种，见于河北、陕西、四川、云南、广西、广东、湖南、江西各省。

【功效与主治】根入药，活血止痛。治疗劳伤腰痛、损伤等症。

荚蒾

Viburnum dilatatum Thunb.

【形态】落叶灌木，高 1.5 ～ 3m。叶纸质，宽倒卵形、倒卵形或宽卵形，长 3 ～ 10（13）cm，边缘有牙齿状锯齿，齿端突尖，上面被叉状或简单伏毛，下面被带黄色叉状或簇状毛，脉腋集聚簇状毛，有带黄色或近无色的透亮腺点，近基部两侧有少数腺体，侧脉 6 ～ 8 对，直达齿端，上面凹陷，下面明显凸起；叶柄长（5）10 ～ 15mm；无托叶。复伞形式聚伞花序稠密，生于具 1 对叶的短枝之顶，直径 4 ～ 10cm，总花梗长 1 ～ 2（3）cm，第一级辐射枝 5 条，花生于第三至第四级辐射枝上；萼筒狭筒状，长约 1mm，有暗红色微细腺点，萼齿卵形；花冠白色，辐状，直径约 5mm，裂片圆卵形；雄蕊明显高出花冠，花药小，乳白色，宽椭圆形；花柱高出萼齿。果实红色，椭圆状卵圆形，长 7 ～ 8mm；核扁，卵形，长 6 ～ 8mm，直径 5 ～ 6mm。花期 5 ～ 6 月，果熟期 9 ～ 11 月。

【分布】生于山坡或山谷疏林下、林缘及山脚灌丛中，海拔 100 ～ 1000m。产于河北南部、陕西南部、江苏、安徽、浙江、江西、福建、台湾、河南南部、湖北、湖南、广东北部、广西北部、四川、贵州及云南（保山）。

【功效与主治】根入药，祛瘀消肿，解毒。主治跌打损伤、牙痛、淋巴结炎。

接骨草（陆英）

Sambucus chinensis Lindl.

【形态】 多年生直立草本。茎高 1 ～ 2m；具棱条，髓心白色。单数羽状复叶，对生，小叶 5 ～ 7，宽披针形狭卵形，长 5 ～ 17cm，宽 2 ～ 6cm，边缘有锯齿，复聚伞花序大型，顶生，具由不孕花变成的黄色杯状腺体，萼筒杯状，长约 1.5cm；裂齿三角形，长约 0.5mm；花冠白色，辐状，裂片 5，长约 1.5mm；柱头 3 裂。浆果状核果近球形，长 3 ～ 4mm，红色，核 2 ～ 3 颗，卵形，表面有小瘤状突起。花期 6 ～ 8 月，果熟期 8 ～ 11 月。

【分布】 生于海拔 300 ～ 2600m 的山坡、林下、沟边和草丛中，亦有栽种。产于陕西、甘肃、江苏、安徽、浙江、江西、福建、台湾、河南、湖北、湖南、广东、广西、四川、贵州、云南、西藏等省区。

【功效与主治】 根、茎及叶可入药。根入药，散瘀消肿，祛风活络，用于跌打损伤、扭伤肿痛、骨折疼痛、风湿关节痛；茎、叶入药，利尿消肿，活血止痛，用于肾炎水肿、腰膝酸痛；外用治跌打肿痛。

忍冬（金银花）

Lonicera japonica Thunb.

【形态】 半常绿藤本。叶纸质，卵形至矩圆状卵形，有时卵状披针形，稀圆卵形或倒卵形，极少有1至数个钝缺刻，长3～5（9.5）cm，小枝上部叶通常两面均密被短糙毛，下部叶常平滑无毛而下面多少带青灰色；叶柄长4～8mm，密被短柔毛。总花梗通常单生于小枝上部叶腋，与叶柄等长或稍较短，下方者则长达2～4cm；萼筒长约2mm，萼齿卵状三角形或长三角形；花冠白色，有时基部向阳面呈微红，后变黄色，长（2）3～4.5（6）cm，唇形，筒稍长于唇瓣，很少近等长，上唇裂片顶端钝形，下唇带状而反曲；雄蕊和花柱均高出花冠。果实圆形，直径6～7mm，熟时蓝黑色，有光泽；种子卵圆形或椭圆形，褐色，长约3mm。花期4～6月（秋季亦常开花），果熟期10～11月。

【分布】 生于山坡灌丛或疏林中、乱石堆、山足路旁及村庄篱笆边，海拔最高达1500m。除黑龙江、内蒙古、宁夏、青海、新疆、海南和西藏无自然生长外，全国各省均有分布。也常栽培。

【功效与主治】 花蕾或带初开的花入药（药名“金银花”），清热解毒，疏散风热。用于痈肿疔疮、喉痹、丹毒、热毒血痢、风热感冒、温病发热。

茎枝入药（药名“忍冬藤”），清热解毒，疏风通络。用于温病发热、热毒血痢、痈肿疮疡、风湿热痹、关节红肿热痛。

忍冬为《中国药典》收录中药金银花、忍冬藤的基源。忍冬是一种具有悠久历史的常用中药，对细菌性痢疾和各种化脓性疾病有效。

烟管荚蒾

Viburnum utile Hemsley

【形态】 常绿灌木，高达1～2m。小枝初被带黄褐色或带灰白色绒状簇状毛，后变无毛；二年生枝红褐色。叶卵圆状长圆形，有时卵圆形至卵圆状披针形，长2～6（8）cm，宽1～2.5（3.5）cm，先端稍钝，有时微凹，基部圆形，全缘，少数有疏浅齿，边稍反卷，上面深绿色，有光泽，或暗绿色而疏被簇状毛，下面有时被锈色簇状毛；叶柄长5～10（15）mm。聚伞花序辐射枝通常5条；总花梗粗壮，长1～3cm，萼筒长约2mm，无毛，萼齿卵状三角形，长约0.5mm，无毛或有少数簇状缘毛；花冠白色，花蕾时稍带淡红色；雄蕊着生于近花冠筒基部；花柱约与萼齿等长。核果长7～8mm，成熟时蓝黑色。花期3～5月，果熟期5～9月。

【分布】 生于山坡林缘或灌丛中，海拔500～1800m。产于陕西西南部、湖北西部、湖南西部至北部、四川及贵州东北部。

【功效与主治】 根、叶入药，止血，接骨。主治外伤出血、骨折、预防流感、治痢疾、下血、痔疮脱肛、风湿痹痛、白带、湿毒疮疡、跌打损伤。

多毛荛花

Wikstroemia pilosa Cheng

【形态】 灌木，高达 1m；当年生枝纤细，圆柱形，被长柔毛，越年生枝黄色，变为无毛。叶膜质，对生、近对生或互生，卵形、椭圆状卵形或椭圆形，长 1.5 ～ 3.8cm，宽 0.7 ～ 1.8cm，先端尖，基部宽楔形、圆形或截形，边缘稍反卷，两面被长柔毛，侧脉每边 3 ～ 5，凸出，边缘微反卷。总状花序顶生或腋生，密被疏柔毛，长等于叶或稍露出于叶外，具短花序梗；花黄色，具短梗；花萼筒纺锤形，具 10 脉，外面密被长柔毛，内面无毛，约长 10mm，裂片 5，长圆形，端圆，长 1 ～ 1.2mm；雄蕊 10，2 列，上列近喉部着生，下列固着于花萼筒中部以上，花药长圆形，约长 1mm；子房纺锤形，被长柔毛，长约 6mm，柱头头状；花盘鳞片 1 枚，线形，长约 1mm。果红色。花期秋季，果期冬季。

【分布】 凡山坡、路旁、灌丛中均有生长。产于浙江、安徽、江西、湖南等地。

【功效与主治】 根、茎皮入药，破结散瘀，清热解毒，消肿逐水。有小毒。

蕺菜（鱼腥草）

Houttuynia cordata Thunb.

【形态】腥臭草本，高30～60cm；茎下部伏地，节上轮生小根，上部直立，无毛或节上被毛，有时带紫红色。叶薄纸质，有腺点，背面尤甚，卵形或阔卵形，长4～10cm，宽2.5～6cm，顶端短渐尖，基部心形，两面有时除叶脉被毛外余均无毛，背面常呈紫红色；叶脉5～7条，全部基出或最内1对离基约5mm从中脉发出，如为7脉时，则最外1对很纤细或不明显；叶柄长1～3.5cm，无毛；托叶膜质，长1～2.5cm，顶端钝，下部与叶柄合生而成长8～20mm的鞘，且常有缘毛，基部扩大，略抱茎。花序长约2cm，宽5～6mm；总花梗长1.5～3cm，无毛；总苞片长圆形或倒卵形，长10～15mm，宽5～7mm，顶端钝圆；雄蕊长于子房，花丝长为花药的3倍。蒴果长2～3mm，顶端有宿存的花柱。花期4～7月。

【分布】生于沟边、溪边或林下湿地上。产于我国中部、东南至西南部各省区，东起台湾，西南至云南、西藏，北达陕西、甘肃。

【功效与主治】全株入药，有清热，解毒，利水之效。主治肠炎、痢疾、肾炎水肿及乳腺炎、中耳炎等。嫩根茎可食，我国西南地区人民常作蔬菜或调味品。

三白草

Saururus chinensis (Lour.) Baill.

【形态】 湿生草本，高约1m余；茎粗壮，有纵长粗棱和沟槽，下部伏地，常带白色，上部直立，绿色。叶纸质，密生腺点，阔卵形至卵状披针形，长10～20cm，宽5～10cm，顶端短尖或渐尖，基部心形或斜心形，上部的叶较小，茎顶端的2～3片于花期常为白色，呈花瓣状；叶脉5～7条，均自基部发出，如为7脉时，则最外1对纤细，斜升约2～2.5cm即弯拱网结，网状脉明显；叶柄长1～3cm，无毛，基部与托叶合生成鞘状，略抱茎。花序白色，长12～20cm；总花梗长3～4.5cm，无毛，但花序轴密被短柔毛；苞片近匙形，上部圆，无毛或有疏缘毛，下部线形，被柔毛，且贴生于花梗上；雄蕊6枚，花药长圆形，纵裂，花丝比花药略长。果近球形，直径约3mm，表面多疣状凸起。花期4～6月。

【分布】 生于低湿沟边、塘边或溪旁。产于河北、山东、河南和长江流域及其以南各省区。日本、菲律宾至越南也有分布。

【功效与主治】 地上部分入药（药名“三白草”），利尿消肿，清热解毒。用于水肿、小便不利、淋沥涩痛、带下；外治疮疡肿毒、湿疹。

三白草为《中国药典》收录中药三白草的基源。

北柴胡

Bupleurum chinense DC.

【形态】 多年生草本。主根粗大，坚硬，分支或不分支。茎单一或丛生，高30～80cm，无毛，实心，上部多分枝，枝条稍呈“之”字形弯曲。基生叶倒披针形或狭椭圆形，早枯；中部以上的叶倒披针形或宽线状披针形，长3～11cm，宽6～16mm，先端渐尖，有突尖头，全缘，叶脉平行，7～9条，下面具白色粉霜。复伞形花序多数；总花序梗细长，水平开展；小总苞片狭披针形，2～3枚或缺；伞幅3～8，不等长；小总苞片披针形，5枚；花梗5～10；萼齿5；花瓣5，鲜黄色；雄蕊5，子房下位；花柱2。双悬果宽椭圆形，长约3mm，宽约2mm，果棱凸起呈窄翅状，棱槽中各具油管3个，合生面油管4个。花期7～8月，果期10月。

【分布】 生长于向阳山坡路边、岸旁或草丛中。产于我国东北、华北、西北、华东和华中各地。

【功效与主治】 根入药（药名“柴胡”），疏散退热，疏肝解郁，升举阳气。用于感冒发热、寒热往来、胸胁胀痛、月经不调、子宫脱垂、脱肛。

北柴胡与同科植物狭叶柴胡 *Bupleurum scorzonerifolium* Willd. 同为《中国药典》收录中药柴胡的基源，分别习称为“北柴胡”和“南柴胡”。

变豆菜

Sanicula chinensis Bunge

【形态】 多年生草本，高达1m。基生叶少数，近圆形、圆肾形至圆心形，通常3裂，少至5裂，中间裂片倒卵形，基部近楔形，长3～10cm，宽4～13cm，主脉1，无柄或有1～2mm长的短柄，两侧裂片通常各有1深裂，所有裂片表边缘有大小不等的重锯齿；叶柄长7～30cm；茎生叶逐渐变小，有柄或近无柄，通常3裂，裂片边缘有大小不等的重锯齿。花序2～3回叉式分枝，长1～2.5cm；伞形花序2～3出；小伞形花序有花6～10，雄花3～7，稍短于两性花，花柄长1～1.5mm；花瓣白色或绿白色、倒卵形至长倒卵形，长1mm、宽0.5mm、顶端内折；两性花3～4，无柄。果实圆卵形，长4～5mm，宽3～4mm，顶端萼齿成喙状突出，皮刺直立，顶端钩状，基部膨大。油管5，中型，合生面通常2，大而显著。花果期4～10月。

【分布】 生长在荫湿的山坡路旁、杂木林下、竹园边、溪边等草丛中；海拔200～2300m。产于东北、华东、中南、西北和西南各省区。

【功效与主治】 全草入药，解毒，止血。主治咽痛、咳嗽、月经过多、尿血、外伤出血、疮痈肿毒。

独　活

Heracleum hemsleyanum Diels

【形态】多年生草本，高达1～1.5m。根圆锥形，分枝，淡黄色。茎单一，圆筒形，中空，有纵沟纹和沟槽。叶膜质，茎下部叶一至二回羽状分裂，有3～5裂片，被稀疏的刺毛，尤以叶脉处较多，顶端裂片广卵形，3分裂，长8～13cm，两侧小叶较小，近卵圆形，3浅裂，边缘有楔形锯齿和短凸尖；茎上部叶卵形，3浅裂至3深裂，长3～8cm，宽8～10cm，边缘有不整齐的锯齿。复伞形花序顶生和侧生。花序梗长22～30cm；伞辐16～18，不等长，长2～7cm。每小伞形花序有花约20朵，花柄细长；萼齿不显；花瓣白色，二型；花柱基短圆锥形，花柱较短、柱头头状。果实近圆形，长6～7mm，背棱和中棱丝线状，侧棱有翅。背部每棱槽中有油管1，棒状，棕色，长为分生果长度的一半或稍超过，合生面有油管2。花期5～7月，果期8～9月。

【分布】野生于山坡阴湿的灌丛林下。产于四川、湖北。

【功效与主治】根入药，祛风止痛。用于风湿痹痛、关节炎、风湿性关节炎、痈肿。

《中国药典》收录中药独活的基源植物为伞形科植物重齿毛当归 *Angelica pubescens* Maxim. f. *biserrata* Shan et Yuan，但民间将本种作为牛尾独活商品药材的基源植物。

藁（gǎo）本

Ligusticum sinense Oliv.

【形态】多年生草本，高达1m。根茎发达，具膨大的结节。茎直立，圆柱形，中空，具条纹，基生叶具长柄，柄长可达20cm；叶片轮廓宽三角形，长10～15cm，宽15～18cm，二回三出式羽状全裂；第一回羽片轮廓长圆状卵形，长6～10cm，宽5～7cm，下部羽片具柄，柄长3～5cm，基部略扩大，小羽片卵形，长约3cm，宽约2cm，边缘齿状浅裂；茎中部叶较大，上部叶简化。复伞形花序顶生或侧生，果时直径6～8cm；伞辐14～30，长达5cm，四棱形，粗糙；花白色，花柄粗糙；萼齿不明显；花瓣倒卵形，先端微凹，具内折小尖头；花柱基隆起，花柱长，向下反曲。分生果幼嫩时宽卵形，稍两侧扁压，成熟时长圆状卵形，背腹扁压，长4mm，宽2～2.5mm，背棱突起，侧棱略扩大呈翅状；胚乳腹面平直。花期8～9月，果期10月。

【分布】生于海拔1000～2700m的林下、沟边草丛中。产于湖北、四川、陕西、河南、湖南、江西、浙江等省。其他省区多有栽培。

【功效与主治】根和根茎入药（药名“藁本”），祛风，散寒，除湿，止痛。用于风寒感冒、巅顶疼痛、风湿痹痛。

藁本与同科植物辽藁本 *Ligusticum jeholense* Nakai et Kitag. 同为《中国药典》收录中药藁本的基源。

积雪草

Centella asiatica（L.）Urban

【形态】多年生草本，茎匍匐，细长，节上生根。叶片膜质至草质，圆形、肾形或马蹄形，长 1 ～ 2.8cm，宽 1.5 ～ 5cm，边缘有钝锯齿，基部阔心形，两面无毛或在背面脉上疏生柔毛；掌状脉 5 ～ 7，两面隆起，脉上部分叉；叶柄长 1.5 ～ 27cm，无毛或上部有柔毛，基部叶鞘透明，膜质。伞形花序梗 2 ～ 4 个，聚生于叶腋，长 0.2 ～ 1.5cm，有或无毛；苞片通常 2，很少 3，卵形，膜质，长 3 ～ 4mm，宽 2.1 ～ 3mm；每一伞形花序有花 3 ～ 4，聚集呈头状，花无柄或有 1mm 长的短柄；花瓣卵形，紫红色或乳白色，膜质，长 1.2 ～ 1.5mm，宽 1.1 ～ 1.2mm；花柱长约 0.6mm；花丝短于花瓣，与花柱等长。果实两侧扁压，圆球形，基部心形至平截形，长 2.1 ～ 3mm，宽 2.2 ～ 3.6mm，每侧有纵棱数条，棱间有明显的小横脉，网状，表面有毛或平滑。花果期 4 ～ 10 月。

【分布】喜生于阴湿的草地或水沟边，海拔 200 ～ 1900m。分布于陕西、江苏、安徽、浙江、江西、湖南、湖北、福建、台湾、广东、广西、四川、云南等省区。

【功效与主治】全草入药（药名“积雪草”），清热利湿，解毒消肿，用于湿热黄疸、中暑腹泻、砂淋、血淋、痈肿疮毒、跌打损伤。

积雪草为《中国药典》收录中药积雪草、积雪草总苷的基源。

前　胡

Peucedanum praeruptorum Dunn

【形态】 多年生草本，高0.6～1m。根茎粗壮，径1～1.5cm，灰褐色，存留多数越年枯鞘纤维；根圆锥形，末端细瘦，常分叉。茎圆柱形，髓部充实。基生叶具长柄，叶柄长5～15cm，基部有卵状披针形叶鞘；叶片轮廓宽卵形或三角状卵形，三出式二至三回分裂，第一回羽片具柄，柄长3.5～6cm，末回裂片菱状倒卵形，无柄或具短柄，边缘具不整齐的3～4粗或圆锯齿，长1.5～6cm，宽1.2～4cm；茎下部叶具短柄，叶片形状与茎生叶相似；茎上部叶无柄，叶鞘稍宽，边缘膜质，叶片三出分裂，裂片狭窄，基部楔形，中间一枚基部下延。复伞形花序多数，顶生或侧生，伞形花序直径3.5～9cm；伞辐6～15，不等长，长0.5～4.5cm；小伞形花序有花15～20；花瓣卵形，白色；萼齿不显著；花柱短，弯曲，花柱基圆锥形。果实卵圆形，背部扁压，长约4mm，宽3mm，棕色。花期8～9月，果期10～11月。

【分布】 生长于海拔250～2000m的山坡林缘、路旁或半阴性的山坡草丛中。产于甘肃、河南、贵州、广西、四川、湖北、湖南、江西、安徽、江苏、浙江、福建（武夷山）。

【功效与主治】 根入药（药名“前胡”），降气化痰，散风清热。用于痰热喘满、咯痰黄稠、风热咳嗽痰多。

前胡为《中国药典》收录中药前胡的基源。

窃 衣

Torilis scabra（Thunb.）DC.

【形态】一年或多年生草本，高 20 ～ 120cm。主根细长，圆锥形，棕黄色，支根多数。茎有纵条纹及刺毛。叶柄长 2 ～ 7cm，下部有窄膜质的叶鞘；叶片长卵形，一至二回羽状分裂，两面疏生紧贴的粗毛，第一回羽片卵状披针形，长 2 ～ 6cm，宽 1 ～ 2.5cm，先端渐窄，边缘羽状深裂至全缘，有 0.5 ～ 2cm 长的短柄，末回裂片披针形以至长圆形，边缘有条裂状的粗齿至缺刻或分裂。复伞形花序顶生或腋生，花序梗长 3 ～ 25cm，有倒生的刺毛；伞辐 2 ～ 4，长 1 ～ 5cm，粗壮；小伞形花序有花 4 ～ 12，花柄长 1 ～ 4mm；萼齿细小，三角形或三角状披针形；花瓣白色、紫红或蓝紫色，倒圆卵形，顶端内折，长与宽均 0.8 ～ 1.2mm；花丝长约 1mm，花药圆卵形，长约 0.2mm；花柱基部平压状或圆锥形，花柱幼时直立，果熟时向外反曲。果实长圆形，长 4 ～ 7mm，宽 2 ～ 3mm；皮刺基部阔展，粗糙。花果期 4 ～ 11 月。

【分布】生长在山坡、林下、路旁、河边及空旷草地上；海拔 250 ～ 2400m。产于安徽、江苏、浙江、江西、福建、湖北、湖南、广东、广西、四川、贵州、陕西、甘肃等省区。

【功效与主治】果实或全草入药，杀虫止泻，收湿止痒。主治虫积腹痛、泄痢、疮疡溃烂、阴痒带下、风湿疹。

【鉴别】窃衣与小窃衣 *Torilis japonica*（Houtt.）DC. 的植物形态基本相似，区别点在于：小窃衣，总苞片 3 ～ 6，伞辐 4 ～ 12，果实圆卵形，长 1.5 ～ 4mm，宽 1.5 ～ 2.5mm。

蛇 床

Cnidium monnieri（L.）Cuss.

【形态】 一年生草本，高 10 ～ 60cm。根圆锥状，较细长。茎直立或斜上，多分枝，中空，表面具深条棱，粗糙。下部叶具短柄，叶鞘短宽，边缘膜质，上部叶柄全部鞘状；叶片轮廓卵形至三角状卵形，长 3 ～ 8cm，宽 2 ～ 5cm，二至三回三出式羽状全裂，羽片轮廓卵形至卵状披针形，长 1 ～ 3cm，宽 0.5 ～ 1cm，末回裂片线形至线状披针形，长 3 ～ 10mm，宽 1 ～ 1.5mm，边缘及脉上粗糙。复伞形花序直径 2 ～ 3cm；伞辐 8 ～ 20，不等长，长 0.5 ～ 2cm，棱上粗糙；小伞形花序具花 15 ～ 20，萼齿无；花瓣白色，先端具内折小舌片；花柱基略隆起，花柱长 1 ～ 1.5mm，向下反曲。分生果长圆状，长 1.5 ～ 3mm，宽 1 ～ 2mm，横剖面近五角形，主棱 5，均扩大成翅。花期 4 ～ 7 月，果期 6 ～ 10 月。

【分布】 生于田边、路旁、草地及河边湿地。产于华东、中南、西南、西北、华北、东北。

【功效与主治】 成熟果实入药（药名“蛇床子”），燥湿祛风，杀虫止痒，温肾壮阳。用于阴痒带下、湿疹瘙痒、湿痹腰痛、肾虚阳痿、宫冷不孕。

蛇床为《中国药典》收录中药蛇床子的基源。

水 芹

Oenanthe javanica（Bl.）DC.

【形态】多年生草本，高15～80cm，茎直立或基部匍匐。基生叶有柄，柄长达10cm，基部有叶鞘；叶片轮廓三角形，一至二回羽状分裂，末回裂片卵形至菱状披针形，长2～5cm，宽1～2cm，边缘有牙齿或圆齿状锯齿；茎上部叶无柄，裂片和基生叶的裂片相似，较小。复伞形花序顶生，花序梗长2～16cm；伞辐6～16，不等长，长1～3cm，直立和展开；小伞形花序有花20余朵，花柄长2～4mm；萼齿线状披针形，长与花柱基相等；花瓣白色，倒卵形，长1mm，宽0.7mm，有一长而内折的小舌片；花柱基圆锥形，花柱直立或两侧分开，长2mm。果实近于四角状椭圆形或筒状长圆形，长2.5～3mm，宽2mm，侧棱较背棱和中棱隆起，木栓质，分生果横剖面近于五边状的半圆形。花期6～7月，果期8～9月。

【分布】多生于浅水低洼地方或池沼、水沟旁。产于全国各地。农舍附近常见栽培。

【功效与主治】根及全草入药，清热利湿，止血，降血压。用于感冒发热、呕吐腹泻、尿路感染、崩漏、白带、高血压。

天胡荽

Hydrocotyle sibthorpioides Lam.

【形态】 多年生草本，有气味。茎细长而匍匐，平铺地上成片，节上生根。叶片膜质至草质，圆形或肾圆形，长 0.5 ～ 1.5cm，宽 0.8 ～ 2.5cm，基部心形，两耳有时相接，不分裂或 5 ～ 7 裂，裂片阔倒卵形，边缘有钝齿，表面光滑，背面脉上疏被粗伏毛，有时两面光滑或密被柔毛；叶柄长 0.7 ～ 9cm，无毛或顶端有毛；托叶略呈半圆形，薄膜质，全缘或稍有浅裂。伞形花序与叶对生，单生于节上；花序梗纤细，长 0.5 ～ 3.5cm，短于叶柄 1 ～ 3.5 倍；小总苞片卵形至卵状披针形，长 1 ～ 1.5mm，膜质，有黄色透明腺点，背部有 1 条不明显的脉；小伞形花序有花 5 ～ 18，花无柄或有极短的柄，花瓣卵形，长约 1.2mm，绿白色，有腺点；花丝与花瓣同长或稍超出，花药卵形；花柱长 0.6 ～ 1mm。果实略呈心形，长 1 ～ 1.4mm，宽 1.2 ～ 2mm，两侧扁压，中棱在果熟时极为隆起，幼时表面草黄色，成熟时有紫色斑点。花果期 4 ～ 9 月。

【分布】 通常生长在湿润的草地、河沟边、林下，海拔 475 ～ 3000m。产于陕西、江苏、安徽、浙江、江西、福建、湖南、湖北、广东、广西、台湾，四川、贵州、云南等省区。

【功效与主治】 全草入药，祛风清热，化痰止咳。用于黄疸型传染性肝炎、肝硬化腹水、胆石症、泌尿系感染、泌尿系结石、伤风感冒、咳嗽、百日咳、咽喉炎、扁桃体炎、目翳；外用治湿疹、带状疱疹、衄血。

鸭儿芹

Cryptotaenia japonica Hassk.

【形态】 多年生草本，高20～100cm。主根短，侧根多数，细长。茎直立，光滑，有分枝。基生叶或上部叶有柄，叶柄长5～20cm，叶鞘边缘膜质；叶片轮廓三角形至广卵形，长2～14cm，宽3～17cm，通常为3小叶；中间小叶片呈菱状倒卵形或心形，长2～14cm，宽1.5～10cm；两侧小叶片斜倒卵形至长卵形，长1.5～13cm，宽1～7cm，近无柄，所有的小叶片边缘有不规则的尖锐重锯齿，最上部的茎生叶近无柄，小叶片呈卵状披针形至窄披针形，边缘有锯齿。复伞形花序呈圆锥状，花序梗不等长；伞辐2～3，不等长，长5～35mm。小伞形花序有花2～4；花柄极不等长；萼齿细小，呈三角形；花瓣白色，倒卵形，长1～1.2mm，宽约1mm，顶端有内折的小舌片；花丝短于花瓣，花药卵圆形，长约0.3mm；花柱基圆锥形，花柱短，直立。分生果线状长圆形，长4～6mm，宽2～2.5mm。花期4～5月，果期6～10月。

【分布】 通常生于海拔200～2400m的山地、山沟及林下较阴湿的地方。产于河北、安徽、江苏、浙江、福建、江西、广东、广西、湖北、湖南、山西、陕西、甘肃、四川、贵州、云南。

【功效与主治】 全草入药，祛风止咳，活血祛瘀，用于感冒咳嗽、跌打损伤；外用治皮肤瘙痒。根入药，发表散寒，止咳化痰，活血止痛，主治风寒感冒、咳嗽、跌打肿痛。

芫荽（yán suī）

Coriandrum sativum Linnaeus

【形态】一年生或二年生，有强烈气味的草本，高 20 ～ 100cm。根纺锤形，细长，有多数纤细的支根。根生叶有柄，柄长 2 ～ 8cm；叶片一或二回羽状全裂，羽片广卵形或扇形半裂，长 1 ～ 2cm，宽 1 ～ 1.5cm，边缘有钝锯齿、缺刻或深裂，上部的茎生叶三回以至多回羽状分裂，末回裂片狭线形，长 5 ～ 10mm，宽 0.5 ～ 1mm，顶端钝，全缘。伞形花序顶生或与叶对生，花序梗长 2 ～ 8cm；伞辐 3 ～ 7，长 1 ～ 2.5cm；小伞形花序有孕花 3 ～ 9，花白色或带淡紫色；萼齿通常大小不等，小的卵状三角形，大的长卵形；花瓣倒卵形，长 1 ～ 1.2mm，宽约 1mm，顶端有内凹的小舌片，辐射瓣长 2 ～ 3.5mm，宽 1 ～ 2mm，通常全缘，有 3 ～ 5 脉；花丝长 1 ～ 2mm，花药卵形，长约 0.7mm；花柱幼时直立，果熟时向外反曲。果实圆球形，背面主棱及相邻的次棱明显。花果期 4 ～ 11 月。

【分布】原产欧洲地中海地区，现我国东北、河北、山东、安徽、江苏、浙江、江西、湖南、广东、广西、陕西、四川、贵州、云南、西藏等省区均有栽培。

【功效与主治】茎梗入药，宽中健胃，透疹。主治胞脘胀闷、消化不良、麻疹不透。

紫花前胡

Angelica decursiva（Miq.）Franch. et Sav.

【形态】多年生草本。根圆锥状，有少数分枝，径 1 ～ 2cm，外表棕黄色至棕褐色，有强烈气味。茎高 1 ～ 2m，直立，单一，中空，光滑，常为紫色。根生叶和茎生叶有长柄，柄长 13 ～ 36cm，基部膨大成圆形的紫色叶鞘，抱茎；叶片三角形至卵圆形，坚纸质，长 10 ～ 25cm，一回三全裂或一至二回羽状分裂；第一回裂片的小叶柄翅状延长，侧方裂片和顶端裂片的基部联合，沿叶轴呈翅状延长，翅边缘有锯齿；末回裂片卵形或长圆状披针形，长 5 ～ 15cm，宽 2 ～ 5cm，边缘有白色软骨质锯齿，背面绿白色，主脉常带紫色；茎上部叶简化成囊状膨大的紫色叶鞘。复伞形花序顶生和侧生，花序梗长 3 ～ 8cm ；伞辐 10 ～ 22，长 2 ～ 4cm ；花深紫色，萼齿明显，线状锥形或三角状锥形，花瓣倒卵形或椭圆状披针形，顶端通常不内折成凹头状，花药暗紫色。果实长圆形至卵状圆形，长 4 ～ 7mm，宽 3 ～ 5mm，背棱线形隆起，尖锐，侧棱有较厚的狭翅。花期 8 ～ 9 月，果期 9 ～ 11 月。

【分布】生长于山坡林缘、溪沟边或杂木林灌丛中。产于辽宁、河北、陕西、河南、四川、湖北、安徽、江苏、浙江、江西、广西、广东、台湾等地。

【功效与主治】根入药，降气化痰，散风清热。用于痰热喘满、咯痰黄稠、风热咳嗽痰多。

构 树

Broussonetia papyrifera（Linn.）L'Hér. ex Vent.

【形态】乔木，高10～20m；树皮暗灰色；小枝密生柔毛。叶螺旋状排列，广卵形至长椭圆状卵形，长6～18cm，宽5～9cm，先端渐尖，基部心形，两侧常不相等，边缘具粗锯齿，不分裂或3～5裂，小树之叶常有明显分裂，表面粗糙，疏生糙毛，背面密被绒毛，基生叶脉三出，侧脉6～7对；叶柄长2.5～8cm，密被糙毛；托叶大，卵形，狭渐尖，长1.5～2cm，宽0.8～1cm。花雌雄异株；雄花序为柔荑花序，粗壮，长3～8cm，苞片披针形，被毛，花被4裂。裂片三角状卵形，被毛，雄蕊4，花药近球形，退化雌蕊小；雌花序球形头状，苞片棍棒状，顶端被毛，花被管状，顶端与花柱紧贴，子房卵圆形，柱头线形，被毛。聚花果直径1.5～3cm，成熟时橙红色，肉质；瘦果具与等长的柄，表面有小瘤，龙骨双层，外果皮壳质。花期4～5月，果期6～7月。

【分布】野生或栽培。产于我国南北各地。

【功效与主治】乳液、根皮、树皮、叶、果实及种子可入药。子入药，补肾，强筋骨，明目，利尿，用于腰膝酸软、肾虚目昏、阳痿、水肿。叶入药，清热，凉血，利湿，杀虫，用于鼻衄、肠炎、痢疾。皮入药，利尿消肿，祛风湿，用于水肿、筋骨酸痛；外用治神经性皮炎及癣症。

葎 草

Humulus scandens (Lour.) Merr.

【形态】缠绕草本，茎、枝、叶柄均具倒钩刺。叶纸质，肾状五角形，掌状5～7深裂，稀为3裂，长宽约7～10cm，基部心脏形，表面粗糙，疏生糙伏毛，背面有柔毛和黄色腺体，裂片卵状三角形，边缘具锯齿；叶柄长5～10cm。雄花小，黄绿色，圆锥花序，长约15～25cm；雌花序球果状，径约5mm，苞片纸质，三角形，顶端渐尖，具白色绒毛；子房为苞片包围，柱头2，伸出苞片外。瘦果成熟时露出苞片外。花期春夏，果期秋季。

【分布】常生于沟边、荒地、废墟、林缘边。我国除新疆、青海外，南北各省区均有分布。

【功效与主治】全草入药，清热解毒，利尿消肿。用于肺结核潮热、肠胃炎、痢疾、感冒发热、小便不利、肾盂肾炎、急性肾炎、膀胱炎、泌尿系结石；外用治痈疖肿毒、湿疹、毒蛇咬伤。

桑

Morus alba Linnaeus

【形态】乔木或为灌木，高 3 ～ 10m 或更高，胸径可达 50cm，树皮厚，灰色，具不规则浅纵裂。叶卵形或广卵形，长 5 ～ 15cm，宽 5 ～ 12cm，边缘锯齿粗钝，有时叶为各种分裂，背面脉腋有簇毛；叶柄长 1.5 ～ 5.5cm；托叶披针形，早落。花单性，腋生或生于芽鳞腋内，与叶同时生出；雄花序下垂，长 2 ～ 3.5cm，密被白色柔毛，雄花。花被片宽椭圆形，淡绿色。花丝在芽时内折，花药 2 室，球形至肾形，纵裂；雌花序长 1 ～ 2cm，总花梗长 5 ～ 10mm 被柔毛，雌花无梗，花被片倒卵形，顶端圆钝，外面和边缘被毛，两侧紧抱子房，无花柱，柱头 2 裂，内面有乳头状突起。聚花果卵状椭圆形，长 1 ～ 2.5cm，成熟时红色或暗紫色。花期 4 ～ 5 月，果期 5 ～ 8 月。

【分布】本种原产我国中部和北部，现由东北至西南各省区，西北直至新疆均有栽培。

【功效与主治】叶入药（药名“桑叶”），疏散风热，清肺润燥，清肝明目，用于风热感冒、肺热燥咳、头晕头痛、目赤昏花；根皮入药（药名“桑白皮”），泻肺平喘，利水消肿，用于肺热喘咳、水肿胀满尿少、面目肌肤浮肿；嫩枝入药（药名“桑枝”），祛风湿，利关节，用于风湿痹病，肩臂、关节酸痛麻木；果穗入药（药名“桑椹”）滋阴补血，生津润燥，用于肝肾阴虚、眩晕耳鸣、心悸失眠、须发早白、津伤口渴、内热消渴、肠燥便秘。

桑为《中国药典》收录中药桑叶、桑白皮、桑枝、桑椹的基源。

无花果

Ficus carica Linnaeus

【形态】 落叶灌木，高3～10m，多分枝；树皮灰褐色，皮孔明显；小枝直立，粗壮。叶互生，厚纸质，广卵圆形，长宽近相等，10～20cm，通常3～5裂，小裂片卵形，边缘具不规则钝齿，表面粗糙，背面密生细小钟乳体及灰色短柔毛，基部浅心形，基生侧脉3～5条，侧脉5～7对；叶柄长2～5cm，粗壮；托叶卵状披针形，长约1cm，红色。雌雄异株，雄花和瘿花同生于一榕果内壁，雄花生内壁口部，花被片4～5，雄蕊3，有时1或5，瘿花花柱侧生，短；雌花花被与雄花同，子房卵圆形，光滑，花柱侧生，柱头2裂，线形。榕果单生叶腋，大而梨形，直径3～5cm，顶部下陷，成熟时紫红色或黄色，基生苞片3，卵形；瘦果透镜状。花果期5～7月。

【分布】 原产地中海沿岸，现南北均有栽培，新疆南部尤多。

【功效与主治】 果实、根及叶可入药。果入药，润肺止咳，清热润肠，用于咳喘、咽喉肿痛、便秘、痔疮；根、叶入药，肠炎、腹泻，外用治痈肿。

山　矾

Symplocos sumuntia Buch.-Ham. ex D. Don

【形态】乔木，嫩枝褐色。叶薄革质，卵形、狭倒卵形、倒披针状椭圆形，长3.5～8cm，宽1.5～3cm，先端常呈尾状渐尖，基部楔形或圆形，边缘具浅锯齿或波状齿，有时近全缘；中脉在叶面凹下，侧脉和网脉在两面均凸起，侧脉每边4～6条；叶柄长0.5～1cm。总状花序长2.5～4cm，被展开的柔毛；苞片早落，阔卵形至倒卵形，长约1mm，密被柔毛，小苞片与苞片同形；花萼长2～2.5mm，萼筒倒圆锥形，无毛，裂片三角状卵形，与萼筒等长或稍短于萼筒，背面有微柔毛；花冠白色，5深裂几达基部，长4～4.5mm，裂片背面有微柔毛；雄蕊25～35枚，花丝基部稍合生；花盘环状，无毛；子房3室。核果卵状坛形，长7～10mm，外果皮薄而脆，顶端宿萼裂片直立，有时脱落。花期2～3月，果期6～7月。

【分布】生于海拔200～1500m的山林间。产于江苏、浙江、福建、台湾、广东、海南、广西、江西、湖南、湖北、四川、贵州、云南等地。

【功效与主治】根、花、叶入药，清热利湿，理气化痰。用于治疗黄疸、咳嗽、关节炎；外用治急性扁桃体、鹅口疮。

山茱萸

Cornus officinalis Sieb. et Zucc.

【形态】 落叶乔木或灌木，高 4 ～ 10m。叶对生，纸质，卵状披针形或卵状椭圆形，长 5.5 ～ 10cm，宽 2.5 ～ 4.5cm，下面脉腋密生淡褐色丛毛，侧脉 6 ～ 7 对，弓形内弯；叶柄长 0.6 ～ 1.2cm。伞形花序生于枝侧，有总苞片 4，卵形，厚纸质至革质，长约 8mm，带紫色；总花梗粗壮，长约 2mm ；花小，两性，先叶开放；花萼裂片 4，阔三角形，与花盘等长或稍长，长约 0.6mm ；花瓣 4，舌状披针形，长 3.3mm，黄色，向外反卷；雄蕊 4，与花瓣互生，长 1.8mm，花丝钻形，花药椭圆形，2 室；花盘垫状；子房下位，花托倒卵形，长约 1mm，花柱圆柱形，长 1.5mm，柱头截形；花梗纤细，长 0.5 ～ 1cm。核果长椭圆形，长 1.2 ～ 1.7cm，直径 5 ～ 7mm，红色至紫红色。花期 3 ～ 4 月；果期 9 ～ 10 月。

【分布】 生于海拔 400 ～ 1500m，稀达 2100m 的林缘或森林中。产于山西、陕西、甘肃、山东、江苏、浙江、安徽、江西、河南、湖南等省。

【功效与主治】 果实入药（药名“山茱萸”），补益肝肾，收涩固脱。用于眩晕耳鸣、腰膝酸痛、阳痿遗精、遗尿尿频、崩漏带下、大汗虚脱、内热消渴。

山茱萸为《中国药典》收录中药山茱萸的基源。

小梾（lái）木

Cornus quinquenervis Franch.

【形态】落叶灌木，高 1 ～ 3m。幼枝对生，略具 4 棱。叶对生，纸质，椭圆状披针形、披针形，稀长圆卵形，长 4 ～ 9cm，宽 1 ～ 2.3（3.8）cm，全缘，侧脉通常 3 对，平行斜伸或在近边缘处弓形内弯；叶柄长 5 ～ 15mm。伞房状聚伞花序顶生，宽 3.5 ～ 8cm；总花梗圆柱形，长 1.5 ～ 4cm，略有棱角；花小，白色至淡黄白色，直径 9 ～ 10mm；花萼裂片 4，披针状三角形至尖三角形，长 1mm，长于花盘；花瓣 4，狭卵形至披针形，长 6mm，宽 1.8mm；雄蕊 4，长 5mm，花丝淡白色，长 4mm，花药长圆卵形，2 室，淡黄白色，长 2.4mm，丁字形着生；花盘垫状，略有浅裂，厚约 0.2mm；子房下位，花托倒卵形，长 2mm，直径 1.6mm，花柱棍棒形，长 3.5mm，淡黄白色，柱头小，截形，略有 3（4）个小突起；花梗细，圆柱形，长 2 ～ 9mm。核果圆球形，直径 5mm，成熟时黑色。花期 6 ～ 7 月；果期 10 ～ 11 月。

【分布】生于海拔 50 ～ 2500m 的河岸旁或溪边灌丛中。产于陕西和甘肃南部以及江苏、福建、湖北、湖南、广东、广西、四川、贵州、云南等省区。

【功效与主治】全株入药，清热解表，止痛。主治感冒头痛、风湿关节痛；外用治烫伤、火伤。

垂序商陆

Phytolacca americana Linnaeus

【形态】 多年生草本，高1～2m。根粗壮，肥大，倒圆锥形。茎直立，圆柱形，有时带紫红色。叶片椭圆状卵形或卵状披针形，长9～18cm，宽5～10cm，顶端急尖，基部楔形；叶柄长1～4cm。总状花序顶生或侧生，长5～20cm；花梗长6～8mm；花白色，微带红晕，直径约6mm；花被片5，雄蕊、心皮及花柱通常均为10，心皮合生。果序下垂；浆果扁球形，熟时紫黑色；种子肾圆形，直径约3mm。花期6～8月，果期8～10月。

【分布】 原产北美，引入栽培，现遍及我国河北、陕西、山东、江苏、浙江、江西、福建、河南、湖北、广东、四川、云南等地。

【功效与主治】 根入药（药名“商陆”），逐水消肿，通利二便，外用解毒散结，用于水肿胀满、二便不通、外治痈肿疮毒。有毒。

垂序商陆与同科植物商陆 *Phytolacca acinosa* Roxb. 同为《中国药典》收录中药商陆的基源。

【鉴别】 商陆与垂序商陆形态相似，两者的明显区别有：商陆的总状花序直立，多花；垂序商陆的总状花序斜升或低垂，花排列疏松。商陆的花被片白绿色，花后反折；垂序商陆的花被片白色，微带红晕。商陆的花药粉红色；垂序商陆的花药黄褐色。商陆的心皮通常为8，离生；垂序商陆的心皮通常为10，合生。

野鸦椿

Euscaphis japonica（Thunb.）Dippel

【形态】 落叶小乔木或灌木，高（2）3～6（8）m，树皮灰褐色，具纵条纹，小枝及芽红紫色，枝叶揉碎后发出恶臭气味。叶对生，奇数羽状复叶，长（8）12～32cm，叶轴淡绿色，小叶5～9，稀3～11，厚纸质，长卵形或椭圆形，稀为圆形，长4～6（9）cm，宽2～3（4）cm，先端渐尖，基部钝圆，边缘具疏短锯齿，齿尖有腺休，两面除背面沿脉有白色小柔毛外余无毛，主脉在上面明显，在背面突出，侧脉8～11，在两面可见，小叶柄长1～2mm，小托叶线形，基部较宽，先端尖，有微柔毛。圆锥花序顶生，花梗长达21cm，花多，较密集，黄白色，径4～5mm，萼片与花瓣均5，椭圆形，萼片宿存，花盘盘状，心皮3，分离。蓇葖果长1～2cm，每一花发育为1～3个蓇葖，果皮软革质，紫红色，有纵脉纹，种子近圆形，径约5mm，假种皮肉质，黑色，有光泽。花期5～6月，果期8～9月。

【分布】 除西北各省外，全国均产，主产江南各省，西至云南东北部。

【功效与分布】 根入药，解表，清热，利湿，用于感冒头痛、痢疾、肠炎。果入药，祛风散寒，行气止痛，用于月经不调、疝痛、胃痛。

北美独行菜

Lepidium virginicum Linnaeus

【形态】一年生草本。茎直立，高 20 ～ 50cm。上部分枝，被微毛。基生叶有柄，叶片楔状披针形，羽状分裂，长 1.5 ～ 5cm，宽 2 ～ 10mm，边缘有深锯齿；先端渐尖，基部楔形；茎生叶柄短，叶片倒披针形或线形，全缘或有锯齿，两面无毛。花序花后伸长，花多数，小，白色；雄蕊 2 ～ 4。短角果近圆形，扁平，直径 2 ～ 3mm；种子小，圆形，扁平，长约 1.5mm，红褐色，边缘有透明狭翅。花期 3 ～ 5 月，果期 5 ～ 6 月。

【分布】生在田边或荒地，为田间杂草。产于山东、河南、安徽、江苏、浙江、福建、湖北、江西、广西。

【功效与主治】全草入药，驱虫消积，主治小儿虫积腹胀。

独行菜

Lepidium apetalum Willd.

【形态】一年或二年生草本，高 5 ～ 30cm；茎直立，有分枝，无毛或具微小头状毛。基生叶窄匙形，一回羽状浅裂或深裂，长 3 ～ 5cm，宽 1 ～ 1.5cm；叶柄长 1 ～ 2cm；茎上部叶线形，有疏齿或全缘。总状花序在果期可延长至 5cm；萼片早落，卵形，长约 0.8mm，外面有柔毛；花瓣不存或退化成丝状，比萼片短；雄蕊 2 或 4。短角果近圆形或宽椭圆形，扁平，长 2 ～ 3mm，宽约 2mm，顶端微缺，上部有短翅，隔膜宽不到 1mm；果梗弧形，长约 3mm。种子椭圆形，长约 1mm，平滑，棕红色。花果期 5 ～ 7 月。

【分布】生在海拔 400 ～ 2000m 的山坡、山沟、路旁及村庄附近，为常见的田间杂草。产于东北、华北、江苏、浙江、安徽、西北、西南。

【功效与主治】成熟种子入药（药名“葶苈子”），泻肺平喘，行水消肿。用于痰涎壅肺、喘咳痰多、胸胁胀满、不得平卧、胸腹水肿、小便不利。

独行菜与同科植物播娘蒿 *Descurainia sophia*（L.）Webb. ex Prantl. 同为《中国药典》收录中药葶苈子的基源。

荠

Capsella bursa-pastoris（Linn.）Medic.

【形态】一年或二年生草本，高（7）10～50cm；茎直立，单一或从下部分枝。基生叶丛生呈莲座状，大头羽状分裂，长可达12cm，宽可达2.5cm，顶裂片卵形至长圆形，长5～30mm，宽2～20mm，侧裂片3～8对，长圆形至卵形，长5～15mm，叶柄长5～40mm；茎生叶窄披针形或披针形，长5～6.5mm，宽2～15mm，基部箭形，抱茎，边缘有缺刻或锯齿。总状花序顶生及腋生，果期延长达20cm；花梗长3～8mm；萼片长圆形，长1.5～2mm；花瓣白色，卵形，长2～3mm，有短爪。短角果倒三角形或倒心状三角形，长5～8mm，宽4～7mm，扁平，顶端微凹，裂瓣具网脉；花柱长约0.5mm；果梗长5～15mm。种子2行，长椭圆形，长约1mm，浅褐色。花果期4～6月。

【分布】生在山坡、田边及路旁。分布几乎遍全国。

【功效与主治】全草入药，凉血止血，清热利尿。用于肾结核尿血、产后子宫出血、月经过多、肺结核咯血、高血压病、感冒发热、肾炎水肿、泌尿系结石、乳糜尿、肠炎。

石　榴

Punica granatum Linnaeus

【形态】 落叶灌木或乔木，高通常 3 ～ 5m，稀达 10m，枝顶常成尖锐长刺，幼枝具棱角，无毛，老枝近圆柱形。叶通常对生，纸质，矩圆状披针形，长 2 ～ 9cm，顶端短尖、钝尖或微凹，基部短尖至稍钝形，上面光亮，侧脉稍细密；叶柄短。花大，1 ～ 5 朵生枝顶；萼筒长 2 ～ 3cm，通常红色或淡黄色，裂片略外展，卵状三角形，长 8 ～ 13mm，外面近顶端有 1 黄绿色腺体，边缘有小乳突；花瓣通常大，红色、黄色或白色，长 1.5 ～ 3cm，宽 1 ～ 2cm，顶端圆形；花丝无毛，长达 13mm；花柱长超过雄蕊。浆果近球形，直径 5 ～ 12cm，通常为淡黄褐色或淡黄绿色，有时白色，稀暗紫色。种子多数，钝角形，红色至乳白色，肉质的外种皮供食用。

【分布】 原产巴尔干半岛至伊朗及其邻近地区，我国有悠久的石榴栽培历史，我国南北都有栽培。

【功效与主治】 果皮入药，涩肠止泻，止血，驱虫，用于久泻、久痢、便血、脱肛、崩漏、白带、虫积腹痛。花入药，收敛止泻，杀虫，用于吐血、衄血，外用治中耳炎。叶入药，收敛止泻，杀虫，用于急性肠炎。根皮入药，驱虫，涩肠，止带，主治蛔虫、绦虫、久泻、久痢、赤白带下。

【鉴别】 石榴是一种常见果树，也作为美化环境的绿化树种，根据花的颜色以及重瓣或单瓣等特征又可分为若干个栽培变种。

狗筋蔓

Silene baccifera（L.）Roth

【形态】多年生草本，全株被逆向短绵毛。根簇生，长纺锤形，白色，断面黄色，稍肉质；根颈粗壮，多头。茎铺散，俯仰，长 50 ～ 150cm，多分枝。叶片卵形、卵状披针形或长椭圆形，长 1.5 ～ 5（13）cm，宽 0.8 ～ 2（4）cm，基部渐狭成柄状，顶端急尖，边缘具短缘毛，两面沿脉被毛。圆锥花序疏松；花梗细，具 1 对叶状苞片；花萼宽钟形，长 9 ～ 11mm，草质，后期膨大呈半圆球形，沿纵脉多少被短毛，萼齿卵状三角形，与萼筒近等长，边缘膜质，果期反折；雌雄蕊柄长约 1.5mm，无毛；花瓣白色，轮廓倒披针形，长约 15mm，宽约 2.5mm，爪狭长，瓣片叉状浅 2 裂；副花冠片不明显微呈乳头状；雄蕊不外露，花丝无毛；花柱细长，不外露。蒴果圆球形，呈浆果状，直径 6 ～ 8mm，成熟时薄壳质，黑色，具光泽，不规则开裂；种子圆肾形，肥厚，长约 1.5mm，黑色，平滑，有光泽。$2n=24$。花期 6 ～ 8 月，果期 7 ～ 9（10）月。

【分布】生于林缘、灌丛或草地。产于我国辽宁、河北、山西、陕西、宁夏、甘肃、新疆、江苏、安徽、浙江、福建、台湾、河南、湖北、广西至西南。

【功效与主治】根入药，接骨生肌，散瘀止痛，祛风除湿，利尿消肿。用于骨折、跌打损伤、风湿关节痛、小儿疳积、肾炎水肿、泌尿系感染、肺结核；外用治疮疡疖肿、淋巴结结核。

鹅肠菜

Myosoton aquaticum（L.）Moench

【形态】二年生或多年生草本，具须根。茎上升，多分枝，长 50 ～ 80cm，上部被腺毛。叶片卵形或宽卵形，长 2.5 ～ 5.5cm，宽 1 ～ 3cm，顶端急尖，基部稍心形，有时边缘具毛；叶柄长 5 ～ 15mm，上部叶常无柄或具短柄，疏生柔毛。顶生二歧聚伞花序；苞片叶状，边缘具腺毛；花梗细，长 1 ～ 2cm，花后伸长并向下弯，密被腺毛；萼片卵状披针形或长卵形，长 4 ～ 5mm，果期长达 7mm，顶端较钝，边缘狭膜质，外面被腺柔毛，脉纹不明显；花瓣白色，2 深裂至基部，裂片线形或披针状线形，长 3 ～ 3.5mm，宽约 1mm；雄蕊 10，稍短于花瓣；子房长圆形，花柱短，线形。蒴果卵圆形，稍长于宿存萼；种子近肾形，直径约 1mm，稍扁，褐色，具小疣。花期 5 ～ 8 月，果期 6 ～ 9 月。

【分布】生于海拔 350 ～ 2700m 的河流两旁冲积沙地的低湿处或灌丛林缘和水沟旁。产于我国南北各省。

【功效与主治】全草入药，清热凉血，消肿止痛，消积通乳。用于小儿疳积、牙痛、痢疾、痔疮肿毒、乳腺炎、乳汁不通；外用治疮疖。

繁　缕

Stellaria media（L.）Cyr.

【形态】 一年生或二年生草本，高 10 ～ 30cm。茎俯仰或上升，基部多少分枝，常带淡紫红色，被 1（2）列毛。叶片宽卵形或卵形，长 1.5 ～ 2.5cm，宽 1 ～ 1.5cm，顶端渐尖或急尖，基部渐狭或近心形，全缘；基生叶具长柄，上部叶常无柄或具短柄。疏聚伞花序顶生；花梗细弱，具 1 列短毛，花后伸长，下垂，长 7 ～ 14mm；萼片 5，卵状披针形，长约 4mm，顶端稍钝或近圆形，边缘宽膜质，外面被短腺毛；花瓣白色，长椭圆形，比萼片短，深 2 裂达基部，裂片近线形；雄蕊 3 ～ 5，短于花瓣；花柱 3，线形。蒴果卵形，稍长于宿存萼，顶端 6 裂，具多数种子；种子卵圆形至近圆形，稍扁，红褐色，直径 1 ～ 1.2mm，表面具半球形瘤状凸起，脊较显著。$2n$=40 ～ 42（44）。花期 6 ～ 7 月，果期 7 ～ 8 月。

【分布】 为常见田间杂草。全国广布（仅新疆、黑龙江未见记录）。

【功效与主治】 全草入药，清热解毒，化瘀止痛，催乳。用于肠炎、痢疾、肝炎、阑尾炎、产后瘀血腹痛、子宫收缩痛、牙痛、头发早白、乳汁不下、乳腺炎、跌打损伤、疮疡肿毒。

【鉴别】 繁缕与同科植物鹅肠菜 *Myosoton aquaticum*（L.）Moench 形态特征有很相似，两者的区别为：前者茎叶较细小，常带淡紫红色，基部多少分枝，茎上有毛，叶片长 1.5 ～ 2.5cm，基部渐狭或近心形，全缘，花瓣比萼片短；后者茎光滑，多分枝，表面略带紫红色，节部和嫩枝梢处更明显，全株光滑，叶片长 2 ～ 5.5cm，基部心形，全缘或波状，花瓣远长于萼片。

鹤　草

Silene fortunei Vis.

【形态】多年生草本，高50～80（100）cm。根粗壮，木质化。基生叶叶片倒披针形或披针形，长3～8cm，宽7～12（15）mm，中脉明显。聚伞状圆锥花序，小聚伞花序对生，具1～3花，有黏质，花梗细，长3～12（15）mm；花萼长筒状，长（22～）25（～30）mm，直径约3mm，果期上部微膨大呈筒状棒形，长25～30mm，纵脉紫色，萼齿三角状卵形，长1.5～2mm；雌雄蕊柄无毛，果期长10～15（17）mm；花瓣淡红色，爪微露出花萼，倒披针形，长10～15mm，瓣片平展，轮廓楔状倒卵形，长约15mm，2裂达瓣片的1/2或更深，裂片呈撕裂状条裂副花冠片小，舌状；雄蕊微外露；花柱微外露。蒴果长圆形，长12～15mm，直径约4mm，比宿存萼短或近等长；种子圆肾形，微侧扁，深褐色，长约1mm。花期6～8月，果期7～9月。

【分布】生于平原或低山草坡或灌丛草地。产于长江流域和黄河流域南部，东达福建、台湾，西至四川和甘肃东南部，北抵山东、河北、山西和陕西南部。

【功效与主治】全草入药，清热利湿，解毒消肿。用于痢疾、肠炎；外用治蝮蛇咬伤、扭挫伤、关节肌肉酸痛。

女娄菜

Silene aprica Turcz. ex Fisch. et Mey.

【形态】 一年生或二年生草本，高 30 ～ 70cm，全株密被灰色短柔毛。基生叶叶片倒披针形或狭匙形，长 4 ～ 7cm，宽 4 ～ 8mm，中脉明显；茎生叶叶片倒披针形、披针形或线状披针形，比基生叶稍小。圆锥花序较大型；花梗长 5 ～ 20（40）mm，直立；花萼卵状钟形，长 6 ～ 8mm，近草质，果期长达 12mm，萼齿三角状披针形；雌雄蕊柄极短或近无；花瓣白色或淡红色，倒披针形，长 7 ～ 9mm，微露出花萼或与花萼近等长，瓣片倒卵形，2 裂；副花冠片舌状；雄蕊不外露，花丝基部具缘毛；花柱不外露。蒴果卵形，长 8 ～ 9mm，与宿存萼近等长或微长；种子圆肾形，灰褐色，长 0.6 ～ 0.7mm，肥厚，具小瘤。花期 5 ～ 7 月，果期 6 ～ 8 月。

【分布】 生于平原、丘陵或山地。产于我国大部分省区。

【功效与主治】 全草入药，健脾，利尿，通乳。用于乳汁少、体虚浮肿。

瞿 麦

Dianthus superbus Linnaeus

【形态】多年生草本，高50～60cm，有时更高。茎丛生，直立，上部分枝。叶片线状披针形，长5～10cm，宽3～5mm，中脉特显，基部合生成鞘状。花1朵或2朵生枝端，有时顶下腋生；苞片2～3对，倒卵形，长6～10mm，约为花萼1/4，宽4～5mm，顶端长尖；花萼圆筒形，长2.5～3cm，直径3～6mm，常染紫红色晕，萼齿披针形，长4～5mm；花瓣长4～5cm，爪长1.5～3cm，包于萼筒内，瓣片宽倒卵形，边缘繸裂至中部或中部以上，通常淡红色或带紫色，稀白色，喉部具丝毛状鳞片；雄蕊和花柱微外露。蒴果圆筒形，与宿存萼等长或微长，顶端4裂；种子扁卵圆形，长约2mm，黑色，有光泽。花期6～9月，果期8～10月。

【分布】生于海拔400～3700m丘陵山地疏林下、林缘、草甸、沟谷溪边。产于东北、华北、西北地区及山东、江苏、浙江、江西、河南、湖北、四川、贵州、新疆。

【功效与主治】地上部分入药（药名“瞿麦”），利尿通淋，活血通经。用于热淋、血淋、石淋、小便不通、淋沥涩痛、经闭瘀阻。

瞿麦与同科植物石竹 *Dianthus chinensis* L. 同为《中国药典》收录中药瞿麦的基源。

石 竹

Dianthus chinensis Linnaeus

【形态】 多年生草本，茎直立，高约30～50cm。光滑无毛。叶线状披针形，长3～5cm，宽3～5mm。先端渐急，基部狭渐成鞘状而包围节部，边缘有细锯齿或全缘，两面光滑无毛，主脉3～5条。花常单生，或2～3朵簇生成聚伞花序；苞片4～6，宽卵形，先端出尖，长约为萼筒的一半；萼圆筒形，先端5裂，裂片披针形；花瓣5，鲜红色、白色或粉红色，瓣片扇状倒卵形，先端边浅裂呈牙齿状，基部有斑纹和疏生须毛。蒴果长圆形。花期5～7月，果期7～9月。

【分布】 生于草原和山坡草地。原产我国北方，现在南北普遍生长。

【功效与主治】 地上部分入药（药名“瞿麦”），功效同瞿麦。

石竹与同科植物瞿麦 *Dianthus superbus* Linnaeus 同为《中国药典》收录中药瞿麦的基源。

长叶冻绿

Rhamnus crenata Siebold & Zuccarini

【形态】灌木，高1～3m，或小乔木，高4～5m。幼枝红褐色，有锈色短柔毛。叶互生，纸质，长椭圆状披针形或椭圆状倒卵形，长5～10cm，宽2.5～3.5cm，顶端短尾状渐尖或短急尖，基部楔形或钝圆，边有小锯齿，上面无毛，下面沿脉有锈色短毛，侧脉7～12对；叶柄长达1cm，有密或稀疏的锈色尘状短柔毛。聚伞花序腋生，总花梗短；花单性，淡黄白色至淡黄绿色；花萼5裂；花瓣5；雄蕊5。核果近球形，成熟后黑色，有2～3核；种子倒卵形，背面基部有小沟。花期5～7月，果期7～10月。

【分布】常生于海拔2000m以下的山地林下或灌丛中。产于陕西、河南、安徽、江苏、浙江、江西、福建、台湾、广东、广西、湖南、湖北、四川、贵州、云南。

【功效与主治】根或根皮入药，清热解毒，杀虫利湿。主治疥疮、顽癣、疮疖、湿疹、荨麻疹、癞痢头、跌打损伤。

猫 乳

Rhamnella franguloides（Maximowicz）We berbauer

【形态】落叶小乔木，高 2 ～ 3m；小枝灰褐色，嫩枝、叶柄和花序有短柔毛。叶互生，纸质，倒卵状长椭圆形或长椭圆形，长 4 ～ 10cm，宽 2 ～ 4cm，先端尾状渐尖，基部圆形或圆楔形，边缘有细锯齿，上面无毛，下面沿叶脉有柔毛，侧脉 7 ～ 10 对；叶柄长 2 ～ 6mm。花绿色，5 ～ 15 朵排成腋生聚伞花序；萼片 5，三角形，边缘疏生短毛；花瓣 5；雄蕊 5。核果圆柱状长椭圆形，长约 6 ～ 8mm，红褐色，成熟时呈黑色，基部有宿存的萼，花期 5 ～ 6 月，果期 7 ～ 8 月。

【分布】生于海拔 1100m 以下的山坡、路旁或林中。产于陕西南部、山西南部、河北、河南、山东、江苏、安徽、浙江、江西、湖南、湖北西部。

【功效与主治】成熟果实或根，补脾益肾，疗疮。主治体质虚弱、劳伤乏力、疥疮。

圆叶鼠李

Rhamnus globosa Bunge

【形态】 灌木，稀小乔木，高 2 ～ 4m；小枝对生或近对生，灰褐色，顶端具针刺。叶纸质或薄纸质，对生或近对生，或在短枝上簇生，近圆形、倒卵状圆形或卵圆形，稀圆状椭圆形，长 2 ～ 6cm，宽 1.2 ～ 4cm，边缘具圆齿状锯齿，侧脉每边 3 ～ 4 条，上面下陷，下面凸起，网脉在下面明显，叶柄长 6 ～ 10mm；托叶线状披针形，宿存，有微毛。花单性，雌雄异株，通常数个至二十个簇生于短枝端或长枝下部叶腋，稀 2 ～ 3 个生于当年生枝下部叶腋，4 基数，有花瓣，花柱 2 ～ 3 浅裂或半裂；花梗长 4 ～ 8mm。核果球形或倒卵状球形，长 4 ～ 6mm，直径 4 ～ 5mm，基部有宿存的萼筒，具 2、稀 3 分核，成熟时黑色；果梗长 5 ～ 8mm；种子黑褐色，有光泽，背面或背侧有长为种子 3/5 的纵沟。花期 4 ～ 5 月，果期 6 ～ 10 月。

【分布】 生于海拔 1600m 以下的山坡、林下或灌丛中。产于辽宁（金县）、河北（灵寿、北京）、山西（翼城、雪花山）、河南南部和西部、陕西南部、山东（牟平、烟台、青岛）、安徽、江苏、浙江、江西、湖南及甘肃（兰州、庄浪）。

【功效与主治】 茎、叶、根皮入药，杀虫消食，下气祛痰。主治寸白虫、食积、瘰疬、哮喘。

枳椇（拐枣）

Hovenia acerba Lindl.

【形态】高大乔木，高10～25m。叶互生，厚纸质至纸质，宽卵形、椭圆状卵形或心形，长8～17cm，宽6～12cm，边缘常具整齐浅而钝的细锯齿，上部或近顶端的叶有不明显的齿，稀近全缘，下面脉腋常被短柔毛；叶柄长2～5cm。二歧式聚伞圆锥花序，顶生和腋生，被棕色短柔毛；花两性，直径5～6.5mm；萼片具网状脉或纵条纹，长1.9～2.2mm，宽1.3～2mm；花瓣椭圆状匙形，长2～2.2mm，宽1.6～2mm，具短爪；花柱半裂，稀浅裂或深裂，长1.7～2.1mm。浆果状核果近球形，直径5～6.5mm，无毛，成熟时黄褐色或棕褐色；果序轴明显膨大；种子暗褐色或黑紫色，直径3.2～4.5mm。花期5～7月，果期8～10月。

【分布】生于海拔2100m以下的开旷地、山坡林缘或疏林中；庭院宅旁常有栽培。产于甘肃、陕西、河南、安徽、江苏、浙江、江西、福建、广东、广西、湖南、湖北、四川、云南、贵州。

【功效与主治】种子、树皮与果梗可入药。种子入药，清热利尿，止咳除烦，解酒毒，用于热病烦渴、呃逆、呕吐、小便不利、酒精中毒。树皮入药，活血，舒筋解毒，用于腓肠肌痉挛、食积、铁棒锤中毒。果梗入药，健胃，补血，蒸熟浸酒，作滋养补血用。

莲

Nelumbo nucifera Gaertner

【形态】 多年水生草本；根状茎横粗壮，横生，长可达数米。叶圆形，直径25～80cm，全缘，上面深绿色，有白粉，下面淡绿色，叶脉在下面明显凸起；叶柄长1～2m，高出水面，无毛或微有细刺。花单生在长1～2m的花梗顶端，直径10～30cm，花瓣多数，椭圆形，白色或粉红色，有时有淡褐色脉纹；雄蕊多数；花托与果期膨大，海绵质。坚果椭圆形或卵形，长1.5～2.5cm；种子卵形或椭圆形，长1.2～1.7cm。花期5～7月，果期7～9月。

【分布】 自生或栽培在池塘或水田内。产于我国南北各省。

【功效与主治】 成熟种子入药（药名“莲子”），补脾止泻，止带，益肾涩精，养心安神，用于脾虚泄泻，带下，遗精，心悸失眠。成熟种子中的干燥幼叶及胚根入药（药名“莲子心”），清心安神，交通心肾，涩精止血，用于热入心包、神昏谵语、心肾不交、失眠遗精、血热吐血。花托入药（药名“莲房”），化瘀止血，用于崩漏、尿血、痔疮出血、产后瘀阻、恶露不尽。雄蕊入药（药名“莲须”），固肾涩精，用于遗精滑精、带下、尿频。

莲为《中国药典》收录中药莲子、莲子心、莲房、莲须的基源。

粟米草

Mollugo stricta Linnaeus

【形态】一年生草本，高10～30cm。茎纤细，多分枝，有棱角，无毛，老茎通常淡红褐色。叶3～5片假轮生或对生，叶片披针形或线状披针形，长1.5～4cm，宽2～7mm，顶端急尖或长渐尖，基部渐狭，全缘，中脉明显；叶柄短或近无柄。花极小，组成疏松聚伞花序，花序梗细长，顶生或与叶对生；花梗长1.5～6mm；花被片5，淡绿色，椭圆形或近圆形，长1.5～2mm，脉达花被片2/3，边缘膜质；雄蕊通常3，花丝基部稍宽；子房宽椭圆形或近圆形，3室，花柱3，短，线形。蒴果近球形，与宿存花被等长，3瓣裂；种子多数，肾形，栗色，具多数颗粒状凸起。花期6～8月，果期8～10月。

【分布】生于空旷荒地、农田和海岸沙地。产于秦岭、黄河以南，东南至西南各地。

【功效与主治】全草入药，清热化湿，解毒消肿。主治腹痛泄泻、痢疾、感冒咳嗽、中暑、皮肤热疹、目赤肿痛、疮疖肿毒、毒蛇咬伤、烧烫伤。

贯叶连翘

Hypericum perforatum Linnaeus

【形态】多年生草本，高20～60cm，全体无毛。叶无柄，椭圆形至线形，长1～2cm，宽0.3～0.7cm，先端钝形，基部近心形而抱茎，边缘全缘，下面散布淡色但有时黑色腺点，侧脉每边约2条。花序为5～7花两歧状的聚伞花序，生于茎及分枝顶端，多个再组成顶生圆锥花序。萼片长圆形或披针形，长3～4mm，宽1～1.2mm，边缘有黑色腺点，全面有2行腺条和腺斑，果时直立，略增大，长达4.5mm。花瓣黄色，长圆形或长圆状椭圆形，两侧不相等，长约1.2mm，宽0.5mm，边缘及上部常有黑色腺点。雄蕊多数，3束，每束有雄蕊约15枚，花丝长短不一，长达8mm，花药黄色，具黑腺点。子房卵珠形，长3mm，花柱3，自基部极少开，长4.5mm。蒴果长圆状卵珠形，长约5mm，宽3mm，具背生腺条及侧生黄褐色囊状腺体。种子黑褐色，圆柱形，长约1mm。花期7～8月，果期9～10月。

【分布】生于山坡、路旁、草地、林下及河边等处，海拔500～2100m。产于河北、山西、陕西、甘肃、新疆、山东、江苏、江西、河南、湖北、湖南、四川及贵州。

【功效与主治】全草入药，清热解毒，调经止血。用于吐血、咯血、月经不调；外用治创伤出血、痈疖肿毒、烧烫伤。

黄海棠（湖南连翘）

Hypericum ascyron Linnaeus

【形态】 多年生草本，高 0.5 ～ 1.3m。叶无柄，叶片披针形、长圆状披针形，或长圆状卵形至椭圆形，或狭长圆形，长（2）4 ～ 10cm，宽（0.4）1 ～ 2.7（3.5）cm，全缘，下面通常散布淡色腺点。花序具 1 ～ 35 花，顶生，近伞房状至狭圆锥状。花直径（2.5）3 ～ 8cm，平展或外反；花梗长 0.5 ～ 3cm。萼片卵形或披针形至椭圆形或长圆形，长（3）5 ～ 15（25）mm，宽 1.5 ～ 7mm，全缘。花瓣金黄色，倒披针形，长 1.5 ～ 4 cm，宽 0.5 ～ 2cm。雄蕊极多数，5 束，每束有雄蕊约 30 枚。子房宽卵珠形至狭卵珠状三角形，长 4 ～ 7（9）mm，5 室；花柱 5，长为子房的 1/2 至为其 2 倍。蒴果为或宽或狭的卵珠形或卵珠状三角形，长 0.9 ～ 2.2cm，宽 0.5 ～ 1.2cm，成熟后先端 5 裂，柱头常折落。种子棕色或黄褐色，圆柱形，微弯，长 1 ～ 1.5mm，有明显的龙骨状突起或狭翅和细的蜂窝纹。花期 7 ～ 8 月，果期 8 ～ 9 月。

【分布】 生于山坡林下、林缘、灌丛间、草丛或草甸中、溪旁及河岸湿地等处，也有广为庭园栽培的；海拔 0 ～ 2800m。除新疆及青海外，全国各地均产。

【功效与主治】 全草入药，主治吐血、子宫出血、外伤出血、疮疖痈肿、风湿、痢疾以及月经不调等症；种子泡酒服，可治胃病，并可解毒和排脓。

小连翘

Hypericum erectum Thunb. ex Murray

【形态】多年生草本，高0.3～0.7m。叶无柄，叶片长椭圆形至长卵形，长1.5～5cm，宽0.8～1.3cm，先端钝，基部心形抱茎，下面近边缘密生腺点，全面有或多或少的小黑腺点，侧脉每边约5条，斜上升。花序顶生，多花，伞房状聚伞花序，常具腋生花枝。花直径1.5cm，近平展；花梗长1.5～3mm。萼片卵状披针形，长约2.5mm，宽不及1mm，先端锐尖，全缘，边缘及全面具黑腺点。花瓣黄色，倒卵状长圆形，长约7mm，宽2.5mm，上半部有黑色点线。雄蕊3束，宿存，每束有雄蕊8～10枚，花药具黑色腺点。子房卵珠形，长约3mm，宽1mm；花柱3，自基部离生，与子房等长。蒴果卵珠形，长约10mm，宽4mm，具纵向条纹。种子绿褐色，圆柱形，长约0.7mm。花期7～8月，果期8～9月。

【分布】生于山坡草丛中。产于江苏、安徽、浙江、福建、台湾、湖北、湖南。

【功效与主治】全草入药，收敛止血，调经通乳，清热解毒，利湿。主治咯血、吐血、肠风下血、崩漏、外伤出血、月经炒调、乳妇乳汁不下、黄疸、咽喉疼痛、目赤肿痛、尿路感染、口鼻生疮、痈疖肿毒、烫火伤。

透骨草

Phryma leptostachya L. subsp. *asiatica*（Hara） Kitamura

【形态】 多年生草本，高（10）30 ～ 80（100）cm。茎直立，四棱形。叶对生；叶片卵状长圆形、卵状披针形、卵状椭圆形至卵状三角形或宽卵形，长（1）3 ～ 11（16）cm，宽（1）2 ～ 8cm，边缘有（3 ～）5 至多数钝锯齿、圆齿或圆齿状牙齿；侧脉每侧 4 ～ 6 条；叶柄长 0.5 ～ 4cm。穗状花序生茎顶及侧枝顶端；花序梗长 3 ～ 20cm；花序轴纤细，长（5）10 ～ 30cm。花通常多数，具短梗。花期萼筒长 2.5 ～ 3.2mm。花冠漏斗状筒形，长 6.5 ～ 7.5mm，蓝紫色、淡红色至白色；筒部长 4 ～ 4.5mm；檐部 2 唇形。雄蕊 4，着生于冠筒内面基部上方 2.5 ～ 3mm 处；花丝狭线形，长 1.5 ～ 1.8mm，远轴 2 枚较长；花药肾状圆形，长 0.3 ～ 0.4mm，宽约 0.5mm。雌蕊无毛；子房斜长圆状披针形，长 1.9 ～ 2.2mm ；花柱细长，长 3 ～ 3.5mm ；柱头 2 唇形，下唇较长，长圆形。瘦果狭椭圆形。种子 1，基生，种皮薄膜质，与果皮合生。花期 6 ～ 10 月，果期 8 ～ 12 月。

【分布】 生于海拔 380 ～ 2800m 阴湿山谷或林下。产于黑龙江、吉林、辽宁、河北、山西、陕西、甘肃（南部）、山东、江苏、安徽、浙江、江西、福建、河南、湖北、湖南、广西、四川、贵州、云南、西藏（吉隆、波密）。

【功效与主治】 全草、叶入药，清热利湿，活血消肿。主治黄水疮、疥疮、湿疹、跌打损伤、骨折。

南蛇藤

Celastrus orbiculatus Thunberg

【形态】 落叶藤状灌木，高达12m。根细长，红黄色。小枝无毛，深褐色至黑褐色，疏生圆形皮孔；髓坚实，白色，腋芽小，卵珠形，长1～3mm。叶通常为宽椭圆形、倒卵形或近圆形，长6～12cm，宽5～8cm，先端圆而具短尖，基部楔形，边缘有圆锯齿，下面沿叶脉有毛；叶柄长1～3cm。聚伞花序腋生，通常3～7花，偶有单花，或在顶部与叶对生成聚伞花序圆锥花序，总梗约与花梗等长；花黄绿色。蒴果近球形，橙黄色，直径约8mm，花柱宿存，细长，柱头3裂，裂端再2浅裂；种子3～6，卵珠形，紫褐色，外带深红色假种皮。花期5～6月，果期7～10月。

【分布】 生长于海拔450～2200m山坡灌丛。在我国广泛分布，产于黑龙江、吉林、辽宁、内蒙古、河北、山东、山西、河南、陕西、甘肃、江苏、安徽、浙江、江西、湖北、四川。

【功效与主治】 根、藤、叶及果可入药。根、藤入药，祛风活血，消肿止痛，用于风湿关节炎、跌打损伤、腰腿痛、闭经；果入药，安神镇静，用于神经衰弱、心悸、失眠、健忘；叶入药，解毒，散瘀，用于跌打损伤、多发性疖肿、毒蛇咬伤。

卫　矛

Euonymus alatus （Thunberg）Siebold

【形态】落叶灌木，高2～3m。枝开张，坚硬，有2～4条木栓质的宽翅。叶对生，椭圆形至倒卵形，长3～6cm，宽1.5～3.5cm，先端短渐尖，基部楔形，边缘有小锐锯齿，暗绿色，但早春初发时及秋后见霜后变紫红色，叶脉在叶下面明显；叶柄短。花淡绿色，直径约6mm，4数，通常3～9花呈有短梗的腋生聚伞花序；雄蕊有短花丝。蒴果带紫色，4深裂，或仅1～3裂瓣发育成熟，长约6～8mm；种子紫棕色，每裂瓣有种子1～2，外有橙红色假种皮。花期5～6月，果期9～10月。

【分布】生长于山坡、沟地边沿。除东北、新疆、青海、西藏、广东及海南以外，全国名省区均产。

【功效与主治】根、带翅的枝及叶入药，行血通经，散瘀止痛。用于月经不调、产后瘀血腹痛、跌打损伤肿痛。

马松子

Melochia corchorifolia Linnaeus

【形态】 半灌木状草本，高 20 ～ 90cm，茎散生星状柔毛。叶卵形、狭卵形或三角状披针形，长 1 ～ 5cm，宽 6 ～ 30mm，边缘有小牙齿，下面沿脉疏被短毛；叶柄长 1 ～ 3cm，散生星状柔毛。花序头状，腋生或顶生；花萼钟状，长 2.5mm，外面被毛，5 浅裂；花瓣 5，白色或淡紫色，长约 6mm ；雄蕊 5，花丝大部合生成管；子房无柄，5 室，每室胚珠 2，花柱 5。蒴果近球形，直径 4 ～ 6mm，被短毛，室背开裂。花期 6 ～ 8 月，果期 9 ～ 10 月。

【分布】 生于田野间或低丘陵地原野间。本种广泛分布在长江以南各省、台湾和四川内江地区。

【功效与主治】 茎、叶入药，清热利湿。主治急性黄疸型肝炎。

八角金盘

Fatsia japonica（Thunb.）Decne. et Planch.

【形态】小乔木或大灌木。叶片大，圆形，直径 25 ～ 45cm，掌状 5 ～ 9 深裂，裂片卵状长圆形至长圆状椭圆形，先端渐尖，基部狭，上面绿色，下面淡绿色，边缘有疏锯齿，齿有上升的小尖头，放射状主脉 7 条，下面明显；叶柄和叶片等长或略短；托叶不明显。圆锥花序大，顶生，长 30 ～ 40cm，基部分枝长 14cm；伞形花序直径 2.5cm，有花约 20 朵；总花梗长 1.5cm；苞片膜质，卵形，长 0.5 ～ 1cm；小苞片线形；花梗无关节，长约 1cm；萼筒短，边缘近全缘；花瓣长三角形，膜质，先端尖，长约 3.5mm，开花时反卷；雄蕊 5；花丝线形，较花瓣长，外露；子房 5 室；花柱 5，离生，长约 0.5mm；花盘隆起。

【分布】稍耐阴，耐寒性不强，要求土壤排水良好。长江以南城市可露地栽培，是一种优良的观叶植物。

【功效与主治】叶或根皮入药，化痰止咳，散风除湿，化瘀止痛。主治咳嗽痰多、风湿痹痛、痛风、跌打损伤。

常春藤

Hedera nepalensis var. *sinensis*（Tobl.）Rehd.

【形态】常绿攀援灌木；茎长 3 ～ 20m，灰棕色或黑棕色，有气生根。叶片革质，在不育枝上通常为三角状卵形或三角状长圆形，稀三角形或箭形，长 5 ～ 12cm，宽 3 ～ 10cm，先端短渐尖，基部截形，稀心形，边缘全缘或 3 裂，侧脉和网脉两面均明显；叶柄细长，长 2 ～ 9cm。伞形花序单个顶生，或 2 ～ 7 个总状排列或伞房状排列成圆锥花序，直径 1.5 ～ 2.5cm，有花 5 ～ 40 朵；总花梗长 1 ～ 3.5cm；苞片小，三角形，长 1 ～ 2mm；花梗长 0.4 ～ 1.2cm；花淡黄白色或淡绿白色，芳香；萼长 2mm，边缘近全缘；花瓣 5，三角状卵形，长 3 ～ 3.5mm；雄蕊 5，花丝长 2 ～ 3mm，花药紫色；子房 5 室；花盘隆起，黄色；花柱全部合生成柱状。果实球形，红色或黄色，直径 7 ～ 13mm；宿存花柱长 1 ～ 1.5mm。花期 9 ～ 11 月，果期次年 3 ～ 5 月。

【分布】常攀援于林缘树木、林下路旁、岩石和房屋墙壁上，庭园中也常栽培。分布地区广，北自甘肃东南部、陕西南部、河南、山东，南至广东（海南岛除外）、江西、福建，西自西藏波密，东至江苏、浙江的广大区域内均有生长。

【功效与主治】全株入药，祛风利湿，活血消肿，用于风湿关节痛、腰痛、跌打损伤、急性结膜炎、肾炎水肿、闭经；外用治痈疖肿毒、荨麻疹、湿疹。果实入药，补肝肾，强腰膝，行气止痛，主治体虚羸弱、采膝酸软、血痹、脘腹冷痛。

【鉴别】本变种叶形和伞形花序的排列有较多变化，但其间有过渡类型，难于从中分出不同的种和变种。

楤 木

Aralia elata（Miq.）Seem.

【形态】灌木或乔木，高2～5m，稀达8m，胸径达10～15cm；树皮灰色，疏生粗壮直刺。叶为二回或三回羽状复叶，长60～110cm；叶柄粗壮，长可达50cm；托叶与叶柄基部合生，叶轴无刺或有细刺；羽片有小叶5～11，稀13，基部有小叶1对；小叶片纸质至薄革质，卵形、阔卵形或长卵形，长5～12cm，稀长达19cm，宽3～8cm，边缘有锯齿，稀为细锯齿或不整齐粗重锯齿，侧脉7～10对；小叶无柄，顶生小叶柄长2～3cm。圆锥花序大，长30～60cm；分枝长20～35cm；伞形花序直径1～1.5cm，有花多数；总花梗长1～4cm；花梗长4～6mm；花白色，芳香；萼长约1.5mm，边缘有5个三角形小齿；花瓣5，卵状三角形，长1.5～2mm；雄蕊5，花丝长约3mm；子房5室；花柱5，离生或基部合生。果实球形，黑色，直径约3mm，有5棱；宿存花柱长1.5mm，离生或合生至中部。花期7～9月，果期9～12月。

【分布】生于森林、灌丛或林缘路边，垂直分布从海滨至海拔2700m。分布广，北自甘肃南部（天水），陕西南部（秦岭南坡），山西南部（垣曲、阳城），河北中部（小五台山、阜平）起，南至云南西北部（宾川）、中部（昆明、嵩明），广西西北部（凌云）、东北部（兴安），广东北部（新丰）和福建西南部（龙岩）、东部（福州），西起云南西北部（贡山），东至海滨的广大区域，均有分布。

【功效与主治】根皮和茎皮入药，祛风除湿，利尿消肿，活血止痛，用于肝炎、淋巴结肿大、肾炎水肿、糖尿病、白带、胃痛、风湿关节痛、腰腿痛、跌打损伤。花入药，止血，主吐血。

通脱木

Tetrapanax papyrifer（Hook.）K. Koch

【形态】 常绿灌木或小乔木，高 1 ～ 3.5m。叶大，集生茎顶；叶片纸质或薄革质，长 50 ～ 75cm，宽 50 ～ 70cm，掌状 5 ～ 11 裂，裂片通常为叶片全长的 1/3 或 1/2，稀至 2/3，倒卵状长圆形或卵状长圆形，通常再分裂为 2 ～ 3 小裂片，先端渐尖，边缘全缘或疏生粗齿；叶柄粗壮，长 30 ～ 50cm。圆锥花序长 50cm 或更长；分枝多，长 15 ～ 25cm；伞形花序直径 1 ～ 1.5cm，有花多数；总花梗长 1 ～ 1.5cm，花梗长 3 ～ 5mm；花淡黄白色；萼长 1mm，边缘全缘或近全缘；花瓣 4，稀 5，三角状卵形，长 2mm；雄蕊和花瓣同数，花丝长约 3mm；子房 2 室；花柱 2，离生，先端反曲。果实直径约 4mm，球形，紫黑色。花期 10 ～ 12 月，果期次年 1 ～ 2 月。

【分布】 通常生于向阳肥厚的土壤上，有时栽培于庭园中，海拔自数十米至 2800m。分布广，北自陕西（太白山），南至广西、广东，西起云南西北部（丽江）和四川西南部（雷波、峨边），经贵州、湖南、湖北、江西而至福建和台湾。

【功效与主治】 茎髓入药（药名“通草”），清热利尿，通气下乳。用于湿热淋证，水肿尿水，乳汁不下。

通脱木为《中国药典》收录中药通草的基源。

凹头苋（野苋）

Amaranthus blitum Linnaeus

【形态】一年生草本，茎斜伸或近直立，有基部分枝，高 15 ～ 35cm，有纵棱条，肉质肥嫩，有时带粉白色，全体无毛。叶卵圆形或菱状卵形，长 1 ～ 4cm，宽 5 ～ 25mm，先端微凹缺，极少有钝圆的，基部宽楔形，全缘；叶柄几乎与叶片等长。雌雄同株或杂性；花簇腋生形成顶生的穗状或圆锥花序；苞片长圆形，甚短；萼片 3，长圆形，先端钝而有细尖头，黄绿色；雄花有雄蕊 3，花丝长于花被；雌花柱头常为 3，胞果长圆形，稍有皱纹，不开裂；种子圆形，黑色有光泽。花期 7 ～ 8 月，果期 8 ～ 9 月。

【分布】生在田野、人家附近的杂草地上。除内蒙古、宁夏、青海、西藏外，全国广泛分布。

【功效与主治】全草和种子入药，清热利湿。用于肠炎、痢疾、咽炎、乳腺炎、痔疮肿痛出血、毒蛇咬伤。

牛　膝

Achyranthes bidentata Bl.

【形态】多年生草本，高70～120cm；根圆柱形，直径5～10mm，土黄色；茎有棱角或四方形，分枝对生。叶片椭圆形或椭圆披针形，少数倒披针形，长4.5～12cm，宽2～7.5cm；叶柄长5～30mm。穗状花序顶生及腋生，长3～5cm，花期后反折；总花梗长1～2cm，有白色柔毛；花多数，密生，长5mm；苞片宽卵形，长2～3mm，顶端长渐尖；小苞片刺状，长2.5～3mm，顶端弯曲，基部两侧各有1卵形膜质小裂片，长约1mm；花被片披针形，长3～5mm，光亮，顶端急尖，有1中脉；雄蕊长2～2.5mm；退化雄蕊顶端平圆，稍有缺刻状细锯齿。胞果矩圆形，长2～2.5mm，黄褐色，光滑。种子矩圆形，长1mm，黄褐色。花期7～9月，果期9～10月。

【分布】生于山坡林下，海拔200～1750m。除东北外全国广布。

【功效与主治】根入药（药名“牛膝”），逐瘀通经，补肝肾，强筋骨，利尿通淋，引血下行。用于经闭、痛经、腰膝酸痛、筋骨无力、淋证、水肿、头痛、眩晕、牙痛、口疮、吐血、衄血。

牛膝为《中国药典》收录中药牛膝的基源。

青 葙

Celosia argentea Linnaeus

【形态】 一年生草本，高0.3～1m，全体无毛；茎直立，有分枝，具显明条纹。叶片矩圆披针形、披针形或披针状条形，少数卵状矩圆形，长5～8cm，宽1～3cm；叶柄长2～15mm，或无叶柄。花多数，密生，在茎端或枝端成单一、无分枝的塔状或圆柱状穗状花序，长3～10cm；苞片及小苞片披针形，长3～4mm，白色，光亮，顶端渐尖，延长成细芒，具1中脉，在背部隆起；花被片矩圆状披针形，长6～10mm，初为白色顶端带红色，或全部粉红色，后成白色，顶端渐尖，具1中脉，在背面凸起；花丝长5～6mm，分离部分长约2.5～3mm，花药紫色；子房有短柄，花柱紫色，长3～5mm。胞果卵形，长3～3.5mm，包裹在宿存花被片内。种子凸透镜状肾形，直径约1.5mm。花期5～8月，果期6～10月。

【分布】 野生或栽培，生于平原、田边、丘陵、山坡，海拔高达1100m。分布几乎遍布全国。

【功效与主治】 种子入药（药名“青葙子”），清肝泻火，明目退翳。用于肝热目赤、目生翳膜、视物昏花、肝火眩晕。

青葙为《中国药典》收录中药青葙子的基源。

土牛膝

Achyranthes aspera Linnaeus

【形态】 多年生草本。茎直立，高 30 ～ 100cm，被有细毛。叶卵形或长圆状倒卵形，长 4 ～ 13cm，宽 2 ～ 7cm，先端急尖，基部宽楔形，全缘，两面被有白色细柔毛，下面尤多；叶柄短。穗状花序顶生，长 10 ～ 15cm，花序轴有白色细柔毛；每小花有小苞片 2，小苞片基部两侧膜质，全缘；萼片 5，长圆形；雄蕊 5，基部合生，与花被裂片对生，每 2 花丝间有 1 淡粉红色纤毛状的退化雄蕊；花柱 2 裂，白色。胞果外有苞片 2；种子椭圆形，黑色。花期秋季，果期秋冬间。

【分布】 生于山坡疏林或村庄附近空旷地；海拔 800 ～ 2300m。产于湖南、江西、福建、台湾、广东、广西、四川、云南、贵州。

【功效与主治】 根或全草入药，清热，解毒，利尿。用于感冒发热、扁桃体炎、白喉、流行性腮腺炎、疟疾、风湿性关节炎、泌尿系结石、肾炎水肿。

喜旱莲子草

Alternanthera philoxeroides（C. Martius）Grisebach

【形态】一年生草本；茎高 20 ～ 50cm，下部匍匐，上部直立，中空，节部及叶腋间密生有白色长柔毛。叶椭圆形或倒卵状披针形，长 3 ～ 5cm，宽 1 ～ 2.5cm，先端钝尖，基部楔形，渐狭成短柄，全缘。头状花序腋生，花序梗长 1 ～ 3cm；苞片及小苞片干膜质，宿存，萼片 5，白色，长圆形；有花药的雄蕊 5，花丝基部合生成杯状，退化雄蕊几乎与花丝同形而等长，顶端分裂成 3 ～ 4 细条。花期 5 ～ 10 月，果期 8 ～ 10 月。

【分布】生在池沼、水沟内。原产巴西，我国引种于北京、江苏、浙江、江西、湖南、福建，后逸为野生。

【功效与主治】全草入药，清热利尿，凉血解毒。用于乙脑、流感初期、肺结核咯血；外用治湿疹、带状疱疹、疔疮、毒蛇咬伤、流行性出血性结膜炎。

八角莲

Dysosma versipellis（Hance）M. Cheng ex Ying

【形态】多年生草本，植株高40～150cm。根状茎粗壮，横生，多须根；茎直立，不分枝。茎生叶2枚，薄纸质，互生，盾状，近圆形，直径达30cm，4～9掌状浅裂，裂片阔三角形，卵形或卵状长圆形，长2.5～4cm，基部宽5～7cm，不分裂，边缘具细齿；下部叶的柄长12～25cm，上部叶柄长1～3cm。花梗纤细、下弯；花深红色，5～8朵簇生于离叶基部不远处，下垂；萼片6，长圆状椭圆形，长0.6～1.8cm，宽6～8mm；花瓣6，勺状倒卵形，长约2.5cm，宽约8mm；雄蕊6，长约1.8cm，花丝短于花药，药隔先端急尖；子房椭圆形，花柱短，柱头盾状。浆果椭圆形，长约4cm，直径约3.5cm。种子多数。花期3～6月，果期5～9月。

【分布】生于山坡林下、灌丛中、溪旁阴湿处、竹林下或石灰山常绿林下；海拔300～2400m。产于湖南、湖北、浙江、江西、安徽、广东、广西、云南、贵州、四川、河南、陕西。

【功效与主治】根状茎入药，清热解毒，活血化瘀。主治毒蛇咬伤、跌打损伤；外用治虫蛇咬伤、痈疮疖肿、淋巴结炎、腮腺炎、乳腺癌。

粗毛淫羊藿

Epimedium acuminatum Franch.

【形态】多年生草本，植株高 30 ～ 50cm。一回三出复叶基生和茎生，小叶 3 枚，薄革质，狭卵形或披针形，长 3 ～ 18cm，宽 1.5 ～ 7cm，先端长渐尖，基部心形，侧生小叶基部裂片极度偏斜，背面密被粗短伏毛，后变稀疏，基出脉 7 条，明显隆起，网脉显著，叶缘具细密刺齿；花茎具 2 枚对生叶，有时 3 枚轮生。圆锥花序长 12 ～ 25cm，具 10 ～ 50 朵花，无总梗，序轴被腺毛；花梗长 1 ～ 4cm，密被腺毛；花色变异大，黄色、白色、紫红色或淡青色；萼片 2 轮，外萼片 4 枚，外面 1 对卵状长圆形，长约 3mm，宽约 2mm，内面 1 对阔倒卵形，长约 4.5mm，宽约 4mm，内萼片 4 枚，卵状椭圆形，长 8 ～ 12mm，宽 3 ～ 7mm；花瓣远较内轮萼片长，呈角状距，向外弯曲，基部无瓣片，长 1.5 ～ 2.5cm；雄蕊长 3 ～ 4mm，花药长 2.5mm，瓣裂，外卷；子房圆柱形，顶端具长花柱。蒴果长约 2cm，宿存花柱长缘状；种子多数。花期 4 ～ 5 月，果期 5 ～ 7 月。

【分布】生于草丛、石灰山陡坡、林下、灌丛中或竹林下；海拔 270 ～ 2400m。产于四川、贵州、云南、湖北、广西。

【功效与主治】根及根茎入药，补肾壮阳，祛风除湿。主治肾虚阳痿、小淋沥、喘咳、风湿痹痛。

光叶淫羊藿

Epimedium sagittatum var. *glabratum* Ying

【形态】 多年生草本，植株高 30 ～ 50cm。根状茎粗短，节结状，质硬，多须根。一回三出复叶基生和茎生，小叶 3 枚；小叶革质，卵形至卵状披针形，长 5 ～ 19cm，宽 3 ～ 8cm，顶生小叶基部两侧裂片近相等，侧生小叶基部高度偏斜，叶缘具刺齿。圆锥花序长 10 ～ 20（30）cm，宽 2 ～ 4cm，具 200 朵花；花梗长约 1cm；花较小，直径约 8mm，白色；萼片 2 轮，外萼片 4 枚，先端钝圆，具紫色斑点，其中 1 对狭卵形，长约 3.5mm，宽 1.5mm，另 1 对长圆状卵形，长约 4.5mm，宽约 2mm，内萼片卵状三角形，先端急尖，长约 4mm，宽约 2mm，白色；花瓣囊状，淡棕黄色，先端钝圆，长 1.5 ～ 2mm；雄蕊长 3 ～ 5mm，花药长 2 ～ 3mm；雌蕊长约 3mm，花柱长于子房。蒴果长约 1cm，宿存花柱长约 6mm。花期 4 ～ 5 月，果期 5 ～ 7 月。

【分布】 生于山坡草丛中、林下、灌丛中、水沟边或岩边石缝中；海拔 200 ～ 1750m。产于浙江、安徽、福建、江西、湖北、湖南、广东、广西、四川、陕西、甘肃。

【功效与主治】 叶入药（药名“淫羊藿”），补肾阳，强筋骨，祛风湿。用于肾阳虚衰、阳痿遗精、筋骨痿软、风湿痹痛、麻木拘挛。

光叶淫羊藿（药典原植物：箭叶淫羊藿）与同科植物淫羊藿 *Epimedium brevicrnu* Maxim.、柔毛淫羊藿 *Epimedium pubescens* Maxim. 或朝鲜淫羊藿 *Epimedium koreanum* Nakai 同为《中国药典》收录中药淫羊藿的基源。

豪猪刺

Berberis julianae Schneid.

【形态】 常绿灌木，高 1 ～ 3m。茎刺粗壮，三分叉，腹面具槽，长 1 ～ 4cm。叶革质，椭圆形，披针形或倒披针形，长 3 ～ 10cm，宽 1 ～ 3cm，两面网脉不显，不被白粉，叶缘平展，每边具 10 ～ 20 刺齿；叶柄长 1 ～ 4mm。花 10 ～ 25 朵簇生；花梗长 8 ～ 15mm；花黄色；小苞片卵形，长约 2.5mm，宽约 1.5mm，先端急尖；萼片 2 轮，外萼片卵形，长约 5mm，宽约 3mm，先端急尖，内萼片长圆状椭圆形，长约 7mm，宽约 4mm，先端圆钝；花瓣长圆状椭圆形，长约 6mm，宽约 3mm，先端缺裂，基部缢缩呈爪，具 2 枚长圆形腺体；胚珠单生。浆果长圆形，蓝黑色，长 7 ～ 8mm，直径 3.5 ～ 4mm，顶端具明显宿存花柱，被白粉。花期 3 月，果期 5 ～ 11 月。

【分布】 生于山坡、沟边、林中、林缘、灌丛中或竹林中；海拔 1100 ～ 2100m。产于湖北、四川、贵州、湖南、广西。

【功效与主治】 根、根皮、茎及茎皮入药，清热燥湿，泻火解毒。用于细菌性痢疾、胃肠炎、副伤寒、消化不良、黄疸、肝硬化腹水、泌尿系感染、急性肾炎、扁桃体炎、口腔炎、支气管炎；外用治中耳炎、目赤肿痛、外伤感染。

六角莲

Dysosma pleiantha (Hance) Woodson

【形态】 多年生草本，植株高 20 ～ 60cm。根状茎粗壮，横走，呈圆形结节，多须根；茎直立，单生，顶端生二叶。叶近纸质，对生，盾状，轮廓近圆形，直径 16 ～ 33cm，5 ～ 9 浅裂，裂片宽三角状卵形，先端急尖，边缘具细刺齿；叶柄长 10 ～ 28cm。花梗长 2 ～ 4cm，常下弯；花紫红色，下垂；萼片 6，椭圆状长圆形或卵状长圆形，长 1 ～ 2cm，宽约 8mm，早落；花瓣 6 ～ 9，紫红色，倒卵状长圆形，长 3 ～ 4cm，宽 1 ～ 1.3cm；雄蕊 6，长约 2.3cm，常镰状弯曲，花丝扁平，长 7 ～ 8mm，花药长约 15mm，药隔先端延伸；子房长圆形，长约 13mm，花柱长约 3mm，柱头头状，胚珠多数。浆果倒卵状长圆形或椭圆形，长约 3cm，直径约 2cm，熟时紫黑色。花期 3 ～ 6 月，果期 7 ～ 9 月。

【分布】 生于林下、山谷溪旁或阴湿溪谷草丛中；海拔 400 ～ 1600m。产于台湾、浙江、福建、安徽、江西、湖北、湖南、广东、广西、四川、河南。

【功效与主治】 根状茎入药，清热解毒，活血化瘀。主治毒蛇咬伤、跌打损伤；外用治蛇虫咬伤、痈疮疖肿、淋巴结炎、腮腺炎、乳腺癌。根状茎及根有小毒。

南天竹

Nandina domestica Thunb.

【形态】常绿小灌木。茎常丛生而少分枝，高1～3m。叶互生，集生于茎的上部，三回羽状复叶，长30～50cm；二至三回羽片对生；小叶薄革质，椭圆形或椭圆状披针形，长2～10cm，宽0.5～2cm，全缘；近无柄。圆锥花序直立，长20～35cm；花小，白色，具芳香，直径6～7mm；萼片多轮，外轮萼片卵状三角形，长1～2mm，向内各轮渐大，最内轮萼片卵状长圆形，长2～4mm；花瓣长圆形，长约4.2mm，宽约2.5mm，先端圆钝；雄蕊6，长约3.5mm，花丝短，花药纵裂，药隔延伸；子房1室，具1～3枚胚珠。果柄长4～8mm；浆果球形，直径5～8mm，熟时鲜红色，稀橙红色。种子扁圆形。花期3～6月，果期5～11月。

【分布】生于山地林下沟旁、路边或灌丛中；海拔1200m以下。产于福建、浙江、山东、江苏、江西、安徽、湖南、湖北、广西、广东、四川、云南、贵州、陕西、河南。

【功效与主治】根、茎及果可入药。根、茎入药，清热除湿，通经活络，用于感冒发热、眼结膜炎、肺热咳嗽、湿热黄疸、急性胃肠炎、尿路感染、跌打损伤。果入药，止咳平喘，用于咳嗽、哮喘、百日咳。

十大功劳

Mahonia fortunei（Lindl.）Fedde

【形态】灌木，高 0.5 ～ 2（4）m。叶倒卵形至倒卵状披针形，长 10 ～ 28cm，宽 8 ～ 18cm，具 2 ～ 5 对小叶，最下一对小叶距叶柄基部 2 ～ 9cm，叶脉隆起，叶轴粗 1 ～ 2mm，节间 1.5 ～ 4cm，往上渐短；小叶无柄或近无柄，狭披针形至狭椭圆形，长 4.5 ～ 14cm，宽 0.9 ～ 2.5cm，边缘每边具 5 ～ 10 刺齿。总状花序 4 ～ 10 个簇生，长 3 ～ 7cm；花梗长 2 ～ 2.5mm；花黄色；外萼片卵形或三角状卵形，长 1.5 ～ 3mm，宽约 1.5mm，中萼片长圆状椭圆形，长 3.8 ～ 5mm，宽 2 ～ 3mm，内萼片长圆状椭圆形，长 4 ～ 5.5mm，宽 2.1 ～ 2.5mm；花瓣长圆形，长 3.5 ～ 4mm，宽 1.5 ～ 2mm，基部腺体明显，先端微缺裂，裂片急尖；雄蕊长 2 ～ 2.5mm，药隔不延伸，顶端平截；子房长 1.1 ～ 2mm，无花柱，胚珠 2 枚。浆果球形，直径 4 ～ 6mm，紫黑色，被白粉。花期 7 ～ 9 月，果期 9 ～ 11 月。

【分布】生于山坡沟谷林中、灌丛中、路边或河边；海拔 350 ～ 2000m。各地有栽培，为庭园观赏植物。产于广西、四川、贵州、湖北、江西、浙江。

【功效与主治】叶、根、茎可入药。叶入药，滋阴清热，主治肺结核、感冒。根、茎入药，清热解毒，主治细菌性痢疾、急性肠胃炎、传染性肝炎、肺炎、肺结核、支气管炎、咽喉肿痛；外用治眼结膜炎、痈疖肿毒、烧伤、烫伤。

打碗花

Calystegia hederacea Wallich

【形态】一年生草本，无毛，茎缠绕或匍匐，有分枝。茎基部叶近椭圆形，长 1.5 ～ 4.5cm，宽 2 ～ 3cm，基部近心形，边全缘；茎上部叶三角状戟形，侧裂片开展，常 2 裂，中裂片披针形或三角状卵形，顶端钝尖，叶柄长 2 ～ 5cm。花单生叶腋，花梗长 3 ～ 5cm；有棱角；苞片佝偻状，长 0.8 ～ 1cm，宿存；萼片长圆形，较苞片稍短，有小尖凸；花冠白色至淡红色，长 2 ～ 2.5cm；雄蕊基部膨大，有细鳞毛；子房 2 室，柱头 2 裂。蒴果卵球形，光滑；种子卵圆球形，黑褐色。花期 4 ～ 10 月，果期 6 ～ 11 月。

【分布】为农田、荒地、路旁常见的杂草，全国各地均有，从平原至高海拔地方都有生长。

【功效与主治】根状茎及花可入药。根状茎入药，健脾益气，利尿，调经，止带，用于脾虚消化不良、月经不调、白带、乳汁稀少。花入药，止痛，外用治牙痛。

马蹄金

Dichondra micrantha Urban

【形态】 多年生草本。茎细长而匍匐，节上生根，有灰色短柔毛。叶圆形或肾状圆形，长 5 ～ 10mm，宽 8 ～ 15mm，顶端钝圆或微凹，基部心形，边全缘，两面有柔毛，叶柄长 1 ～ 2cm。花单生叶腋，黄色，小形；花梗短与叶柄；萼片倒卵形，长约 2mm，花冠钟状，裂片长圆状披针形；雄蕊着生在花冠裂片间弯缺处；子室 2 室，胚珠 2；花柱 2，柱头头状。蒴果近球形，膜质，较花萼短；种子 1 ～ 2，有绒毛。花果期 6 月。

【分布】 生于山坡草地，路旁或沟边；海拔 1300 ～ 1980m。我国长江以南各省及台湾均有分布。

【功效与主治】 全草入药，清热利湿，解毒消肿。用于肝炎、胆囊炎、痢疾、肾炎水肿、泌尿系感染、泌尿系结石、扁桃体炎、跌打损伤。

牵牛（裂叶牵牛）

Pharbitis nil（Linn.）Choisy

【形态】一年生缠绕草本。叶宽卵形或近圆形，深或浅的3裂，偶5裂，长4～15cm，宽4.5～14cm，基部圆，心形，中裂片长圆形或卵圆形，侧裂片较短，三角形，裂口锐或圆；叶柄长2～15cm。花腋生，单一或通常2朵着生于花序梗顶，花序梗长短不一，长1.5～18.5cm，通常短于叶柄，有时较长；苞片线形或叶状，被开展的微硬毛；花梗长2～7mm；小苞片线形；萼片近等长，长2～2.5cm，披针状线形，内面2片稍狭；花冠漏斗状，长5～8（10）cm，蓝紫色或紫红色，花冠管色淡；雄蕊及花柱内藏；雄蕊不等长；子房无毛，柱头头状。蒴果近球形，直径0.8～1.3cm，3瓣裂。种子卵状三棱形，长约6mm，黑褐色或米黄色，被褐色短绒毛。

【分布】生于海拔100～200（1600）m的山坡灌丛、干燥河谷路边、园边宅旁、山地路边，或为栽培。我国除西北和东北的一些省外，大部分地区都有分布。

【功效与主治】成熟种子入药（药名“牵牛子”），泻水通便，消痰涤饮，杀虫攻积。用于水肿胀满、二便不通、痰饮积聚、气逆喘咳、虫积腹痛。

牵牛与同科植物圆叶牵牛 *Pharbitis purpurea*（L.）Voigt 同为《中国药典》收录中药牵牛子的基源。

菟丝子

Cuscuta chinensis Lamarck

【形态】一年生寄生草本。茎缠绕，黄色，纤细，直径约 1mm，无叶。花序侧生，少花或多花簇生成小伞形或小团伞花序，近于无总花序梗；苞片及小苞片小，鳞片状；花梗稍粗壮，长仅 1mm 许；花萼杯状，中部以下连合，裂片三角状，长约 1.5mm，顶端钝；花冠白色，壶形，长约 3mm，裂片三角状卵形，顶端锐尖或钝，向外反折，宿存；雄蕊着生花冠裂片弯缺微下处；鳞片长圆形，边缘长流苏状；子房近球形，花柱 2，等长或不等长，柱头球形。蒴果球形，直径约 3mm，几乎全为宿存的花冠所包围，成熟时整齐的周裂。种子 2 ～ 4，淡褐色，卵形，长约 1mm，表面粗糙。

【分布】生于海拔 200 ～ 3000m 的田边、山坡阳处、路边灌丛或海边沙丘，通常寄生于豆科、菊科、蒺藜科等多种植物上。产于黑龙江、吉林、辽宁、河北、山西、陕西、宁夏、甘肃、内蒙古、新疆、山东、江苏、安徽、河南、浙江、福建、四川、云南等省。

【功效与主治】种子入药（药名“菟丝子”），补益肝肾，固精缩尿，安胎，明目，止泻；外用消风祛斑。用于肝肾不足、腰膝酸软、阳痿遗精、遗尿尿频、肾虚胎漏、胎动不安、目昏耳鸣、脾肾虚泻；外治白癜风。

菟丝子与同科植物南方菟丝子 *Cuscuta australis* R. Br. 同为《中国药典》收录中药牵牛子的基源。

圆叶牵牛

Pharbitis purpurea（L.）Voisgt

【形态】一年生缠绕草本。叶圆心形或宽卵状心形，长4～18cm，宽3.5～16.5cm，基部圆，心形，顶端锐尖、骤尖或渐尖，通常全缘，偶有3裂；叶柄长2～12cm。花腋生，单一或2～5朵着生于花序梗顶端成伞形聚伞花序，花序梗比叶柄短或近等长，长4～12cm；苞片线形，长6～7mm；花梗长1.2～1.5cm；萼片近等长，长1.1～1.6cm，外面3片长椭圆形，渐尖，内面2片线状披针形；花冠漏斗状，长4～6cm，紫红色、红色或白色，花冠管通常白色，瓣中带于内面色深，外面色淡；雄蕊与花柱内藏；雄蕊不等长；子房无毛，3室，每室2胚珠，柱头头状；花盘环状。蒴果近球形，直径9～10mm，3瓣裂。种子卵状三棱形，长约5mm，黑褐色或米黄色。

【分布】生于平地以至海拔2800m的田边、路边、宅旁或山谷林内，栽培或沦为野生。我国大部分地区有分布。

【功效与主治】成熟种子入药（药名“牵牛子”），功效同牵牛。

圆叶牵牛与同科植物牵牛 *Pharbitis nil*（Linn.）Choisy同为《中国药典》收录中药牵牛子的基源。

婆婆纳

Veronica didyma Tenore

【形态】铺散多分枝草本，多少被长柔毛，高10～25cm。叶仅2～4对（腋间有花的为苞片，见下），具3～6mm长的短柄，叶片心形至卵形，长5～10mm，宽6～7mm，每边有2～4个深刻的钝齿，两面被白色长柔毛。总状花序很长；苞片叶状，下部的对生或全部互生；花梗比苞片略短；花萼裂片卵形，顶端急尖，果期稍增大，三出脉，疏被短硬毛；花冠淡紫色、蓝色、粉色或白色，直径4～5mm，裂片圆形至卵形；雄蕊比花冠短。蒴果近于肾形，密被腺毛，略短于花萼，宽4～5mm，凹口约为90度角，裂片顶端圆，脉不明显，宿存的花柱与凹口齐或略过之。种子背面具横纹，长约1.5mm。花期3～10月。

【分布】生荒地。华东、华中、西南、西北及北京常见。

【功效与主治】全草入药，凉血止血，理气止痛。用于吐血、疝气、睾丸炎、白带。

山罗花

Melampyrum roseum Maxim.

【形态】直立草本，植株全体疏被鳞片状短毛，有时茎上还有两列多细胞柔毛。茎通常多分枝，少不分枝，近于四棱形，高 15 ～ 80cm。叶柄长约 5mm，叶片披针形至卵状披针形，顶端渐尖，基部圆钝或楔形，长 2 ～ 8cm，宽 0.8 ～ 3cm。苞叶绿色，仅基部具尖齿至整个边缘具多条刺毛状长齿，较少几乎全缘的，顶端急尖至长渐尖。花萼长约 4mm，常被糙毛，脉上常生多细胞柔毛，萼齿长三角形至钻状三角形，生有短睫毛；花冠紫色、紫红色或红色，长 15 ～ 20mm，筒部长为檐部长的 2 倍左右，上唇内面密被须毛。蒴果卵状渐尖，长 8 ～ 10mm，直或顶端稍向前偏，被鳞片状毛，少无毛的。种子黑色，长 3mm。花期夏秋。

【分布】生于山坡灌丛及高草丛中。分布于东北、河北、山西、陕西、甘肃、河南、湖北、湖南及华东各省。这是一个分布较广、变异很大的种，尤其在叶形、苞叶形状及其边缘的齿形、花萼的齿的形状等方面，有些类型呈现地理替代，有些类型虽有地区倾向，但无明显替代关系，这里均作为变种处理。这个种在我国曾经被分成 6 ～ 7 种。

【功效与主治】全草入药，清热解毒。用于痈肿疮毒。根入药，有清凉之效。

早落通泉草

Mazus Caducifer Hance

【形态】多年生草本，高 20～50cm，粗壮，全体被多细胞白色长柔毛。主根短缩，须根纤细、多数簇生，伸长可达 20cm。茎直立或倾斜状上升，圆柱形，近基部木质化，有时有分枝。基生叶倒卵状匙形，多数成莲座状，但常早枯落；茎生叶卵状匙形，纸质，对生，长 3.5～8（10）cm，基部渐狭成带翅的柄，边缘具粗而不整齐的锯齿，有时浅裂。总状花序顶生，长可达 35cm，或稍短于茎，花疏稀；花梗在下部的长 8～15mm，与萼等长或更长；苞片小，卵状三角形，端急尖早枯落；花萼漏斗状，果期增长达 13mm，直径超过 1cm，萼齿与筒部近等长，卵状披针形，端急短尖，10 条脉纹，突出，明显；花冠淡蓝紫色，长超过萼 2 倍，上唇裂片锐尖，下唇中裂片突出，较侧裂片小；子房被毛。蒴果圆球形；种子棕褐色，多而小。花期 4～5 月，果期 6～8 月。

【分布】生海拔 1300m 以下的阴湿的路旁、林下、草坡。产于安徽、浙江、江西。

阴行草

Siphonostegia chinensis Bentham

【形态】一年生草本，高 30 ～ 80cm，干时变为黑色，全体密被锈色短毛。茎多单条，中空，上部多分枝，稍具棱角。叶对生，叶片厚纸质，线状披针形，二回羽状全裂，裂片约 3 对，两面皆被柔毛；无柄或有短柄。花成疏总状花序，单个对于茎枝上部，有短梗，长 1 ～ 2mm；萼筒长 1 ～ 1.5cm，有 10 条明显的主脉，5 齿，长约为萼筒的 1/4 ～ 1/2；花冠上唇红紫色，下唇黄色，雄蕊 2 强，花丝基部被纤毛；柱头头状。蒴果包于宿存萼内，长约 15mm；种子长卵圆形，有皱纹。花期 6 ～ 8 月。

【分布】生于海拔 800 ～ 3400m 的干山坡与草地中。在我国分布甚广，东北、内蒙古、华北、华中、华南、西南等省区都有。

【功效与主治】全草入药，清热利湿，凉血止血，祛瘀止痛。主治湿热黄疸、肠炎痢疾、小便淋浊、痈疽丹毒、尿血、便血、外伤出血、痛经、瘀血经闭、跌打损伤、关节炎。

楼梯草

Elatostema involucratum Franch. et Savat.

【形态】 多年生草本。茎肉质，高 25 ～ 60cm，不分枝或有 1 分枝。叶无柄或近无柄；叶片草质，斜倒披针状长圆形或斜长圆形，有时稍镰状弯曲，长 4.5 ～ 16(19) cm，宽 2.2 ～ 4.5（6）cm，顶端骤尖（骤尖部分全缘），基部在狭侧楔形，在宽侧圆形或浅心形，边缘在基部之上有较多牙齿，钟乳体明显，密，长 0.3 ～ 0.4mm，叶脉羽状，侧脉每侧 5 ～ 8 条；托叶狭条形或狭三角形，长 3 ～ 5mm。花序雌雄同株或异株。雄花序有梗，直径 3 ～ 9mm；花序梗长（4）7 ～ 20（32）mm；花序托不明显，稀明显；苞片少数，狭卵形或卵形，长约 2mm；小苞片条形，长约 1.5mm。雄花有梗，花被片 5，椭圆形，长约 1.8mm，下部合生，顶端之下有不明显突起；雄蕊 5。雌花序具极短梗，直径 1.5 ～ 4（13）mm；花序托通常很小，周围有卵形苞片；小苞片条形，长约 0.8mm，有睫毛。瘦果卵球形，长约 0.8mm，有少数不明显纵肋。花期 5 ～ 10 月。

【分布】 生于山谷沟边石上、林中或灌丛中；海拔 200 ～ 2000m。产于云南东北部（镇雄）、贵州、四川、湖南、广西西部、广东北部、江西、福建、浙江、江苏南部、安徽南部、湖北西部、河南西南部（淅川）、陕西南部及甘肃南部。

【功效与主治】 全草入药，清热解毒，祛风除湿，利水消肿，活血止痛。主治赤白痢疾、高热惊风、黄疸、风湿痹痛、水肿、淋证、经闭、疮肿、痄腮、带状疱疹、毒蛇咬伤、跌打损伤、骨折。

透茎冷水花

Pilea pumila （L.） A. Gray

【形态】一年生草本。茎肉质，直立，高 5 ～ 50cm，无毛，分枝或不分枝。叶近膜质，同对的近等大，近平展，菱状卵形或宽卵形，长 1 ～ 9cm，宽 0.6 ～ 5cm，先端渐尖、短渐尖、锐尖或微钝（尤在下部的叶），基部常宽楔形，有时钝圆，边缘除基部全缘外，其上有牙齿或牙状锯齿，稀近全绿，两面疏生透明硬毛，钟乳体条形，长约 0.3mm，基出脉 3 条，侧出的一对微弧曲，伸达上部与侧脉网结或达齿尖，侧脉数对，不明显，上部的几对常网结；叶柄长 0.5 ～ 4.5cm，上部近叶片基部常疏生短毛；托叶卵状长圆形，长 2 ～ 3mm，后脱落。花雌雄同株并常同序，雄花常生于花序的下部，花序蝎尾状，密集，生于几乎每个叶腋，长 0.5 ～ 5cm，雌花枝在果时增长。雄花具短梗或无梗，在芽时倒卵形，长 0.6 ～ 1mm；花被片常 2，有时 3 ～ 4，近船形，外面近先端处有短角突起；雄蕊 2（3 ～ 4）；退化雌蕊不明显。雌花花被片 3，近等大，或侧生的二枚较大，中间的一枚较小，条形。瘦果三角状卵形，扁，长 1.2 ～ 1.8mm，初时光滑，常有褐色或深棕色斑点，熟时色斑多少隆起。花期 6 ～ 8 月，果期 8 ～ 10 月。

【分布】生于海拔 400 ～ 2200m 山坡林下或岩石缝的阴湿处。除新疆、青海、台湾和海南外，分布几遍及全国。

【功效与主治】根、茎与叶入药，利尿解热，安胎，用于主治糖尿病、孕妇胎动、先兆流产。叶入药，为止血剂，治创伤出血，瘀血；根、叶入药，用于治急性肾炎、尿道炎、出血、子宫脱垂、子宫内膜炎、赤白带下。

细野麻

Boehmeria gracilis C. H. Wright

【形态】亚灌木或多年生草本，高 40 ～ 120cm。叶对生，同一对叶近等大或稍不等大；叶片草质，圆卵形、菱状宽卵形或菱状卵形，长 3 ～ 7（10）cm，宽 2 ～ 6（7.5）cm，边缘在基部之上有牙齿，侧脉 1 ～ 2 对；叶柄长 1 ～ 7cm。穗状花序单生叶腋，通常雌雄异株，有时雌雄同株，此时，茎上部的雌性，下部的雄性，或有时下部的含有雄的和雌的团伞花序，长 2.5 ～ 13cm，不分枝；团伞花序直径 1 ～ 2.5mm；苞片狭三角形至钻形，长 1 ～ 1.5mm。雄花无梗，花被片 4，船状椭圆形，长约 1.2mm；雄蕊 4，长约 1.6mm，花药长约 0.6mm；退化雌蕊椭圆形，长约 0.5mm。雌花花被纺锤形，长 0.7 ～ 1mm，顶端有 2 小齿，果期呈菱状倒卵形，长约 1.5mm；柱头长 1 ～ 2mm。瘦果卵球形，长约 1.2mm，基部有短柄。花期 6 ～ 8 月。

【分布】生于丘陵或低山山坡草地、灌丛中、石上或沟边；海拔 100 ～ 1 600m。产于贵州、湖南西北部、江西、福建（漳平）、浙江、安徽、湖北、四川东部、陕西南部、河南西部、山西东南、山东东部、河北西部及北部、辽宁南部、吉林东南部。

【功效与主治】地上部分入药，祛风止痒，解毒利温。主治皮肤瘙痒、湿毒疮疹。

小赤麻

Boehmeria spicata（Thunberg）Thunberg

【形态】 多年生直立草本。茎及根下部木质化。茎多分枝，高 40 ～ 100cm，带紫红色，有白色细柔毛。叶对生，卵形，长 4 ～ 9cm，宽 3 ～ 6cm，先端尾状渐尖，基部宽楔形至圆形，边缘有规则的粗大锯齿，上面疏生白色糙毛，下面脉上有长柔毛，基出脉 3 条，两侧主脉不达叶先端；叶柄长 2 ～ 6cm，多为 2 ～ 3cm，通常带红色，有细柔毛。穗状花序单一腋生，花红褐色，雌雄同株；雄花被片 4，雄蕊 4；雌花被片有细毛。瘦果长倒卵形，长约 1mm，有细毛，有单一的宿存柱头。花期 7 ～ 9 月，果期 9 ～ 10 月。

【分布】 生于丘陵或低山草坡、石上、沟边。产于江西、浙江、江苏、湖北西部、河南西部、山东东部。

【功效与主治】 全草或叶入药，利尿消肿，解毒透疹，主治水肿腹胀、麻疹。根入药，主治跌打损伤、痔疮。

悬铃叶苎麻

Boehmeria tricuspis（Hance）Makino

【形态】亚灌木或多年生草本；茎高 50 ～ 150cm。叶对生，稀互生；叶片纸质，扁五角形或扁圆卵形，茎上部叶常为卵形，长 8 ～ 12（18）cm，宽 7 ～ 14（22）cm，顶部三骤尖或三浅裂，基部截形、浅心形或宽楔形，边缘有粗牙齿，侧脉 2 对；叶柄长 1.5 ～ 6（10）cm。穗状花序单生叶腋，或同一植株的全为雌性，或茎上部的雌性，其下的为雄性，雌的长 5.5 ～ 24cm，分枝呈圆锥状或不分枝，雄的长 8 ～ 17cm，分枝呈圆锥状；团伞花序直径 1 ～ 2.5mm。雄花：花被片 4，椭圆形，长约 1mm，下部合生；雄蕊 4，长约 1.6mm，花药长约 0.6mm；退化雌蕊椭圆形，长约 0.6mm。雌花：花被椭圆形，长 0.5 ～ 0.6mm，齿不明显，外面有密柔毛，果期呈楔形至倒卵状菱形，长约 1.2mm；柱头长 1 ～ 1.6mm。花期 7 ～ 8 月。

【分布】生于低山山谷疏林下、沟边或田边；海拔 500 ～ 1400m。产于广东、广西、贵州、湖南、江西、福建、浙江、江苏、安徽、湖北、四川东部、甘肃和陕西的南部、河南西部、山西（晋城）、山东东部、河北西部。

【功效与主治】根、全株入药，解表生肌，祛风除湿，通络止痛。主治头风及发烧；外用治跌打损伤、痔疮。

博落回

Macleaya cordata (Willd.) R. Br.

【形态】 直立草本，基部木质化，具乳黄色浆汁。茎高 1 ~ 4m，绿色，光滑，多白粉，中空，上部多分枝。叶片宽卵形或近圆形，长 5 ~ 27cm，宽 5 ~ 25cm，通常 7 或 9 深裂或浅裂，裂片半圆形、方形、三角形或其他，边缘波状、缺刻状、粗齿或多细齿，背面多白粉，基出脉通常 5，侧脉 2 对，稀 3 对；叶柄长 1 ~ 12cm。大型圆锥花序多花，长 15 ~ 40cm，顶生和腋生；花梗长 2 ~ 7mm；苞片狭披针形。萼片倒卵状长圆形，长约 1cm，舟状，黄白色；花瓣无；雄蕊 24 ~ 30，花丝丝状，长约 5mm，花药条形，与花丝等长；子房倒卵形至狭倒卵形，长 2 ~ 4mm，花柱长约 1mm，柱头 2 裂，下延于花柱上。蒴果狭倒卵形或倒披针形，长 1.3 ~ 3cm，粗 5 ~ 7mm。种子 4 ~ 6（8）枚，卵珠形，长 1.5 ~ 2mm，生于缝线两侧，无柄，种皮具排成行的整齐的蜂窝状孔穴，有狭的种阜。花果期 6 ~ 11 月。

【分布】 生于海拔 150 ~ 830m 的丘陵或低山林中、灌丛中或草丛间。我国长江以南、南岭以北的大部分省区均有分布，南至广东，西至贵州，西北达甘肃南部。

【功效与主治】 全草入药，祛风解毒，散瘀消肿。用于跌打损伤、风湿关节痛、痈疖肿毒、下肢溃疡（鲜品捣烂外敷或研粉撒敷患处）、阴道滴虫（煎水冲洗阴道）、湿疹（煎水外形）、烧烫伤（研粉调搽患处）。有大毒，不内服。并可杀蛔虫。

紫 堇

Corydalis edulis Maxim.

【形态】一年生灰绿色草本，高20～50cm，具主根。茎分枝，具叶；花枝花葶状，常与叶对生。基生叶具长柄，叶片近三角形，长5～9cm，一至二回羽状全裂，一羽片2～3对，具短柄，二回羽片近无柄，倒卵圆形，羽状分裂，裂片狭卵圆形。茎生叶与基生叶同形。总状花序疏具3～10花。花梗长约5mm。萼片小，近圆形，直径约1.5mm，具齿。花粉红色至紫红色，平展。外花瓣较宽展，顶端微凹，无鸡冠状突起。上花瓣长1.5～2cm；距圆筒形，基部稍下弯，约占花瓣全长的1/3；蜜腺体长，近伸达距末端，大部分与距贴生，末端不变狭。下花瓣近基部渐狭。内花瓣具鸡冠状突起；爪纤细，稍长于瓣片。柱头横向纺锤形，两端各具1乳突，上面具沟槽，槽内具极细小的乳突。蒴果线形，下垂，长3～3.5cm，具1列种子。种子直径约1.5mm。

【分布】生于海拔400～1200m左右的丘陵、沟边或多石地。产于辽宁（千山）、北京、河北（沙河）、山西、河南、陕西、甘肃、四川、云南、贵州、湖北、江西、安徽、江苏、浙江、福建。

【功效与主治】根或全草入药，清热解毒。用于中暑头痛、腹痛、尿痛、肺结核咯血；外用治化脓性中耳炎、脱肛、疮疡肿毒、蛇咬伤。

花　椒

Zanthoxylum bungeanum Maxim.

【形态】 落叶小乔木，高3～7m；茎干上的刺常早落，枝有短刺，小枝上的刺基部宽而扁且劲直的长三角形。叶有小叶5～13片，叶轴常有甚狭窄的叶翼；小叶对生，无柄，卵形，椭圆形，稀披针形，位于叶轴顶部的较大，近基部的有时圆形，长2～7cm，宽1～3.5cm，叶缘有细裂齿，齿缝有油点，其余无或散生肉眼可见的油点，中脉在叶面微凹陷，叶背干后常有红褐色斑纹。花序顶生或生于侧枝之顶；花被片6～8片，黄绿色，形状及大小大致相同；雄花的雄蕊5枚或多至8枚；退化雌蕊顶端叉状浅裂；雌花很少有发育雄蕊，有心皮3或2个，间有4个，花柱斜向背弯。果紫红色，单个分果爿径4～5mm，散生微凸起的油点，顶端有甚短的芒尖或无；种子长3.5～4.5mm。花期4～5月，果期8～9月或10月。

【分布】 耐旱，喜阳光，各地多栽种。见于平原至海拔较高的山地，产地北起东北南部，南至五岭北坡，东南至江苏、浙江沿海地带，西南至西藏东南部。

【功效与主治】 成熟果皮入药（药名“花椒”），温中止痛，杀虫止痒。用于脘腹冷痛、呕吐泄泻、虫积腹痛；外治湿疹、阴痒。

花椒与同科植物青花椒 *Zanthoxylum schinifolium* Sieb. et Zucc. 同为《中国药典》收录中药花椒的基源。

枳

Citrus trifoliata Linnaeus

【形态】小乔木，高 1 ～ 5m，树冠伞形或圆头形。枝绿色，嫩枝扁，有纵棱，刺长达 4cm，基部扁平。叶柄有狭长的翼叶，通常指状 3 出叶，很少 4 ～ 5 小叶，小叶等长或中间的一片较大，长 2 ～ 5cm，宽 1 ～ 3cm，对称或两侧不对称，叶缘有细钝裂齿或全缘。花单朵或成对腋生，先叶开放，也有先叶后花的，有完全花及不完全花，后者雄蕊发育，雌蕊萎缩，花有大、小二型，花径 3.5 ～ 8cm；萼片长 5 ～ 7mm；花瓣白色，匙形，长 1.5 ～ 3cm；雄蕊通常 20 枚，花丝不等长。果近圆球形或梨形，长 3 ～ 4.5cm，宽 3.5 ～ 6cm，果皮暗黄色，粗糙，油胞小而密，果心充实，瓢囊 6 ～ 8 瓣，汁胞有短柄，果肉含黏腋，微有香橼气味，甚酸且苦，带涩味，有种子 20 ～ 50 粒；种子阔卵形，长 9 ～ 12mm。花期 5 ～ 6 月，果期 10 ～ 11 月。

【分布】产于山东（日照、青岛等），河南（伏牛山南坡及河南南部山区），山西（晋城、阳城等县），陕西（西乡、南郑、商县、蓝田等县），甘肃（文县至成县一带），安徽（蒙城等县），江苏（泗阳、东海等县），浙江，湖北（西北部山区及西南部），湖南（西部山区），江西，广东（北部栽培），广西（北部），贵州，云南等省区。

【功效与主治】果入药，健胃消食，理气止痛，用于胃痛、消化不良、胸腹胀痛、便秘、子宫脱垂、脱肛、睾丸肿痛、疝痛。叶入药，行气消食，止呕，用于反胃、呕吐。树皮及未成熟果实的果皮入药，息风止痉，化痰通络，主治中风身体强直、屈伸不利、口眼（㖞）斜。

竹叶花椒

Zanthoxylum armatum DC.

【形态】灌木，高约 2m。枝有直出的皮刺。3 小叶复叶簇生于短枝上，总叶柄有狭翅；小叶片厚纸质，椭圆形，长 3 ～ 7cm，宽 1.5 ～ 2.5cm，先端短渐尖，基部楔形，边全缘，上面中脉下陷，下面中脉凸起，有时有少数小沟刺，两面无毛；小叶片无柄。圆锥花序腋生。果表面有凸起的腺点；成熟心皮 1 ～ 2，先端有短的喙状尖；种子卵圆形，长 3 ～ 4mm。果熟期 8 月。

【分布】见于低丘陵坡地至海拔 2200m 山地的多类生境，石灰岩山地亦常见。产于山东以南，南至海南，东南至台湾，西南至西藏东南部。

【功效与主治】根、树皮、叶、果实及种子入药，温中理气，祛风除湿，活血止痛。根、果入药，治胃腹冷痛、胃肠功能紊乱、蛔虫病腹痛、感冒头痛、风寒咳喘、风湿关节痛、毒蛇咬伤。叶入药，外用治跌打肿痛、痈肿疮毒、皮肤瘙痒。

红果山胡椒

Lindera erythrocarpa Makino

【形态】落叶灌木或小乔木，高可达5m。叶互生，基部常下延，长（5）9～12（15）cm，宽（1.5）4～5（6）cm，纸质，上面绿色，下面带绿苍白色，羽状脉，侧脉每边4～5条；叶柄长0.5～1cm。伞形花序着生于腋芽两侧各一，总梗长约0.5cm；总苞片4，内有花15～17朵。雄花花被片6，黄绿色，近相等，椭圆形，先端圆，长约2mm，宽约1.5mm；雄蕊9，各轮近等长，长约1.8mm，第三轮的近基部着生2个具短柄宽肾形腺体，退化雄蕊成“凸”字形；花梗长约3.5mm。雌花较小，花被片6，内、外轮近相等，椭圆形，先端圆，长1.2mm，宽0.6mm；退化雄蕊9，条形，近等长，长约0.8mm，第三轮的中下部外侧着生2个椭圆形无柄腺体；雌蕊长约1mm，子房狭椭圆形，花柱粗，与子房近等长，柱头盘状；花梗约1mm。果球形，直径7～8mm，熟时红色；果梗长1.5～1.8cm，向先端渐增粗至果托，但果托并不明显扩大，直径3～4mm。花期4月，果期9～10月。

【分布】生于海拔1000m以下山坡、山谷、溪边、林下等处。产于陕西、河南、山东、江苏、安徽、浙江、江西、湖北、湖南、福建、台湾、广东、广西、四川等省区。

【功效与主治】枝叶入药，祛风杀虫，敛疮止血。主治疥癣痒疮、外伤出血、手足皲裂。

山胡椒

Lindera glauca（Siebold & Zuccarini）Blume Mus.

【形态】 落叶乔木，高达6m。小枝深灰白色或灰棕色，被微柔毛，后转为无毛，皮孔稍显。叶互生，薄革质，长圆状椭圆形，长4～8cm，宽2～4cm，先端宽急尖，基部圆形或渐尖；羽状叶脉，叶脉在上面稍下陷，在下面稍隆起，上面略绿色而无毛，下面灰色或苍白黄绿色，叶脉处被毛，其余各处稍被柔毛，后变无毛；叶柄长3～6mm，几乎无毛。雌雄异株；伞形花序近无总梗，先叶或与叶同时开放；雄花着生二年生枝条上，腋生，花梗被柔毛，花绿黄色，无毛，子房无毛，退化雄蕊6～9。果球形，直径6～7mm，黑色。花期4月，果期7～8月。

【分布】 生于海拔900m左右以下山坡、林缘、路旁。产于山东昆仑山以南、河南嵩县以南，陕西郧县以南以及甘肃、山西、江苏、安徽、浙江、江西、福建、台湾、广东、广西、湖北、湖南、四川等地区。

【功效与主治】 果入药，温中散寒，行气止痛，平喘，主治脘腹冷痛、胸满痞闷、哮喘。根入药，祛风通络，理气活血，利湿消肿，化痰止咳，主治风湿痹痛、跌打损伤、胃脘疼痛、脱力劳伤、支气管炎、水肿。

附地菜

Trigonotis peduncularis（Trev.）Benth. ex Baker et Moore

【形态】一年生或二年生草本。茎通常多条丛生，稀单一，密集，铺散，高5～30cm，基部多分枝。基生叶呈莲座状，有叶柄，叶片匙形，长2～5cm，茎上部叶长圆形或椭圆形，无叶柄或具短柄。花序生茎顶，幼时卷曲，后渐次伸长，长5～20cm，通常占全茎的1/2～4/5；花梗短，花后伸长，长3～5mm，顶端与花萼连接部分变粗呈棒状；花萼裂片卵形，长1～3mm；花冠淡蓝色或粉色，筒部甚短，檐部直径1.5～2.5mm，裂片平展，喉部附属5，白色或带黄色；花药卵形，长0.3mm，先端具短尖。小坚果4，斜三棱锥状四面体形，长0.8～1mm，背面三角状卵形，具3锐棱，腹面的2个侧面近等大而基底面略小，凸起，具短柄，柄长约1mm，向一侧弯曲。早春开花，花期甚长。

【分布】生于平原、丘陵草地、林缘、田间及荒地。产于西藏、云南、广西北部、江西、福建至新疆、甘肃、内蒙古、东北等省区。

【功效与主治】全草入药，温中健胃，消肿止痛，止血。用于胃痛、吐酸、吐血；外用治跌打损伤、骨折。

琉璃草

Cynoglossum furcatum Wall.

【形态】 直立草本，高 40 ～ 60cm，稀达 80cm。茎单一或数条丛生，密被伏黄褐色糙伏毛。基生叶及茎下部叶具柄，长圆形或长圆状披针形，长 12 ～ 20cm（包括叶柄），宽 3 ～ 5cm；茎上部叶无柄，狭小。花序顶生及腋生，分枝钝角叉状分开，无苞片，果期延长呈总状；花梗长 1 ～ 2mm，果期较花萼短；花萼长 1.5 ～ 2mm，果期稍增大，长约 3mm；花冠蓝色，漏斗状，长 3.5 ～ 4.5mm，檐部直径 5 ～ 7mm，裂片长圆形，喉部有 5 个梯形附属物，附属物长约 1mm；花药长圆形，长约 1mm，宽 0.5mm，花丝基部扩张，着生花冠筒上 1/3 处；花柱肥厚，略四棱形，长约 1mm，果期长达 2.5mm，较花萼稍短。小坚果卵球形，长 2 ～ 3mm，直径 1.5 ～ 2.5mm，背面突，密生锚状刺，边缘无翅边或稀中部以下具翅边。花果期 5 ～ 10 月。

【分布】 生于海拔 300 ～ 3040m 林间草地、向阳山坡及路边。自西南、华南、华东至河南、陕西及甘肃南部广布。

【功效与主治】 根和叶入药，清热利湿，活血调经。用于肝炎、月经不调、白带、水肿；外用治疮疖痈肿、毒蛇咬伤、跌打损伤、骨折。

硃砂根

Ardisia crenata Sims

【形态】 灌木，高1～2m；茎粗壮，除侧生特殊花枝外，无分枝。叶片革质或坚纸质，椭圆形、椭圆状披针形至倒披针形，长7～15cm，宽2～4cm，边缘具皱波状或波状齿，具明显的边缘腺点，侧脉12～18对；叶柄长约1cm。伞形花序或聚伞花序，着生于侧生特殊花枝顶端；花枝近顶端常具2～3片叶或更多，或无叶，长4～16cm；花梗长7～10mm；花长4～6mm，花萼仅基部连合，萼片长圆状卵形，长1.5mm或略短，全缘，具腺点；花瓣白色，稀略带粉红色，盛开时反卷，卵形，具腺点，里面有时近基部具乳头状突起；雄蕊较花瓣短，花药三角状披针形，背面常具腺点；雌蕊与花瓣近等长或略长，子房卵珠形，具腺点；胚珠5枚，1轮。果球形，直径6～8mm，鲜红色，具腺点。花期5～6月，果期10～12月，有时2～4月。

【分布】 生于海拔90～2400m的疏、密林下阴湿的灌木丛中。产于我国西藏东南部至台湾，湖北至海南岛等地区。

【功效与主治】 根入药，行血祛风，解毒消肿。用于上呼吸道感染、咽喉肿痛、扁桃体炎、白喉、支气管炎、风湿性关节炎、腰腿痛、跌打损伤、丹毒、淋巴结炎；外用治外伤肿痛、骨折、毒蛇咬伤。

紫金牛

Ardisia japonica（Thunb.）Bl.

【形态】小灌木或亚灌木，近蔓生，具匍匐生根的根茎；直立茎长达30cm，稀达40cm，不分枝。叶对生或近轮生，叶片坚纸质或近革质，椭圆形至椭圆状倒卵形，长4～7cm，宽1.5～4cm，边缘具细锯齿，多少具腺点，侧脉5～8对，细脉网状；叶柄长6～10mm。亚伞形花序，腋生或生于近茎顶端的叶腋，总梗长约5mm，有花3～5朵；花梗长7～10mm，常下弯；花长4～5mm，有时6数，花萼基部连合，萼片卵形，长约1.5mm或略短，有时具腺点；花瓣粉红色或白色，广卵形，长4～5mm，具蜜腺点；雄蕊较花瓣略短，花药披针状卵形或卵形，背部具腺点；雌蕊与花瓣等长，子房卵珠形；胚珠15枚，3轮。果球形，直径5～6mm，鲜红色转黑色，多少具腺点。花期5～6月，果期11～12月，有时5～6月仍有果。

【分布】习见于海拔约1200m以下的山间林下或竹林下、阴湿的地方。产于陕西及长江流域以南各省区。

【功效与主治】全株入药，止咳化痰，祛风解毒，活血止痛。用于支气管炎、大叶性肺炎、小儿肺炎、肺结核、肝炎、痢疾、急性肾炎、尿路感染、通经、跌打损伤、风湿筋骨痛；外用治皮肤瘙痒、漆疮。

紫茉莉

Mirabilis jalapa Linnaeus

【形态】一年生草本，高可达1m。根肥粗，倒圆锥形。茎直立，圆柱形，多分枝，无毛或疏生细柔毛，节稍膨大。叶片卵形或卵状三角形，长3～15cm，宽2～9cm，顶端渐尖，基部截形或心形，全缘，两面均无毛，脉隆起；叶柄长1～4cm，上部叶几无柄。花常数朵簇生枝端；花梗长1～2mm；总苞钟形，长约1cm，5裂，裂片三角状卵形，顶端渐尖，无毛，具脉纹，果时宿存；花被紫红色、黄色、白色或杂色，高脚碟状，筒部长2～6cm，檐部直径2.5～3cm，5浅裂；花午后开放，有香气，次日午前凋萎；雄蕊5，花丝细长，常伸出花外，花药球形；花柱单生，线形，伸出花外，柱头头状。瘦果球形，直径5～8mm，革质，黑色，表面具皱纹；种子胚乳白粉质。花期6～10月，果期8～11月。

【分布】原产热带美洲，我国南北各地常栽培，为观赏花卉，有时逸为野生。

【功效与主治】根入药，清热利湿，解毒活血，主治热淋、白浊、水肿、赤白带下、关节肿痛、痈疮肿毒、乳痈、跌打损伤。叶入药，清热解毒、祛风渗湿、活血，主治痈肿疮毒、疥癣、跌打损伤。成熟果实入药，清热化斑，利湿解毒，主治生斑痣、脓疱疮。

凌 霄

Campsis grandiflora (Thunb.) Schum.

【形态】攀援藤本；茎木质，表皮脱落，枯褐色，以气生根攀附于它物之上。叶对生，为奇数羽状复叶；小叶7～9枚，卵形至卵状披针形，顶端尾状渐尖，基部阔楔形，两侧不等大，长3～6(9)cm，宽1.5～3(5)cm，侧脉6～7对，两面无毛，边缘有粗锯齿；叶轴长4～13cm；小叶柄长5(10)mm。顶生疏散的短圆锥花序，花序轴长15～20cm。花萼钟状，长3cm，分裂至中部，裂片披针形，长约1.5cm。花冠内面鲜红色，外面橙黄色，长约5cm，裂片半圆形。雄蕊着生于花冠筒近基部，花丝线形，细长，长2～2.5cm，花药黄色，个字形着生。花柱线形，长约3cm，柱头扁平，2裂。蒴果顶端钝。花期5～8月。

【分布】喜温湿环境，产于长江流域各地以及河北、山东、河南、福建、广东、广西、陕西，在台湾有栽培。

【功效与主治】花入药（药名“凌霄花”），活血通经，凉血祛风。用于月经不调、经闭癥瘕、产后乳肿、风疹发红、皮肤瘙痒、痤疮。

凌霄与同科植物美洲凌霄 *Campsis radicans* (L.) Seem. 同为《中国药典》收录中药凌霄花的基源。

红花酢浆草

Oxalis corymbosa DC.

【形态】多年生直立草本。无地上茎，地下部分有球状鳞茎，外层鳞片膜质，褐色，背具3条肋状纵脉，被长缘毛，内层鳞片呈三角形，无毛。叶基生；叶柄长5～30cm或更长，被毛；小叶3，扁圆状倒心形，长1～4cm，宽1.5～6cm，顶端凹入，两侧角圆形，基部宽楔形，表面绿色，被毛或近无毛；背面浅绿色，通常两面或有时仅边缘有干后呈棕黑色的小腺体，背面尤甚并被疏毛；托叶长圆形，顶部狭尖，与叶柄基部合生。总花梗基生，二歧聚伞花序，通常排列成伞形花序式，总花梗长10～40cm或更长，被毛；花梗、苞片、萼片均被毛；花梗长5～25mm，每花梗有披针形干膜质苞片2枚；萼片5，披针形，长约4～7mm，先端有暗红色长圆形的小腺体2枚，顶部腹面被疏柔毛；花瓣5，倒心形，长1.5～2cm，为萼长的2～4倍，淡紫色至紫红色，基部颜色较深；雄蕊10枚，长的5枚超出花柱，另5枚长至子房中部，花丝被长柔毛；子房5室，花柱5，被锈色长柔毛，柱头浅2裂。花、果期3～12月。

【分布】生于低海拔的山地、路旁、荒地或水田中。因其鳞茎极易分离，故繁殖迅速，常为田间莠草。分布于河北、陕西、华东、华中、华南、四川和云南等地。原产南美热带地区，中国长江以北各地作为观赏植物引入，南方各地已逸为野生。

【功效与主治】全草入药，清热解毒，散瘀消肿，调经。用于肾盂肾炎、痢疾、咽炎、牙痛、月经不调、白带；外用治毒蛇咬伤、跌打损伤、烧烫伤。

酢浆草

Oxalis corniculata Linnaeus

【形态】 多年生草本。根茎细长，茎细弱，常褐色，匍匐或斜生，多分枝，被柔毛。总叶柄长 2 ～ 6.5cm；托叶明显；小叶 3 片，倒心形，长 4 ～ 10mm，先端凹，基部宽楔形，上面无毛，叶背疏生伏毛，脉上毛较密，边缘具贴伏缘毛；无柄。花单生或数朵组成腋生伞形花序；花梗与叶柄等长；花黄色，萼片长卵状披针形，长约 4mm，先端钝；花瓣倒卵形，长约 9mm，先端圆，基部微合生；雄蕊的花丝基部合生成筒；花枝 5。蒴果近圆柱形，长 1 ～ 1.5cm，略具 5 棱，有喙，熟时弹裂；种子深褐色，近卵形而扁，有纵槽纹。花期 4 ～ 6 月。

【分布】 生于山坡草池、河谷沿岸、路边、田边、荒地或林下阴湿处等。全国广布。

【功效与主治】 全草入药，清热利湿，凉血散瘀，消肿解毒。主治泄泻、痢疾、黄疸、淋病、赤白带下、麻疹、吐血、衄血、咽喉肿痛、疔疮、痈肿、疥癣、痔疾、脱肛、跌打损伤、烫烧伤。牛羊食用过多可致死。

井栏边草（凤尾草）

Pteris multifida Poiret

【形态】 多年生草本，高 30 ～ 70cm。叶丛生，叶柄长 5 ～ 23cm，灰棕色或禾秆色；生孢子囊的孢子叶二回羽状分裂，中轴具宽翅，羽片 3 ～ 7 对，对生或近对生，上部的羽片无柄，不分裂，长线形，全缘，下部的羽片有柄，羽状分裂或基部具 1 ～ 2 裂片，羽状分裂者具小羽片数枚，长线形，小羽片在叶轴上亦下延成翅，叶脉明显，细脉由中脉羽状分出，单一或二叉分枝，直达边缘；不生孢子囊的营养叶叶片较小，二回小羽片较宽，线形或卵圆形，边缘均有锯齿。孢子囊群线形，沿孢子叶羽片下面边缘着生，孢子囊群盖稍超出叶缘，膜质。

【分布】 生于海拔 800m 以下的石灰岩缝内或墙缝、井边。分布于华东、中南、西南及山西、陕西等地。

【功效与主治】 全草入药，清热利湿，解毒止痢，凉血止血。用于痢疾、胃肠炎、肝炎、泌尿系感染、感冒发烧、咽喉肿痛、白带、崩漏、农药中毒；外用治外伤出血、烧烫伤。

蜈蚣草

Pteris vittata Linnaeus

【形态】 多年生草本，高1.3～2m。根状茎短，被线状披针形、黄棕色鳞片，具网状中柱。叶丛生，叶柄长10～30cm，直立，干后棕色，叶柄、叶轴及羽轴均被线形鳞片；叶矩圆形至披针形，长10～100cm，宽5～30cm，1次羽状复叶；羽片无柄，线形，长4～20cm，宽0.5～1cm，中部羽片最长，先端渐尖，先端边缘有锐锯齿，基部截形，心形，有时稍呈耳状，下部各羽片渐缩短；叶亚革质，两面无毛，脉单1或1次叉分。孢子囊群线形，囊群盖狭线形，膜质，黄褐色。

【分布】 本种从不生长在酸性土壤上，生于钙质土或石灰岩石上，为钙质土及石灰岩的指示植物，广布于我国热带和亚热带，以秦岭南坡为其在我国分布的北方界线。

【功效与主治】 全草或根状茎入药，祛风活血，解毒杀虫。用于防治流行性感冒、痢疾、风湿疼痛、跌打损伤；外用治蜈蚣咬伤、疥疮。

海金沙

Lygodium japonicum（Thunberg）Swartz

【形态】 多年生攀援草本，长1～4m。根茎细而匍匐，被细柔毛。茎细弱、呈干草色，有白色微毛。叶为一至二回羽状复叶，纸质，两面均被细柔毛；能育羽片卵状三角形，长12～20cm，宽10～16cm，小叶卵状披针形，边缘有温齿或不规则分裂，上部小叶无柄，羽状或戟形，下部小叶有柄；不育羽片尖三角形，通常与能育羽片相似，但有时为1回羽状复叶，小叶阔线形，或基部分裂成不规则的小片。孢子囊生于能育羽片的背面，在二回小叶的齿及裂片顶端成穗状排列，穗长2～4mm，孢子囊盖鳞片状，卵形，每盖下生一横卵形的孢子囊，环带侧生，聚集一处。孢子囊多在夏秋季产生。

【分布】 生于阴湿山坡灌丛中或路边林缘。分布于华东、中南、西南地区及陕西、甘肃。

【功效与主治】 成熟孢子入药（药名“海金沙”），清利湿热，通淋止痛。用于热淋、石淋、血淋、膏淋、尿道涩痛。

海金沙为《中国药典》收录中药海金沙的基源。

金星蕨

Parathelypteris glanduligera（Kze.）Ching

【形态】 金植株高 35～50（60）cm。根状茎长而横走，粗约 2mm。叶近生；叶柄长 15～20（30）cm，粗约 1.5mm；叶片长 18～30cm，宽 7～13cm，披针形或阔披针形；二回羽状深裂；羽片约 15 对，平展或斜上，互生或下部的近对生，无柄，彼此相距 1.5～2.5cm，长 4～7cm，宽 1～1.5cm，披针形或线状披针形，羽裂几达羽轴；裂片 15～20 对或更多，开展，彼此接近，长 5～6mm，宽约 2mm，长圆状披针形，全缘，基部一对，尤其上侧一片通常较长。孢子囊群小，圆形，每裂片 4～5 对，背生于侧脉的近顶部，靠近叶边；囊群盖中等大，圆肾形，棕色，厚膜质，背面疏被灰白色刚毛，宿存。孢子两面型，圆肾形，周壁具褶皱，其上的细网状纹饰明显而规则。

【分布】 生于疏林下；海拔50～1500m。广布于长江以南各省区，北达河南（伏牛山南部、大别山和桐柏山）、安徽北部，东到台湾，南至海南，向西达四川、云南。

【功效与主治】 全草入药，清热解毒，利尿，止血。主治烫伤、吐血、痢疾、小便不利、外伤出血。

翠云草

Selaginella uncinata (Desv.) Spring

【形态】土生，主茎先直立而后攀援状，长50～100cm或更长，无横走地下茎。根托只生于主茎的下部或沿主茎断续着生，自主茎分叉处下方生出，长3～10cm，直径0.1～0.5mm，根少分叉，被毛。主茎自近基部羽状分枝，不呈“之”字形，无关节，禾秆色，主茎下部直径1～1.5mm，茎圆柱状，具沟槽，无毛，维管束1条，主茎顶端不呈黑褐色，主茎先端鞭形，侧枝5～8对，二回羽状分枝，小枝排列紧密，分枝无毛，背腹压扁。叶全部交互排列，二形，草质，表面光滑，具虹彩，边缘全缘，明显具白边，主茎上的叶排列较疏，较分之上的大，二形，绿色。孢子叶穗紧密，四棱柱形，单生于小枝末端；孢子叶一形，卵状三角形，边缘全缘，具白边，先端渐尖，龙骨状；大孢子叶分布于孢子叶穗下部的下侧或中部的下侧或上部的下侧。大孢子灰白色或暗褐色；小孢子淡黄色。

【分布】生于林下，海拔50～1200m。产于安徽、重庆、福建、广东、广西、贵州、湖北、湖南、江西、陕西、四川、陕西、香港、云南、浙江等地。

【功效与主治】全草入药，清热利湿，止血，止咳，用于急性黄疸型传染性肝炎、胆囊炎、肠炎、痢疾、肾炎水肿、泌尿系感染、风湿关节痛、肺结核咯血；外用治疖肿、烧烫伤、外伤出血、跌打损伤。

江南卷柏

Selaginella moellendorffii Hieron.

【形态】土生或石生，直立，高 20 ～ 55cm，具一横走的地下根状茎和游走茎，其上生鳞片状淡绿色的叶。主茎中上部羽状分枝，禾秆色或红色；侧枝 5 ～ 8 对，二至三回羽状分枝，主茎上相邻分枝相距 2 ～ 6cm，末回分枝连叶宽 2.5 ～ 4mm。叶交互排列，二形，草纸或纸质。主茎上的腋叶不明显大于分枝上的，卵形或阔卵形，平截，分枝上的腋叶对称，卵形，（1.0 ～ 2.2）mm×（0.4 ～ 1.0）mm，边缘有细齿。中叶不对称，小枝上的叶卵圆形，覆瓦状排列。侧叶不对称，主茎上的较侧枝上的大，（2 ～ 3）mm×（1.2 ～ 1.8）mm。孢子叶穗紧密，四棱柱形，单生于小枝末端，（5.0 ～ 15）mm×（1.4 ～ 2.8）mm；孢子叶一形，卵状三角形，边缘有细齿，具白边，先端渐尖，龙骨状；大孢子叶分布于孢子叶穗中部的下侧。大孢子浅黄色；小孢子橘黄色。

【分布】生于岩石缝中；海拔 100 ～ 1500m。产于云南、安徽、重庆、福建、甘肃、广东、广西、贵州、海南、湖北、河南、湖南、江苏、江西、陕西、四川、台湾、香港、云南、浙江。

【功效与主治】全草入药，清热利尿，活血消肿。用于急性传染性肝炎、胸胁腰部挫伤、全身浮肿、血小板减少。

卷 柏

Selaginella tamariscina（P. Beauvois）Spring

【形态】 多年生直立草本，高5～15cm。主茎直立，通常单一（少有分枝），顶端丛生小枝，小枝扇形分叉，辐射开展，干时内卷如拳。营养叶二形，背腹各二列，交互着生，腹叶（即中叶）斜向上，不并行，卵状矩圆形，急尖而有长芒，边缘有微齿；背叶（即侧叶）斜展，宽超出腹叶，长卵圆形，急尖而有长芒，外侧边狭膜质，并有微齿，内侧边的膜质宽而全缘。孢子囊穗生于枝顶，四棱形；孢子叶卵状三角形，龙骨状，锐尖头，边缘膜质，有微齿，四列交互排列，孢子囊圆肾形。孢子二形。

【分布】 常见于石灰岩上。广布全国各地；朝鲜，日本，苏联远东地区也有。

【功效与主治】 全草入药（药名“卷柏”），活血通经，用于经闭痛经、癥瘕痞块、跌扑损伤。卷柏炭化瘀止血，用于吐血、崩漏、便血、脱肛。

卷柏与同科植物垫状卷柏 *Selaginella pulvinata*（Hook. et Grev.）Maxim. 同为《中国药典》收录中药卷柏的基源。

异穗卷柏

Selaginella heterostachys Baker

【形态】土生或石生，直立或匍匐，直立能育茎高10～20cm，具匍匐茎。茎羽状分枝，禾秆色，侧枝3～5对，一至二回羽状分枝。叶全部交互排列，二形，草质。茎上的腋叶较分枝上的大，卵圆形，近心形。中叶不对称，分枝上的中叶卵形或卵状披针形，（1.0～1.6）mm×（0.4～0.8）mm。侧叶不对称，主茎上的明显大于侧枝上的，侧枝上的侧叶长圆状卵圆形，外展或下折，排列疏或密，（1.8～2.7）mm×（0.7～1.8）mm，先端急尖。孢子叶穗紧密，背腹压扁，单生于小枝末端，（5～25）mm×（1.5～3.5）mm；孢子叶明显二形，倒置，上侧的孢子叶卵状披针形或长圆状镰形，下侧的孢子叶卵状披针形；大孢子叶分布于孢子叶穗上下两侧的基部，或大、小孢子叶相间排列。大孢子橘黄色；小孢子橘黄色。

【分布】产于安徽、福建、甘肃、广东、广西、贵州、海南、河南、香港、湖南、江西、四川、台湾、云南、浙江。

【功效与主治】全草入药，清热解毒，凉血止血。主治蛇咬伤、外伤出血。

芒 萁

Dicranopteris dichotoma (Thunb.) Bernh.

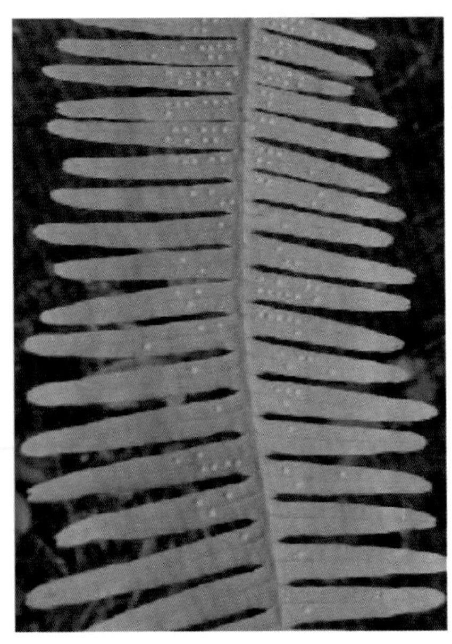

【形态】 植株高 45 ～ 90 (120) cm，直立或蔓生。根状茎细长而横走。叶疏生，纸质，下面多少呈灰白色或灰蓝色，幼时沿羽轴及叶脉有锈黄色毛，老时逐渐脱落，叶柄长 24 ～ 56cm，叶轴一至二回或多回分叉，各回分叉的腋间有 1 个休眠芽，密被绒毛，并有 1 对叶状苞片，其基部两侧有 1 对羽状深裂的阔披针形羽片（末回分叉除外）；末回羽片长 16 ～ 23.5cm，宽 4 ～ 5.5cm，披针形，篦齿状羽裂几达羽轴；裂片条状披针形，钝头，顶端常微凹，全缘，侧脉每组有小脉 3 ～ 4（5）条。孢子囊群着生于每组侧脉的上侧小脉的中部，在主脉两侧各排 1 行。

【分布】 生于强酸性土的荒坡或林缘，在森林砍伐后或放荒后的坡地上常成优势的中草群落。产于江苏南部、浙江、江西、安徽、湖北、湖南、贵州、四川、西藏、福建、台湾、广东、香港、广西、云南。

【功效与主治】 全草入药，化瘀止血，清热利尿，解毒消肿。主治妇女血崩、跌打损伤、热淋涩痛、白带、小儿腹泻、痔瘘、目赤肿痛、外伤出血、烫火伤、毒虫咬伤。

大叶贯众

Cyrtomium macrophyllum（Makino）Tagawa

【形态】 根状茎斜升，顶部和叶柄基部疏生阔披针形暗褐色大鳞片。叶簇生；叶柄长 20 ～ 30cm，深禾秆色，有疏鳞片；叶片矩圆形，纸质，长 20 ～ 50cm，宽 20 ～ 25cm，沿叶轴和羽柄有少数纤维状鳞片，单数一回羽状；羽片大，基部的长卵形，中部的矩圆披针形，基部圆形，边缘近全缘或向顶部有少数短尖锯齿。叶脉网状，主脉两侧各有网眼 7 ～ 8 行，内藏小脉 1（3）条。孢子囊群生于内藏小脉中部，遍布羽片背面，囊群盖圆盾形，全缘。

【分布】 生于林下；海拔 750 ～ 2700m。产于江西、台湾、陕西南部、甘肃南部、湖北、湖南、四川、贵州、云南、西藏。

【功效与主治】 根茎入药，清热解毒，凉血止血。主治流感、乙脑、崩漏。

乌 蕨

Stenoloma chusana（L.）Ching

【形态】植株高达65cm。叶近生，叶柄长达25cm，有光泽，直径2mm，圆，上面有沟，除基部外，通体光滑；叶片披针形，长20～40cm，宽5～12cm，四回羽状；羽片15～20对，互生，下部的相距4～5cm，有短柄，斜展，卵状披针形，长5～10cm，宽2～5cm，下部三回羽状；一回小羽片在一回羽状的顶部下有10～15对，连接，有短柄，近菱形，长1.5～3cm，上先出，一回羽状或基部二回羽状；二回（或末回）小羽片小，倒披针形，先端截形，有齿牙，其下部小羽片常再分裂成具有一、二条细脉的短而同形的裂片。叶脉在小裂片上为二叉分枝。叶坚草质。孢子囊群边缘着生，每裂片上一枚或二枚，顶生1～2条细脉上；囊群盖灰棕色，革质，半杯形，宽，与叶缘等长，近全缘，宿存。

【分布】生林下或灌丛中阴湿地；海拔200～1900m。产于浙江南部、福建、台湾、安徽南部、江西、广东、海南、香港、广西、湖南、湖北、四川、贵州及云南。

【功效与主治】全草或根茎入药，清热，解毒，利湿，止血。主治感冒发热、咳嗽、咽喉肿痛、肠炎、痢疾、肝炎、湿热带下、痈疮肿毒、痄腮、口疮、烫火伤、毒蛇、狂犬咬伤、皮肤湿疹、吐血、尿血、便血、外伤出血。

节节草

Equisetum ramosissimum Desfontaines

【形态】 中小型植物。根茎直立，横走或斜升，黑棕色。地上枝多年生。枝一型，高 20 ～ 60cm，中部直径 1 ～ 3mm，节间长 2 ～ 6cm，绿色，主枝多在下部分枝，常形成簇生状；幼枝的轮生分枝明显或不明显；主枝有脊 5 ～ 14 条，脊的背部弧形，有一行小瘤或有浅色小横纹；鞘筒狭长达 1cm，下部灰绿色，上部灰棕色；鞘齿 5 ～ 12 枚，三角形，灰白色，黑棕色或淡棕色，边缘（有时上部）为膜质，基部扁平或弧形，早落或宿存，齿上气孔带明显或不明显。侧枝较硬，圆柱状，有脊 5 ～ 8 条，脊上平滑或有一行小瘤或有浅色小横纹；鞘齿 5 ～ 8 个，披针形，革质但边缘膜质，上部棕色，宿存。孢子囊穗短棒状或椭圆形，长 0.5 ～ 2.5cm，中部直径 0.4 ～ 0.7cm，顶端有小尖突，无柄。

【分布】 生于海拔 100 ～ 3300m。产于黑龙江、吉林、辽宁、内蒙古、北京、天津、河北、山西、陕西、宁夏、甘肃、青海、新疆、山东、江苏、上海、安徽、浙江、江西、福建、台湾、河南、湖北、湖南、广东、广西、海南、四川、重庆、贵州、云南、西藏。

【功效与主治】 全草入药，清热，利尿，明目退翳，祛痰止咳。主治目赤肿痛、角膜云翳、肝炎。

问　荆

Equisetum arvense Linnaeus

【形态】 中小型植物。根茎斜升，直立和横走，黑棕色。枝二型。能育枝春季先萌发，高 5 ～ 35cm，中部直径 3 ～ 5mm，节间长 2 ～ 6cm，黄棕色，无轮茎分枝，脊不明显，要密纵沟；鞘筒栗棕色或淡黄色，长约 0.8cm，鞘齿 9 ～ 12 枚，栗棕色，长 4 ～ 7mm，狭三角形，鞘背仅上部有一浅纵沟，孢子散后能育枝枯萎。不育枝后萌发，高达 40cm，主枝中部直径 1.5 ～ 3.0mm，节间长 2 ～ 3cm，绿色，轮生分枝多，主枝中部以下有分枝。脊的背部弧形，无棱，有横纹，无小瘤；鞘筒狭长，绿色，鞘齿三角形，5 ～ 6 枚，中间黑棕色，边缘膜质，淡棕色，宿存。侧枝柔软纤细，扁平状，有 3 ～ 4 条狭而高的脊，脊的背部有横纹；鞘齿 3 ～ 5 个，披针形，绿色，边缘膜质，宿存。孢子囊穗圆柱形，长 1.8 ～ 4.0cm，直径 0.9 ～ 1.0cm，顶端钝，成熟时柄伸长，柄长 3 ～ 6cm。

【分布】 生于海拔 0 ～ 3700m 处，产于黑龙江、吉林、辽宁、内蒙古、北京、天津、河北、山西、陕西、宁夏、甘肃、青海、新疆、山东、江苏、上海、安徽、浙江、江西、福建、河南、湖北、四川、重庆、贵州、云南、西藏。

【功效与主治】 全草入药，止血，利尿，明目。主治吐血、咯血、便血、崩漏、鼻衄、外伤出血、目赤翳膜、淋病。

【鉴别】 本种的不育枝外形似犬问荆 *Equisetum palustre* L.，但本种的侧枝多而纤细柔软，且较长，有锐背仅 3 ～ 4 条，背上有横纹。

江南星蕨

Microsorum fortunei（T. Moore）Ching

【形态】 附生，植株高 30 ～ 100cm。根状茎长而横走，顶部被鳞片；鳞片棕褐色，卵状三角形，顶端锐尖，基部圆形，有疏齿，筛孔较密，盾状着生，易脱落。叶远生，相距 1.5cm；叶柄长 5 ～ 20cm，禾秆色，上面有浅沟，基部疏被鳞片，向上近光滑；叶片线状披针形至披针形，长 25 ～ 60cm，宽 1.5 ～ 7cm，顶端长渐尖，基部渐狭，下延于叶柄并形成狭翅，全缘，有软骨质的边；中脉两面明显隆起，侧脉不明显，小脉网状，略可见，内藏小脉分叉；叶厚纸质，下面淡绿色或灰绿色，两面无毛，幼时下面沿中脉两侧偶有极少数鳞片。孢子囊群大，圆形，沿中脉两侧排列成较整齐的一行或有时为不规则的两行，靠近中脉。孢子豆形，周壁具不规则褶皱。

【分布】 多生于林下溪边岩石上或树干上；海拔 300 ～ 1800m。产于长江流域及以南各省区，北达陕西（平利、西乡）和甘肃（文县）。

【功效与主治】 全草入药，能清热解毒，利尿，祛风除湿，凉血止血，消肿止痛。

庐山石韦

Pyrrosia sheareri（Baker）Ching

【形态】植株通常高 20 ～ 50cm。根状茎粗壮，横卧，密被线状棕色鳞片；鳞片长渐尖头，边缘具睫毛，着生处近褐色。叶近生，一型；叶柄粗壮，粗 2 ～ 4mm，长 3.5 ～ 5cm，基部密被鳞片，向上疏被星状毛，禾秆色至灰禾秆色；叶片椭圆状披针形，近基部处为最宽，向上渐狭，渐尖头，顶端钝圆，基部近圆截形或心形，长 10 ～ 30cm 或更长，宽 2.5 ～ 6cm，全缘，干后软厚革质，上面淡灰绿色或淡棕色，几光滑无毛，但布满洼点，下面棕色，被厚层星状毛。主脉粗壮，两面均隆起，侧脉可见，小脉不显。孢子囊群呈不规则的点状排列于侧脉间，布满基部以上的叶片下面，无盖，幼时被星状毛覆盖，成熟时孢子囊开裂而呈砖红色。

【分布】产于台湾、福建、浙江、江西、安徽、湖北、广东、广西、云南、贵州、四川。

【功效与主治】叶入药，利尿通淋，清热止血。用于热淋、血淋、石淋、小便不通、淋沥涩痛、吐血、衄血、尿血、崩漏、肺热喘咳。

有柄石韦

Pyrrosia petiolosa（Christ）Ching

【形态】 植株高 5 ～ 15cm。根状茎细长横走，幼时密被披针形棕色鳞片；鳞片长尾状渐尖头，边缘具睫毛。叶远生，一型；具长柄，通常等于叶片长度的 1/2 ～ 2 倍长，基部被鳞片，向上被星状毛，棕色或灰棕色；叶片椭圆形，急尖短钝头，基部楔形，下延，干后厚革质，全缘，上面灰淡棕色，有洼点，疏被星状毛，下面被厚层星状毛，初为淡棕色，后为砖红色。主脉下面稍隆起，上面凹陷，侧脉和小脉均不显。孢子囊群布满叶片下面，成熟时扩散并汇合。

【分布】 多附生于干旱裸露岩石上；海拔 250 ～ 2200m。产于中国东北、华北、西北、西南和长江中下游各省区。

【功效与主治】 叶入药，功效同庐山石韦。

附录
药用植物网络电子资源

[1]《中国植物志》在线电子版网址：http://frps.eflora.cn

[2] 中国植物物种信息数据库网址：http://db.kib.ac.cn/eflora

[3] 中国自然标本馆在线信息系统网址：http://www.cfh.ac.cn/

[4]《中国高等植物图鉴》电子版网址：http://pe.ibcas.ac.cn/tujian/tjsearch.aspx

[5] 蒲标网 - 中国药典、药品标准在线查询网址：http://drugs.yaojia.org

[6] 中医世家网址：http://www.zysj.com.cn/index.html

植物拉丁名索引

C

D

E

F

G

H

I

J

K

L

M

N

O

P

Q

R

V

W

X

Z